· EX SITU FLORA OF CHINA ·

中国迁地栽培植物志

主编 黄宏文

EUPHORBIACEAE

大戟科

本卷主编 宁祖林 肖春芬

中国林业出版社
China Forestry Publishing House

内容简介

本书收录了我国主要植物园迁地栽培的大戟科植物58属168种7变种1品种，其中列入《中国生物多样性红色名录——高等植物卷》（2013）的濒危植物2种、易危植物6种、近危植物1种，中国特有植物40种，原产东南亚、中南美洲、非洲及大洋洲等境外植物38种；纠正了植物园鉴定错误的物种名称，补充了基于活植物同园栽培观察的物种分类学信息，新增受威胁等级（CR、EN和VU）物种11种。物种拉丁名主要依据*Flora of China*第十一卷和《中国植物志》第四十四卷，属和种均按照拉丁名字母顺序排列。每种植物介绍包括中文名、拉丁名、别名等分类学信息和自然分布、迁地栽培形态特征、引种信息、物候信息、迁地栽培要点及主要用途，并附彩色照片展示其物种形态学特征。为了便于查阅，书后附有各植物园栽培的大戟科植物名录、各植物园的地理环境以及中文名和拉丁名索引。

本书可供植物学、林学、农学、园林园艺、环境保护等相关学科的科研和教学及植物爱好者参考使用。

图书在版编目（CIP）数据

中国迁地栽培植物志. 大戟科 / 黄宏文主编 ; 宁祖林, 肖春芬本卷主编.
-- 北京 : 中国林业出版社, 2020.7

ISBN 978-7-5219-0712-4

Ⅰ. ①中… Ⅱ. ①黄… ②宁… ③肖… Ⅲ. ①大戟科—引种栽培—植物志—中国 Ⅳ. ①Q948.52

中国版本图书馆CIP数据核字(2020)第130994号

ZHŌNGGUÓ QIĀNDÌ ZĀIPÉI ZHÍWÙZHÌ DÀJÍKĒ

中国迁地栽培植物志 · 大戟科

出版发行： 中国林业出版社
（100009 北京市西城区刘海胡同7号）
电　　话： 010-83143517
印　　刷： 北京雅昌艺术印刷有限公司
版　　次： 2020年11月第1版
印　　次： 2020年11月第1次印刷
开　　本： 889mm×1194mm　1/16
印　　张： 31.25
字　　数： 990千字
定　　价： 468.00元

《中国迁地栽培植物志·大戟科》编者

主　　编: 宁祖林（中国科学院华南植物园）

　　　　　肖春芬（中国科学院西双版纳热带植物园）

副 主 编: 隗红燕（广西壮族自治区中国科学院广西植物研究所）

　　　　　李冬梅（中国科学院华南植物园）

　　　　　苏艳萍（中国科学院西双版纳热带植物园）

　　　　　昝艳燕（中国科学院武汉植物园）

编　　委（按姓氏拼音为序）:

　　　　　陈　玲（中国科学院华南植物园）

　　　　　范玲玲（中国科学院华南植物园）

　　　　　罗耀深（中国科学院华南植物园）

　　　　　孙起梦（江苏省中国科学院植物研究所南京中山植物园）

　　　　　许又凯（中国科学院西双版纳热带植物园）

　　　　　周赛霞（中国科学院庐山植物园）

主　　审: 李秉滔（华南农业大学）

责任编审: 廖景平　湛青青（中国科学院华南植物园）

摄　　影: 宁祖林　肖春芬　隗红燕　昝艳燕　周赛霞　彭彩霞

　　　　　刘兴剑　孙起梦　黄　升　许又凯

数据库技术支持: 张　征　黄逸斌　谢思明（中国科学院华南植物园）

《中国迁地栽培植物志·大戟科》参编单位
（数据来源）

中国科学院华南植物园 （SCBG）

中国科学院西双版纳热带植物园（XTBG）

广西壮族自治区中国科学院广西植物研究所（GXIB）

中国科学院庐山植物园（LSBG）

江苏省中国科学院植物研究所（CNBG）

中国科学院武汉植物园（WHBG）

《中国迁地栽培植物志》编研办公室

主　　任：任　海

副 主 任：张　征

主　　管：湛青青

序 FOREWORD

　　中国是世界上植物多样性最丰富的国家之一，有高等植物约33000种，约占世界总数的10%，仅次于巴西，位居全球第二。中国是北半球唯一横跨热带、亚热带、温带到寒带森林植被的国家。中国的植物区系是整个北半球早中新世植物区系的孑遗成分，且在第四纪冰川期中，因我国地形复杂、气候相对稳定的避难所效应，又是植物生存、物种演化的重要中心，同时，我国植物多样性还遗存了古地中海和古南大陆植物区系，因而形成了我国极为丰富的特有植物，有约250个特有属、15000～18000特有种。中国还有粮食植物、药用植物及园艺植物等摇篮之称，几千年的农耕文明孕育了众多的栽培植物的种质资源，是全球资源植物的宝库，对人类经济社会的可持续发展具有极其重要意义。

　　植物园作为植物引种、驯化栽培、资源发掘、推广应用的重要源头，传承了现代植物园几个世纪科学研究的脉络和成就，在近代的植物引种驯化、传播栽培及作物产业国际化进程中发挥了重要作用，特别是经济植物的引种驯化和传播栽培对近代农业产业发展、农产品经济和贸易、国家或区域的经济社会发展的推动则更为明显，如橡胶、茶叶、烟草及其众多的果树、蔬菜、药用植物、园艺植物等等。特别是哥伦布发现美洲新大陆以来的500多年，美洲植物引种驯化及其广泛传播、栽培深刻改变了世界农业生产的格局，对促进人类社会文明进步产生了深远影响。植物园的植物引种驯化对促进农业发展、食物供给、人口增长、经济社会进步发挥了不可比拟的重要作用，是人类农业文明发展的重要组成部分。我国现有约200个植物园引种栽培了高等维管植物约396科、3633属、23340种(含种下等级)，其中我国本土植物为288科、2911属、约20000种，分别约占我国本土高等植物科的91%、属的86%、物种数的60%，是我国植物学研究及农林、环保、生物等产业的源头资源。因此，充分梳理我国植物园迁地栽培植物的基础信息数据既是科学研究的重要基础，也是我国相关产业发展的重大需求。

　　然而，我国植物园长期以来缺乏数据整理和编目研究。植物园虽然在植物引种驯化、评价发掘和开发利用上有悠久的历史，但适应现代植物迁地保护及资源发掘利用的整体规划不够、针对性差且理论和方法研究滞后。同时，传统的基于标本资料编纂的植物志也缺乏对物种基础生物学特征的验证和"同园"比较研究。我国历时45年，于2004年完成的植物学巨著《中国植物志》受到国内外植物学者的高度赞誉，但由于历史原因造成的模式标本及原始文献考证不够，众多种类的鉴定有待完善；*Flora of China*虽弥补了模式标本和原始文献考证的不足，但仍然缺乏对基础生物学特征的深入研究。

　　《中国迁地栽培植物志》将创建一个"活"植物志，成为支撑我国植物迁地保护和可持续利用的基础信息数据平台。项目将对我国植物园引种栽培的20000多种高等植物实地采集形态特征、物候信息、用途评价、栽培要领等综合信息和翔实的图片。从学科上支撑分类学修订、园林园艺、植物生物学和气候变化等研究；从应用上支撑我国生物产业所需资源发掘及利用。植物园长期引种栽培的植物与我国农林、医药、环保等产业的源头资源密切相关。由于受人类大量活动的影响，植物赖以生存的自然生态系统遭到严重破坏，致使植物灭绝威胁增加；与此同时，绝大部分植物资源尚未被人类认识和充分利用；而且，在当今全球气候变化、经济高速发展和人口快速增长的背景下，植物园作为植物资源保存和发掘利用的"诺亚方舟"将在解决当今世界面临的食物保障、医药健康、工业原材料、环境变化等重大问题中发挥越来越大的作用。

《中国迁地栽培植物志》编研将全面系统地整理我国迁地栽培植物基础数据资料，对专科、专属、专类植物类群进行规范的数据库建设和翔实的图文编撰，既支撑我国植物学基础研究，又注重对我国农林、医药、环保产业的源头植物资源的评价发掘和利用，具有长远的基础数据资料的整理积累和促进经济社会发展的重要意义。植物园的引种栽培植物在植物科学的基础性研究中有着悠久的历史，支撑了从传统形态学、解剖学、分类系统学研究，到植物资源开发利用、为作物育种提供原始材料，及至现今分子系统学、新药发掘、活性功能天然产物等科学前沿乃至植物物候相关的全球气候变化研究。

《中国迁地栽培植物志》将基于中国植物园活植物收集，通过植物园栽培活植物特征观察收集，获得充分的比较数据，为分类系统学未来发展提供翔实的生物学资料，提升植物生物学基础研究，为植物资源新种质发现和可持续利用提供更好的服务。《中国迁地栽培植物志》将以实地引种栽培活植物形态学性状描述的客观性、评价用途的适用性、基础数据的服务性为基础，立足生物学、物候学、栽培繁殖要点和应用；以彩图翔实反映茎、叶、花、果实和种子特征为依据，在完善建设迁地栽培植物资源动态信息平台和迁地保育植物的引种信息评价、保育现状评价管理系统的基础上，以科、属或具有特殊用途、特殊类别的专类群的整理规范，采用图文并茂方式编撰成卷（册）并鼓励编研创新。全面收录中国大陆、香港、澳门、台湾等植物园、公园等迁地保护和栽培的高等植物，服务于我国农林、医药、环保、新兴生物产业的源头资源信息和源头资源种质，也将为诸如气候变化背景下植物适应性机理、比较植物遗传学、比较植物生理学、入侵植物生物学等现代学科领域及植物资源的深度发掘提供基础性科学数据和种质资源材料。

《中国迁地栽培植物志》总计约60卷册，10～20年完成。计划2015—2020年完成前10～20卷册的开拓性工作。同时以此推动《世界迁地栽培植物志》（*Ex Situ Flora of the World*）计划，形成以我国为主的国际植物资源编目和基础植物数据库建立的项目引领效应。今《中国迁地栽培植物志·大戟科》书稿付梓在即，谨此为序。

黄宏文
2020年5月于广州

前言 PREFACE

　　大戟科是一个以橡胶、油料、药材、淀粉和木材等重要经济植物著称的大科，蕴含着许多具有重要经济价值和开发利用潜力的战略生物资源。我国植物园迁地保育了众多的大戟科植物，但一直缺乏对迁地栽培的大戟科植物形态特征、物候资料等各方面的深入研究及植物园间的比较研究。为详实而全面地获得迁地栽培的大戟科基础信息资料，充分利用植物园"同园"栽培、实时观测的优势，我们邀请了全国多个植物园共同开展大戟科植物引种信息查证、形态特征和物候观测及栽培技术等资料收集，共同编研《中国迁地栽培植物志·大戟科》一书。编撰说明如下。

　　1. 概述部分简要介绍大戟科的研究进展，包括大戟科种质资源概况、系统演化及分类、利用价值等。

　　2. 本书收录我国主要植物园迁地保育的大戟科植物58属168种7变种1品种。物种拉丁名主要依据 *Flora of China* 第十一卷和《中国植物志》第四十四卷；属按拉丁名字母顺序排列。

　　3. 物种介绍包括中文名、拉丁名、别名等分类学信息和自然分布、迁地栽培形态特征、引种信息、物候、迁地栽培要点及主要用途，并附彩色特征照片。

　　4. 物种编写规范按照以下规定记录。

　　（1）迁地栽培形态特征按茎、叶、花、果顺序分别描述，雌雄花分开描述。同一物种在不同植物园的迁地栽培形态有显著差异者，均进行客观描述。

　　（2）引种信息格式为：植物园 + 引种地（省 / 县 + 地点）+ 登录号 / 引种号 + 引种材料；引种记录不详的，标注为"引种信息缺失"。并标注长势情况：长势优、良好、一般、较差等。

　　（3）物候按照萌芽期、展叶期、开花期、果熟期、落叶期的顺序编写。

　　（4）本书共收录彩色特征照片1318幅（除有注明作者的，其余均为本卷参编人员拍摄），包括各物种的植株、茎、叶、花、果、种子等；同一物种在不同植物园的迁地栽培形态特征有明显差异的，均附有特征照片。

　　5. 大戟科植物花单性，雌雄同株或异株。部分仅引种有雄株或雌株的物种以及少数没有开花结果的物种，相应的信息则参考 *Flora of China* 第十一卷和《中国植物志》第四十四卷。

　　6. 各植物园引种信息和物候信息均按其所处的地理位置由南往北顺序排列，分别为中国科学院西双版纳热带植物园（简称西双版纳植物园）、中国科学院华南植物园（简称华南植物园）、广西壮族自治区中国科学院广西植物所桂林植物园（简称桂林植物园）、中国科学院庐山植物园（简称庐山植物园）、中国科学院武汉植物园（简称武汉植物园）、江苏省中国科学院植物研究所南京中山植物园（简称南京中山植物园）。

7. 我国植物园迁地保护的大戟科植物种类较多，据《中国迁地栽培植物大全》第六卷统计有 350 多种，其中有一部分为多肉植物，根据《中国迁地栽培植物志》编委会部署，将不同科属的多肉植物单独编撰成卷，故本书未收录该科多肉植物种类。

8. 为便于读者进一步查阅，书后附有参考文献、植物园大戟科科名录、各植物园的地理环境、中文名和拉丁名索引。

9. 为保证科学性，本书部分图片增加标尺对比，标尺最小刻度为 1mm。

大戟科植物为单性花，雌雄异株或同株。在编研过程中，编者发现我国植物园迁地保育的大戟科植物中有一部分植物仅保育有雄株或雌株，有的物种雌雄株分别保育在不同植物园，从而导致一些物种无法结实，达不到迁地保护的效果。另外，大戟科植物多数种类的花非常小，观赏性不强，在各植物园多分散栽培于园区角落，未能形成专类园。希望借此书的出版，能有效提升我国植物园大戟科植物迁地保育的水平和质量，促进引种收集过程中更加注重雌雄异株种类的同时收集，充分发掘观赏性强和重要经济价值的种类，未来能形成专类性植物园区；同时推动我国植物园对大戟科植物资源的收集、研究和利用。

时至今日，《中国迁地栽培植物志·大戟科》得以出版，是全国多个植物园共同努力与团结协作的成果，在此谨向为本书关心、支持和付出心血的单位和个人表示最真挚的感谢！

由于编者学识水平有限，书中疏漏和错误之处在所难免，敬请读者批评指正。

本书承蒙以下研究项目的大力资助：科技基础性工作专项——植物园迁地栽培植物志编撰（N0.2015FY210100）；中国科学院华南植物园 "一三五" 规划（2016—2020）——中国迁地植物大全及迁地栽培植物志编研；生物多样性保护重大工程专项——重点高等植物迁地保护现状综合评估；国家基础科学数据共享服务平台——植物园主题数据库；中国科学院核心植物园特色研究所建设任务：物种保育功能领域；广东省数字植物园重点实验室；中国科学院科技服务网络计划（STS 计划）——植物园国家标准体系建设与评估（KFJ-3W-Nol-2）。在此表示衷心感谢！

编者
2020 年 5 月

目 录 CONTENTS

序 …………………………………………………………………………………………… 6

前言 ………………………………………………………………………………………… 8

概述 ………………………………………………………………………………………… 17

一、大戟科植物的基本形态特征 ………………………………………………………… 18

二、大戟科植物资源概况 ………………………………………………………………… 25

三、大戟科植物的系统演化及分类 ……………………………………………………… 25

四、大戟科植物资源的利用价值 ………………………………………………………… 26

五、大戟科植物的繁殖和迁地栽培要点 ………………………………………………… 31

六、大戟科植物的病虫害及其防治 ……………………………………………………… 35

各论 ………………………………………………………………………………………… 39

大戟科 Euphorbiaceae …………………………………………………………………… 38

大戟科分属检索表 ………………………………………………………………………… 40

铁苋菜属 *Acalypha* L. …………………………………………………………………… 44

铁苋菜属分种检索表 …………………………………………………………………… 44

1 陈氏铁苋菜 *Acalypha chuniana* H.G. Ye …………………………………………… 45

2 红穗铁苋菜 *Acalypha hispida* Burm. f. …………………………………………… 47

3 猫尾红 *Acalypha pendula* C. Wright ex Griseb. …………………………………… 49

4 菱叶铁苋菜 *Acalypha siamensis* Oliv. ex Gage …………………………………… 51

喜光花属 *Actephila* Bl. ………………………………………………………………… 53

喜光属分种检索表 ……………………………………………………………………… 53

5 大萼喜光花 *Actephila collinsiae* W. Hunt. ex Craib ……………………………… 54

6 喜光花 *Actephila merrilliana* Chun ………………………………………………… 56

山麻杆属 *Alchornea* Sw. ………………………………………………………………… 59

山麻杆属分种检索表 …………………………………………………………………… 59

7 山麻杆 *Alchornea davidii* Franch. …………………………………………………… 60

8 湖南山麻杆 *Alchornea hunanensis* H. S. Kiu ……………………………………… 62

9 羽脉山麻杆 *Alchornea rugosa* (Lour.) Müll. Arg. ………………………………… 64

10 海南山麻杆 *Alchornea rugosa* var. *pubescens* (Pax et k. Hoffm.) H. S. Kiu. …… 66

11 椴叶山麻杆 *Alchornea tiliifolia* (Benth.) Müll. Arg. ……………………………… 68

12 红背山麻杆 *Alchornea trewioides* (Benth.) Müll. Arg. …………………………… 70

石栗属 *Aleurites* J. R. Forst. et G. Forst. ……………………………………………… 73

13 石栗 *Aleurites moluccana* (L.) Willd. ……………………………………………… 74

五月茶属 *Antidesma* Burman ex L. …………………………………………………… 77

五月茶属分种检索表 …………………………………………………………………… 77

14 西南五月茶 *Antidesma acidum* Retz …………………………………………………… 78

15 五月茶 *Antidesma bunius* (L.) Spreng. …………………………………………… 80

16 滇越五月茶 *Antidesma chonmon* Gagnep. ………………………………………… 82

17 黄毛五月茶 *Antidesma fordii* Hemsl. ……………………………………………… 84

18 方叶五月茶 *Antidesma ghaesembilla* Gaertn. ·················· 86

19 海南五月茶 *Antidesma hainanense* Merr. ·················· 88

20 日本五月茶 *Antidesma japonicum* Sieb. et Zucc. ·················· 90

21 山地五月茶 *Antidesma montanum* Bl. ·················· 92

22 枯里珍五月茶 *Antidesma pentandrum* (Blanco) Merr. var. *barbatum* (C. Presl) Merr. ·················· 94

23 小叶五月茶 *Antidesma montanum* Bl. var. *microphyllum* (Hemsl.) Peter Hoffm. ·················· 96

银柴属 *Aporusa* Bl. ·················· 98

　银柴属分种检索表 ·················· 98

24 银柴 *Aporosa dioica* (Roxb.) Müll. Arg. ·················· 99

25 云南银柴 *Aporosa yunnanensis* (Pax et K. Hoffm.) F. P. Metc. ·················· 101

木奶果属 *Baccaurea* Lour. ·················· 104

26 木奶果 *Baccaurea ramiflora* Lour. ·················· 105

浆果乌桕属 *Balakata* Esser ·················· 108

27 浆果乌桕 *Balakata baccata* (Roxb.) Esser ·················· 109

秋枫属 *Bischofia* Bl. ·················· 111

　秋枫属分种检索表 ·················· 111

28 秋枫 *Bischofia javanica* Bl. ·················· 112

29 重阳木 *Bischofia polycarpa* (H. Lév.) Airy Shaw ·················· 114

留萼木属 *Blachia* Baill. ·················· 117

　留萼木属分种检索表 ·················· 117

30 留萼木 *Blachia pentzii* (Müll. Arg.) Benth. ·················· 118

31 海南留萼木 *Blachia siamensis* Gagnep. ·················· 120

黑面神属 *Breynia* J. R. Forst. ex G. Forst. ·················· 122

　黑面神属分种检索表 ·················· 122

32 二列黑面神 *Breynia disticha* J. R. Forst. et G. Forst. ·················· 123

33 黑面神 *Breynia fruticosa* (L.) Hook. f. ·················· 125

34 钝叶黑面神 *Breynia retusa* (Dennst.) Alston ·················· 127

35 喙果黑面神 *Breynia rostrata* Merr. ·················· 129

土蜜树属 *Bridelia* Willd. ·················· 131

　土蜜树属分种检索表 ·················· 131

36 禾串树 *Bridelia balansae* Tutch. ·················· 132

37 大叶土蜜树 *Bridelia retusa* (L.) A. Juss. ·················· 134

38 土蜜树 *Bridelia tomentosa* Bl. ·················· 136

肥牛树属 *Cephalomappa* Baill. ·················· 138

39 肥牛树 *Cephalomappa sinensis* (Chun et F. C. How) Kosterm. ·················· 139

白桐树属 *Claoxylon* A. Juss. ·················· 141

40 白桐树 *Claoxylon indicum* (Reinw. ex Bl.) Hassk. ·················· 142

蝴蝶果属 *Cleidiocarpon* Airy Shaw ·················· 145

41 蝴蝶果 *Cleidiocarpon cavaleriei* (H. Lév.) Airy Shaw ·················· 146

棒柄花属 *Cleidion* Bl. ·················· 149

42 棒柄花 *Cleidion brevipetiolatum* Pax et K. Hoffm. ·················· 150

闭花木属 *Cleistanthus* Hook. f. ex Planch. ·················· 153

　闭花木属分种检索表 ·················· 153

43 垂枝闭花木 *Cleistanthus apodus* Benth. ·················· 154

44 东方闭花木 *Cleistanthus concinnus* Croiz. ·················· 156

45 闭花木 *Cleistanthus sumatranus* (Miq.) Müll.Arg. ·················· 158

46 馒头果 *Cleistanthus tonkinensis* Jabl. ·················· 160

47 假肥牛树 *Cleistanthus petelotii* Merr. ex Croiz. ·················· 162

变叶木属 *Codiaeum* Rumph. ex A. Juss. ·················· 163

48 变叶木 *Codiaeum variegatum* (L.) Rumph. ex A. Juss. ·············· 164

巴豆属 *Croton* L. ·············· 167

　巴豆属分种检索表 ·············· 167

　49 银叶巴豆 *Croton cascarilloides* Raeusch. ·············· 168

　50 鸡骨香 *Croton crassifolius* Geisel. ·············· 170

　51 大麻叶巴豆 *Croton damayeshu* Y.T. Chang ·············· 172

　52 石山巴豆 *Croton euryphyllus* W. W. Sm. ·············· 174

　53 越南巴豆 *Croton kongensis* Gagnep. ·············· 176

　54 毛果巴豆 *Croton lachnocarpus* Benth. ·············· 178

　55 光叶巴豆 *Croton laevigatus* Vahl ·············· 180

　56 海南巴豆 *Croton laui* Merr. et F. P. Metc. ·············· 182

　57 矮巴豆 *Croton sublyratus* Kurz ·············· 184

　58 巴豆 *Croton tiglium* L. ·············· 186

东京桐属 *Deutzianthus* Gagnep. ·············· 189

　59 东京桐 *Deutzianthus tonkinensis* Gagnep. ·············· 190

丹麻杆属 *Discocleidion* (Müll. Arg.) Pax ex K. Hoffm. ·············· 193

　60 毛丹麻杆 *Discocleidion rufescens* (Franch.) Pax et K. Hoffm. ·············· 194

核果木属 *Drypetes* Vahl ·············· 197

　核果木属分种检索表 ·············· 197

　61 青枣核果木 *Drypetes cumingii* (Baill.) Pax et K. Hoffm. ·············· 198

　62 海南核果木 *Drypetes hainanensis* Merr. ·············· 200

　63 钝叶核果木 *Drypetes obtusa* Merr. et Chun ·············· 202

　64 柳叶核果木 *Drypetes salicifolia* Gagnep. ·············· 204

黄桐属 *Endospermum* Benth. ·············· 205

　65 黄桐 *Endospermum chinense* Benth. ·············· 206

风轮桐属 *Epiprinus* Griff. ·············· 209

　66 风轮桐 *Epiprinus siletianus* (Baill.) Croiz. ·············· 210

大戟属 *Euphorbia* L. ·············· 212

　大戟属分种检索表 ·············· 212

　67 紫锦木 *Euphorbia cotinifolia* L. ·············· 213

　68 猩猩草 *Euphorbia cyathophora* Murray ·············· 215

　69 海南大戟 *Euphorbia hainanensis* Croiz. ·············· 217

　70 地锦 *Euphorbia humifusa* Willd. ·············· 219

　71 禾叶大戟 *Euphorbia graminea* Jacq. ·············· 221

　72 续随子 *Euphorbia lathyris* L. ·············· 223

　73 白雪木 *Euphorbia leucocephala* Lotsy ·············· 225

　74 一品红 *Euphorbia pulcherrima* Willd. ex Klotzsch ·············· 227

　75 绿玉树 *Euphorbia tirucalli* L. ·············· 229

海漆属 *Excoecaria* L. ·············· 231

　海漆属分种检索表 ·············· 231

　76 云南土沉香 *Excoecaria acerifolia* Didr. ·············· 232

　77 红背桂花 *Excoecaria cochinchinensis* Lour. ·············· 234

　78 绿背桂花 *Excoecaria cochinchinensis* Lour. var. *viridis* (Pax et K. Hoffm.) Merr. ·············· 236

　79 鸡尾木 *Excoecaria venenata* S. K. Lee et F. N. Wei ·············· 238

白饭树属 *Flueggea* Willd. ·············· 240

　白饭树属分种检索表 ·············· 240

　80 一叶萩 *Flueggea suffruticosa* (Pall.) Baill. ·············· 241

　81 白饭树 *Flueggea virosa* (Roxb. ex Willd.) Hort. Suburb. Calcutt. ·············· 243

嘎西木属 *Garcia* Rohr ·············· 245

82 嘎西木 *Garcia nutans* Vahl ex Rohr ·················· 246

算盘子属 *Glochidion* J. R. Forst ·················· 249

算盘子属分种检索表 ·················· 249

83 红算盘子 *Glochidion coccineum* (Buch.-Ham.) Müll. Arg. ·················· 250

84 四裂算盘子 *Glochidion ellipticum* Wight ·················· 252

85 毛果算盘子 *Glochidion eriocarpum* Champ. ex Benth. ·················· 254

86 绒毛算盘子 *Glochidion heyneanum* (Wight et Arn.) Wight ·················· 256

87 厚叶算盘子 *Glochidion hirsutum* (Roxb.) Voigt ·················· 258

88 艾胶算盘子 *Glochidion lanceolarium* (Roxb.) Voigt ·················· 260

89 甜叶算盘子 *Glochidion philippicum* (Cav.) C. B. Rob. ·················· 262

90 算盘子 *Glochidion puberum* (L.) Hutch. ·················· 264

91 茎花算盘子 *Glochidion ramiflorum* J. R. Forst. et G. Forst. ·················· 266

92 圆果算盘子 *Glochidion sphaerogynum* (Müll. Arg.) Kurz ·················· 268

93 湖北算盘子 *Glochidion wilsonii* Hutch. ·················· 270

94 白背算盘子 *Glochidion wrightii* Benth. ·················· 272

95 香港算盘子 *Glochidion zeylanicum* (Gaertn.) A. Juss. ·················· 274

橡胶树属 *Hevea* Aubl. ·················· 277

96 三叶橡胶 *Hevea brasiliensis* (Willd. ex A. Juss.) Müll. Arg. ·················· 278

水柳属 *Homonoia* Lour. ·················· 281

97 水柳 *Homonoia riparia* Lour. ·················· 282

响盒子属 *Hura* L. ·················· 285

98 响盒子 *Hura crepitans* L. ·················· 286

麻风树属 *Jatropha* L. ·················· 289

麻风树属分种检索表 ·················· 289

99 麻风树 *Jatropha curcas* L. ·················· 290

100 棉叶珊瑚花 *Jatropha gossypiifolia* L. ·················· 292

101 珊瑚花 *Jatropha multifida* L. ·················· 294

102 琴叶珊瑚 *Jatropha integerrima* Jacq. ·················· 296

103 佛肚树 *Jatropha podagrica* Hook. ·················· 298

安达树属 *Joannesia* Vell. ·················· 300

104 安达树 *Joannesia princeps* Vell. ·················· 301

白茶树属 *Koilodepas* Hassk. ·················· 303

105 白茶树 *Koilodepas hainanense* (Merr.) Airy Shaw ·················· 304

轮叶戟属 *Lasiococca* Hook. f. ·················· 307

106 轮叶戟 *Lasiococca comberi* Haimes var. *pseudoverticillata* (Merr.) H. S. Kiu ·················· 308

雀舌木属 *Leptopus* Decne. ·················· 311

107 雀儿舌头 *Leptopus chinensis* (Bunge) Pojark. ·················· 312

血桐属 *Macaranga* Du Petit-Thouars ·················· 315

血桐属分种检索表 ·················· 315

108 安达曼血桐 *Macaranga andamanica* Kurz ·················· 316

109 中平树 *Macaranga denticulata* (Bl.) Müll. Arg. ·················· 318

110 印度血桐 *Macaranga indica* Wight ·················· 320

111 刺果血桐 *Macaranga lowii* King ex Hook. f. ·················· 322

112 鼎湖血桐 *Macaranga sampsonii* Hance ·················· 324

113 血桐 *Macaranga tanarius* (L.) Müll. Arg. var. *tomentosa* (Bl.) Müll. Arg. ·················· 326

野桐属 *Mallotus* Lour. ·················· 329

野桐属分种检索表 ·················· 329

114 锈毛野桐 *Mallotus anomalus* Merr. et Chun ·················· 330

115 白背叶 *Mallotus apelta* (Lour.) Müll. Arg. ·················· 332

116 罗定野桐 *Mallotus lotingensis* F. P. Metc. ⋯⋯⋯⋯⋯⋯⋯⋯⋯⋯⋯⋯⋯⋯ 334

117 粗毛野桐 *Mallotus hookerianus* (Seem.) Müll. Arg. ⋯⋯⋯⋯⋯⋯⋯⋯ 336

118 山苦茶 *Mallotus peltatus* (Geisel.) Müll. Arg. ⋯⋯⋯⋯⋯⋯⋯⋯⋯⋯ 338

119 白楸 *Mallotus paniculatus* (Lam.) Müll. Arg. ⋯⋯⋯⋯⋯⋯⋯⋯⋯⋯⋯ 340

120 粗糠柴 *Mallotus philippensis* (Lam.) Müll. Arg. ⋯⋯⋯⋯⋯⋯⋯⋯⋯ 342

121 四果野桐 *Mallotus tetracoccus* (Roxb.) Kurz ⋯⋯⋯⋯⋯⋯⋯⋯⋯⋯⋯ 344

122 云南野桐 *Mallotus yunnanensis* Pax et K. Hoffm. ⋯⋯⋯⋯⋯⋯⋯⋯ 346

木薯属 *Manihot* Mill. ⋯⋯⋯⋯⋯⋯⋯⋯⋯⋯⋯⋯⋯⋯⋯⋯⋯⋯⋯⋯⋯⋯⋯⋯⋯⋯ 349

木薯属分种检索表 ⋯⋯⋯⋯⋯⋯⋯⋯⋯⋯⋯⋯⋯⋯⋯⋯⋯⋯⋯⋯⋯⋯⋯⋯⋯⋯ 349

123 花叶木薯 *Manihot esculenta* 'Variegata' ⋯⋯⋯⋯⋯⋯⋯⋯⋯⋯⋯⋯⋯ 350

124 木薯 *Manihot esculenta* Crantz ⋯⋯⋯⋯⋯⋯⋯⋯⋯⋯⋯⋯⋯⋯⋯⋯⋯⋯ 352

125 木薯胶 *Manihot glaziovii* Müll. Arg. ⋯⋯⋯⋯⋯⋯⋯⋯⋯⋯⋯⋯⋯⋯⋯ 354

蓝子木属 *Margaritaria* L. f. ⋯⋯⋯⋯⋯⋯⋯⋯⋯⋯⋯⋯⋯⋯⋯⋯⋯⋯⋯⋯⋯⋯ 356

126 蓝子木 *Margaritaria indica* (Dalz.) Airy Shaw ⋯⋯⋯⋯⋯⋯⋯⋯⋯ 357

大柱藤属 *Megistostigma* Hook. f. ⋯⋯⋯⋯⋯⋯⋯⋯⋯⋯⋯⋯⋯⋯⋯⋯⋯⋯ 359

127 云南大柱藤 *Megistostigma yunnanense* Croiz. ⋯⋯⋯⋯⋯⋯⋯⋯⋯⋯ 360

叶轮木属 *Ostodes* Blume ⋯⋯⋯⋯⋯⋯⋯⋯⋯⋯⋯⋯⋯⋯⋯⋯⋯⋯⋯⋯⋯⋯⋯ 363

128 云南叶轮木 *Ostodes katharinae* Pax ⋯⋯⋯⋯⋯⋯⋯⋯⋯⋯⋯⋯⋯⋯⋯ 364

红雀珊瑚属 *Pedilanthus* Neck. ex Poit. ⋯⋯⋯⋯⋯⋯⋯⋯⋯⋯⋯⋯⋯⋯ 367

129 红雀珊瑚 *Pedilanthus tithymaloides* (L.) Poit. ⋯⋯⋯⋯⋯⋯⋯⋯⋯ 368

叶下珠属 *Phyllanthus* L. ⋯⋯⋯⋯⋯⋯⋯⋯⋯⋯⋯⋯⋯⋯⋯⋯⋯⋯⋯⋯⋯⋯⋯ 371

叶下珠属分种检索表 ⋯⋯⋯⋯⋯⋯⋯⋯⋯⋯⋯⋯⋯⋯⋯⋯⋯⋯⋯⋯⋯⋯⋯⋯ 372

130 西印度醋栗 *Phyllanthus acidus* (L.) Skeels ⋯⋯⋯⋯⋯⋯⋯⋯⋯⋯⋯ 373

131 云南沙地叶下珠 *Phyllanthus arenarius* var. *yunnanensis* T. L. Chin ⋯⋯⋯ 375

132 浙江叶下珠 *Phyllanthus chekiangensis* Croiz. ex F. P. Metc. ⋯⋯⋯⋯ 376

133 滇藏叶下珠 *Phyllanthus clarkei* Hook. f. ⋯⋯⋯⋯⋯⋯⋯⋯⋯⋯⋯⋯ 378

134 越南叶下珠 *Phyllanthus cochinchinensis* (Lour.) Spreng. ⋯⋯⋯⋯ 380

135 余甘子 *Phyllanthus emblica* L. ⋯⋯⋯⋯⋯⋯⋯⋯⋯⋯⋯⋯⋯⋯⋯⋯⋯⋯ 382

136 青灰叶下珠 *Phyllanthus glaucus* Wall. ex Müll. Arg. ⋯⋯⋯⋯⋯⋯ 384

137 广东叶下珠 *Phyllanthus guangdongensis* P. T. Li ⋯⋯⋯⋯⋯⋯⋯⋯ 386

138 细枝叶下珠 *Phyllanthus leptoclados* Benth. ⋯⋯⋯⋯⋯⋯⋯⋯⋯⋯⋯ 388

139 瘤腺叶下珠 *Phyllanthus myrtifolius* (Wight) Müll. Arg. ⋯⋯⋯⋯ 390

140 单花水油甘 *Phyllanthus nanellus* P. T. Li ⋯⋯⋯⋯⋯⋯⋯⋯⋯⋯⋯⋯ 392

141 水油甘 *Phyllanthus rheophyticus* M. G. Gilberf et P. T. Li ⋯⋯⋯ 394

142 云桂叶下珠 *Phyllanthus pulcher* Wall. ex Müll. Arg. ⋯⋯⋯⋯⋯⋯ 396

143 小果叶下珠 *Phyllanthus reticulatus* Poir. ⋯⋯⋯⋯⋯⋯⋯⋯⋯⋯⋯⋯ 398

144 云泰叶下珠 *Phyllanthus sootepensis* Craib ⋯⋯⋯⋯⋯⋯⋯⋯⋯⋯⋯ 400

145 红叶下珠 *Phyllanthus tsiangii* P. T. Li ⋯⋯⋯⋯⋯⋯⋯⋯⋯⋯⋯⋯⋯ 402

146 叶下珠 *Phyllanthus urinaria* L. ⋯⋯⋯⋯⋯⋯⋯⋯⋯⋯⋯⋯⋯⋯⋯⋯⋯ 404

147 柱状叶下珠 *Phyllanthus columnaris* Müll. Arg. ⋯⋯⋯⋯⋯⋯⋯⋯⋯ 406

148 胡桃叶叶下珠 *Phyllanthus juglandifolius* Willd. ⋯⋯⋯⋯⋯⋯⋯⋯ 408

星油藤属 *Plukenetia* L. ⋯⋯⋯⋯⋯⋯⋯⋯⋯⋯⋯⋯⋯⋯⋯⋯⋯⋯⋯⋯⋯⋯⋯ 410

149 星油藤 *Plukenetia volubilis* L. ⋯⋯⋯⋯⋯⋯⋯⋯⋯⋯⋯⋯⋯⋯⋯⋯⋯⋯ 411

三籽桐属 *Reutealis* Airy Shaw ⋯⋯⋯⋯⋯⋯⋯⋯⋯⋯⋯⋯⋯⋯⋯⋯⋯⋯⋯ 413

150 三籽桐 *Reutealis trisperma* (Blanco) Airy Shaw ⋯⋯⋯⋯⋯⋯⋯⋯ 414

蓖麻属 *Ricinus* L. ⋯⋯⋯⋯⋯⋯⋯⋯⋯⋯⋯⋯⋯⋯⋯⋯⋯⋯⋯⋯⋯⋯⋯⋯⋯⋯ 416

151 蓖麻 *Ricinus communis* L. ⋯⋯⋯⋯⋯⋯⋯⋯⋯⋯⋯⋯⋯⋯⋯⋯⋯⋯⋯⋯ 417

守宫木属 *Sauropus* Bl ⋯⋯⋯⋯⋯⋯⋯⋯⋯⋯⋯⋯⋯⋯⋯⋯⋯⋯⋯⋯⋯⋯⋯ 420

守宫木属分种检索表 ⋯⋯⋯⋯⋯⋯⋯⋯⋯⋯⋯⋯⋯⋯⋯⋯⋯⋯⋯⋯⋯⋯⋯⋯ 420

152 守宫木 *Sauropus androgynus* (L.) Merr. ⋯⋯⋯⋯⋯⋯⋯⋯⋯⋯⋯⋯⋯⋯⋯⋯⋯⋯⋯⋯⋯⋯⋯⋯⋯⋯⋯ 421

153 长梗守宫木 *Sauropus macranthus* Hassk. ⋯⋯⋯⋯⋯⋯⋯⋯⋯⋯⋯⋯⋯⋯⋯⋯⋯⋯⋯⋯⋯⋯⋯⋯⋯ 423

154 网脉守宫木 *Sauropus reticulatus* X. L. Mo ex P. T. Li ⋯⋯⋯⋯⋯⋯⋯⋯⋯⋯⋯⋯⋯⋯⋯⋯⋯ 425

155 短尖守宫木 *Sauropus similis* Craib ⋯⋯⋯⋯⋯⋯⋯⋯⋯⋯⋯⋯⋯⋯⋯⋯⋯⋯⋯⋯⋯⋯⋯⋯⋯⋯⋯⋯ 427

156 龙脷叶 *Sauropus spatulifolius* Beille Lec. ⋯⋯⋯⋯⋯⋯⋯⋯⋯⋯⋯⋯⋯⋯⋯⋯⋯⋯⋯⋯⋯⋯⋯⋯ 429

齿叶乌桕属 *Shirakiopsis* Esser ⋯⋯⋯⋯⋯⋯⋯⋯⋯⋯⋯⋯⋯⋯⋯⋯⋯⋯⋯⋯⋯⋯⋯⋯⋯⋯⋯⋯⋯⋯⋯ 432

157 齿叶乌桕 *Shirakiopsis indica* Willd. Esser ⋯⋯⋯⋯⋯⋯⋯⋯⋯⋯⋯⋯⋯⋯⋯⋯⋯⋯⋯⋯⋯⋯⋯ 433

地构叶属 *Speranskia* Baill. ⋯⋯⋯⋯⋯⋯⋯⋯⋯⋯⋯⋯⋯⋯⋯⋯⋯⋯⋯⋯⋯⋯⋯⋯⋯⋯⋯⋯⋯⋯⋯⋯ 436

158 广东地构叶 *Speranskia cantonensis* (Hance) Pax et K. Hoffm. ⋯⋯⋯⋯⋯⋯⋯⋯⋯⋯⋯⋯ 437

宿萼木属 *Strophioblachia* Boerl. ⋯⋯⋯⋯⋯⋯⋯⋯⋯⋯⋯⋯⋯⋯⋯⋯⋯⋯⋯⋯⋯⋯⋯⋯⋯⋯⋯⋯⋯ 439

宿萼木属分种检索表 ⋯⋯⋯⋯⋯⋯⋯⋯⋯⋯⋯⋯⋯⋯⋯⋯⋯⋯⋯⋯⋯⋯⋯⋯⋯⋯⋯⋯⋯⋯⋯⋯⋯⋯⋯ 439

159 宿萼木 *Strophioblachia fimbricalyx* Boerl. ⋯⋯⋯⋯⋯⋯⋯⋯⋯⋯⋯⋯⋯⋯⋯⋯⋯⋯⋯⋯⋯⋯⋯ 440

160 心叶宿萼木 *Strophioblachia glandulosa* Pax var. *cordifolia* Airy Shaw ⋯⋯⋯⋯⋯⋯⋯ 442

白叶桐属 *Sumbaviopsis* J. J. Sm. ⋯⋯⋯⋯⋯⋯⋯⋯⋯⋯⋯⋯⋯⋯⋯⋯⋯⋯⋯⋯⋯⋯⋯⋯⋯⋯⋯⋯⋯ 444

161 缅桐 *Sumbaviopsis albicans* (Bl.) J. J. Sm. ⋯⋯⋯⋯⋯⋯⋯⋯⋯⋯⋯⋯⋯⋯⋯⋯⋯⋯⋯⋯⋯⋯ 445

滑桃树属 *Trevia* L. ⋯⋯⋯⋯⋯⋯⋯⋯⋯⋯⋯⋯⋯⋯⋯⋯⋯⋯⋯⋯⋯⋯⋯⋯⋯⋯⋯⋯⋯⋯⋯⋯⋯⋯⋯⋯ 447

162 滑桃树 *Trevia nudiflora* L. ⋯⋯⋯⋯⋯⋯⋯⋯⋯⋯⋯⋯⋯⋯⋯⋯⋯⋯⋯⋯⋯⋯⋯⋯⋯⋯⋯⋯⋯⋯⋯ 448

乌桕属 *Triadica* Lour. ⋯⋯⋯⋯⋯⋯⋯⋯⋯⋯⋯⋯⋯⋯⋯⋯⋯⋯⋯⋯⋯⋯⋯⋯⋯⋯⋯⋯⋯⋯⋯⋯⋯⋯ 450

乌桕属分种检索表 ⋯⋯⋯⋯⋯⋯⋯⋯⋯⋯⋯⋯⋯⋯⋯⋯⋯⋯⋯⋯⋯⋯⋯⋯⋯⋯⋯⋯⋯⋯⋯⋯⋯⋯⋯⋯ 450

163 山乌桕 *Triadica cochinchinensis* Lour. ⋯⋯⋯⋯⋯⋯⋯⋯⋯⋯⋯⋯⋯⋯⋯⋯⋯⋯⋯⋯⋯⋯⋯⋯ 451

164 圆叶乌桕 *Triadica rotundifolia* (Hemsl.) Esser ⋯⋯⋯⋯⋯⋯⋯⋯⋯⋯⋯⋯⋯⋯⋯⋯⋯⋯⋯⋯ 453

165 乌桕 *Triadica sebifera* (L.) Small ⋯⋯⋯⋯⋯⋯⋯⋯⋯⋯⋯⋯⋯⋯⋯⋯⋯⋯⋯⋯⋯⋯⋯⋯⋯⋯⋯ 455

三宝木属 *Trigonostemon* Bl. ⋯⋯⋯⋯⋯⋯⋯⋯⋯⋯⋯⋯⋯⋯⋯⋯⋯⋯⋯⋯⋯⋯⋯⋯⋯⋯⋯⋯⋯⋯⋯ 458

三宝木属分种检索表 ⋯⋯⋯⋯⋯⋯⋯⋯⋯⋯⋯⋯⋯⋯⋯⋯⋯⋯⋯⋯⋯⋯⋯⋯⋯⋯⋯⋯⋯⋯⋯⋯⋯⋯ 458

166 勐仑三宝木 *Trigonostemon bonianus* Gagnep. ⋯⋯⋯⋯⋯⋯⋯⋯⋯⋯⋯⋯⋯⋯⋯⋯⋯⋯⋯⋯ 459

167 三宝木 *Trigonostemon chinensis* Merr. ⋯⋯⋯⋯⋯⋯⋯⋯⋯⋯⋯⋯⋯⋯⋯⋯⋯⋯⋯⋯⋯⋯⋯⋯ 461

168 异叶三宝木 *Trigonostemon flavidus* Gagnep. ⋯⋯⋯⋯⋯⋯⋯⋯⋯⋯⋯⋯⋯⋯⋯⋯⋯⋯⋯⋯⋯ 463

169 黄花三宝木 *Trigonostemon fragilis* (Gagnep.) Airy Shaw ⋯⋯⋯⋯⋯⋯⋯⋯⋯⋯⋯⋯⋯⋯ 465

170 长梗三宝木 *Trigonostemon thyrsoideus* Stapf ⋯⋯⋯⋯⋯⋯⋯⋯⋯⋯⋯⋯⋯⋯⋯⋯⋯⋯⋯⋯⋯ 467

171 瘤果三宝木 *Trigonostemon tuberculatus* F. Du et Ju He ⋯⋯⋯⋯⋯⋯⋯⋯⋯⋯⋯⋯⋯⋯⋯ 469

172 剑叶三宝木 *Trigonostemon xyphophylloides* (Croiz.) L.K. Dai et T.L. Wu ⋯⋯⋯⋯⋯⋯ 471

希陶木属 *Tsaiodendron* Y. H. Tan ⋯⋯⋯⋯⋯⋯⋯⋯⋯⋯⋯⋯⋯⋯⋯⋯⋯⋯⋯⋯⋯⋯⋯⋯⋯⋯⋯⋯ 473

173 希陶木 *Tsaiodendron dioicum* Y. H. Tan ⋯⋯⋯⋯⋯⋯⋯⋯⋯⋯⋯⋯⋯⋯⋯⋯⋯⋯⋯⋯⋯⋯⋯ 474

油桐属 *Vernicia* Lour. ⋯⋯⋯⋯⋯⋯⋯⋯⋯⋯⋯⋯⋯⋯⋯⋯⋯⋯⋯⋯⋯⋯⋯⋯⋯⋯⋯⋯⋯⋯⋯⋯⋯⋯ 476

油桐属分种检索表 ⋯⋯⋯⋯⋯⋯⋯⋯⋯⋯⋯⋯⋯⋯⋯⋯⋯⋯⋯⋯⋯⋯⋯⋯⋯⋯⋯⋯⋯⋯⋯⋯⋯⋯⋯⋯ 476

174 油桐 *Vernicia fordii* (Hemsl.) Airy Shaw ⋯⋯⋯⋯⋯⋯⋯⋯⋯⋯⋯⋯⋯⋯⋯⋯⋯⋯⋯⋯⋯⋯⋯ 477

175 木油桐 *Vernicia montana* Lour. ⋯⋯⋯⋯⋯⋯⋯⋯⋯⋯⋯⋯⋯⋯⋯⋯⋯⋯⋯⋯⋯⋯⋯⋯⋯⋯⋯⋯ 479

维安比木属 *Whyanbeelia* Airy Shaw ex B. Hyland ⋯⋯⋯⋯⋯⋯⋯⋯⋯⋯⋯⋯⋯⋯⋯⋯⋯⋯⋯ 452

176 维安比木 *Whyanbeelia terrae-reginae* Airy Shaw et B. Hyland ⋯⋯⋯⋯⋯⋯⋯⋯⋯⋯⋯ 483

参考文献 ⋯⋯ 485

附录1 本卷收录各植物园迁地保育的大戟科植物名录 ⋯⋯⋯⋯⋯⋯⋯⋯⋯⋯⋯⋯⋯⋯⋯ 489

附录2 各有关植物园的地理位置和自然环境 ⋯⋯⋯⋯⋯⋯⋯⋯⋯⋯⋯⋯⋯⋯⋯⋯⋯⋯⋯⋯⋯ 493

中文名索引 ⋯⋯⋯⋯⋯⋯⋯⋯⋯⋯⋯⋯⋯⋯⋯⋯⋯⋯⋯⋯⋯⋯⋯⋯⋯⋯⋯⋯⋯⋯⋯⋯⋯⋯⋯⋯⋯⋯ 495

拉丁名索引 ⋯⋯⋯⋯⋯⋯⋯⋯⋯⋯⋯⋯⋯⋯⋯⋯⋯⋯⋯⋯⋯⋯⋯⋯⋯⋯⋯⋯⋯⋯⋯⋯⋯⋯⋯⋯⋯⋯ 499

概述
Overview

　　大戟科（Euphorbiaceae Juss.）植物资源丰富，全世界有322属8910种（Li *et al.*, 2008），主要分布于热带和亚热带地区，是世界热带地区的代表性类群（Radcliffe-Smith, 1980; Secco *et al.*, 2012）。该科是一个具有重要经济价值的植物类群，以橡胶、油料、药材、淀粉和木材等重要经济植物著称，其中有被誉为"胶王"的橡胶树（*Hevea brasiliensis*），有乌桕（*Triadica sebifera*）、油桐（*Vernicia fordii*）、蓖麻（*Ricinus communis*）、星油藤（*Plukenetia volubilis*）等重要油料植物，更有作为热门生物质能而被开发利用的麻风树（*Jatropha curcas*）、绿玉树（*Euphorbia tirucalli*）、续随子（*E. lathyris*）、木薯（*Manihot esculenta*）等重要能源植物。大戟科植物大部分有毒，南非的好望角毒漆（*Hyaenanche capensis*）是已知有毒植物中最毒的一种。有些可供药用，据《新华本草纲要》记载的大戟科药用植物有36属134种，是药用植物利用历史较早、种类较多的科，如大戟（*Euphorbia pekinensis*）、飞扬草（*E. hirta*）、续随子、甘遂（*E. kansui*）、巴豆（*Croton tiglium*）、余甘子（*Phyllanthus emblica*）等都是传统药用植物。大戟科植物化学成分丰富，含有萜类、黄酮类、香豆素类、甾体类、多酚等，具有抗肿瘤、抗病毒、抗氧化、抗炎等多种生物活性。大戟科植物中也有较多为人们所熟知的观赏植物，如乌桕、一品红（*Euphorbia pulcherrima*）、猩猩草（*E. cyathophora*）、银边翠（*E. marginata*）、虎刺（*Damnacanthus indicus*）、变叶木（*Codiaeum variegatum*）等，也有一些种类具有较好的园林开发应用前景，如油桐、长梗三宝木（*Trigonostemon thyrsoideus*）、黄花三宝木（*T. fragilis*）、白饭树（*Flueggea virosa*）、白雪木（*Euphorbia leucocephala*）、五月茶属（*Antidesma L.*）等。少数种类还能作为野生蔬菜和水果资源开发利用，如守宫木（*Sauropus androgynus*）、余甘子、西印度醋栗（*Phyllanthus acidus*）等。大戟科植物种类非常丰富，蕴含着许多具有重要经济价值和开发利用潜力的战略生物资源，已越来越受到人们的关注。

一、大戟科植物的基本形态特征

1. 植株

　　大戟科植物为大乔木、小乔木、灌木或草本，稀为藤本。大戟属、海漆属等属植株茎干常有白色乳汁、红色或淡红色乳汁。

星油藤（*Plukenetia volubilis*）·藤本

续随子（*Euphorbia lathyris*）·草本

石栗（*Aleurites moluccana*）·乔木

云南大柱藤（*Megistostigma yunnanense*）·藤本

长梗三宝木（*Trigonostemon thyrsoideus*）·灌木

五月茶（*Antidesma bunius*）·乔木

2. 叶

大戟科植物叶片形态特征多样，可作为属或种的鉴别特征之一。叶多为单叶互生，少有对生或轮生，稀为复叶；边缘全缘或具锯齿，少数掌状浅裂或深裂；羽状脉或掌状脉；叶柄基部或顶端有时具有1～2枚腺。血桐属植物叶片多为掌状脉、盾状着生；叶下珠属植物叶片互生，通常在侧枝上排列成2

列，呈羽状复叶；麻风树属植物叶片多为掌状或羽状分裂，稀不分裂；维安比木属植物叶片对生，排成2列，呈羽状复叶。

五月茶（*Antidesma bunius*）· 叶　　　　　黄桐（*Endospermum chinense*）· 叶

禾串树（*Bridelia balansae*）· 叶　　　　　珊瑚花（*Jatropha multifida*）· 叶

棉叶珊瑚花（*J. gossypiifolia*）· 叶　　　　　木奶果（*Baccaurea ramiflora*）· 叶

巴豆（*Croton tiglium*）· 叶　　　　　陈氏铁苋菜（*Acalypha chuniana*）· 叶

风轮桐 (*Epiprinus siletianus*)

浙江叶下珠 (*Phyllanthus chekiangensis*)

石栗 (*Aleurites moluccana*)

红背桂花 (*Excoecaria cochinchinensis*)

血桐 (*Macaranga tanarius* var. *tomentosa*)

红背山麻杆 (*Alchornea trewioides*)

麻风树 (*Jatropha curcas*)

3. 花

大戟科植物的花为单性，雌雄同株或异株，单花或组成聚伞花序、穗状花序、总状花序或圆锥花序，大戟属为特化的杯状花序；花瓣有或无；花盘环状或分裂成为腺体状，稀无花盘；雄蕊1枚至多数，花丝分离或合生成柱状。

剑叶三宝木 (*Trigonostemon xyphophylloides*)　　　　长梗三宝木 (*T. thyrsoideus*)

白雪木 (*Euphorbia leucocephala*)

海南巴豆 (*Croton laui*) · 花序

琴叶珊瑚 (*Jatropha integerrima*)

嘎西木 (*Garcia nutans*) · 雄花

白茶树 (*Koilodepas hainanense*)

圆果算盘子 (*Glochidion sphaerogynum*)

锈毛野桐 (*Mallotus anomalus*) · 雄花

锈毛野桐 (*M. anomalus*) · 雌花

麻风树 (*Jatropha curcas*)

4. 果

大戟科植物果实为蒴果，果实成熟时常从宿存的中央轴柱分离成分果爿；或为核果状和浆果状，可作为属间或种间鉴别依据之一。核果木属植物为核果状，果实成熟时不开裂；白饭树属、蓝子木属、木奶果属、秋枫属、浆果乌桕属等属及青灰叶下珠和小果叶下珠等为浆果状，外果皮肉质。

白饭树 (*Flueggea virosa*)

三籽桐 (*Reutealis trisperma*)

油桐 (*Vernicia fordii*)

木奶果 (*Baccaurea ramiflora*)

小果叶下珠 (*Phyllanthus reticulatus*)

滑桃树 (*Trevia nudiflora*)

西印度醋栗 (*Phyllanthus acidus*)

锈毛野桐 (*Mallotus anomalus*)

麻风树 (*Jatropha curcas*)

二、大戟科植物资源概况

我国包括引入栽培的大戟科植物共有75属406种（Li *et al.*, 2008），分布于全国各地。但主要产于华南和西南地区，以广东、广西、海南、云南等地最为丰富。基于我国15个主要植物园迁地保育的大戟科植物资源清查表明，我国主要植物园迁地保育了大戟科植物约70属350多种，在12个植物园有引种栽培，其中迁地保育大戟科植物比较多的植物园有西双版纳植物园（171种）、华南植物园（162种）、武汉植物园（78种）和桂林植物园（50种）。较FOC Vol. 11新增加了嘎西木属（*Garcia*）、安达树属（*Joannesia*）、印加果属（*Plukenetia*）、维安比木属（*Whyanbeelia*）、希陶木属（*Tsaiodendron* Y.H. Tan, H. Zhu & H. Sun）等5个属。另外，因引种来源信息不详、引种栽培植物仍处于未开花结果状态、引种植株缺少雌株或雄株等原因，目前中国植物园所迁地保育的大戟科植物资源中仍有部分物种有待于进一步鉴定查证。

近年来，随着各地区植物资源的深入调查和研究，在我国广东、云南、海南等地区又相继发现了一些新的大戟科植物分类群，如陈氏铁苋菜（*Acalypha chuniana* H.G. Ye, Y.S. Ye, X.S. Qin et F.W. Xing）（Qin *et al.*, 2006）、阳春巴豆（*Croton yangchunensis* H.G. Ye et N.H. Xia）（Ye *et al.*, 2006），瘤果三宝木（*Trigonostemon tuberculatus* F. Du et Ju He）（Du *et al.*, 2010），希陶木属（*Tsaiodendron* Y. H. Tan, H. Zhu et H. Sun）和希陶木（*Tsaiodendron dioicum* Y. H. Tan, Z Zhou et B. J. Gu），元江海漆（*Excoecaria yuanjiangensis*）（吕亚媚 等，2018）。同时，在调查和标本研究过程中也发现了一些新归化种和新记录，2010年根据中国科学院昆明植物研究所馆藏标本发表了来自云南的两个新记录种多室算盘子（*Glochidion multiloculare*）和南亚算盘子（*Glochidion moonii*）（姚刚，张奠湘，2010），2012年在海南发现新归化种硬毛巴豆（*Croton hirtus*）（王清隆 等，2012a）和中国新记录属—小果木属（*Micrococca* Benth.）（王清隆 等，2012b），2015年在广东发现新记录种灰岩粗毛藤（*Cnesmone tonkinensis*）（赵万义 等，2015），2018年在安徽发现了新归化种密毛巴豆（*Croton lindheimeri*）（张思宇等，2018）。未来，随着野外资源调查和迁地保育工作的持续开展，将会继续丰富和完善大戟科植物种类和分布情况，进一步提升我国植物园迁地保育的物种数量和质量，为后续深入研究奠定坚实的基础。

三、大戟科植物的系统演化及分类

大戟科植物起源较早，早在第三纪时期渐新世就发现了五月茶属（*Antidesma* L.）植物，第三纪的地层中发现大戟属（*Euphorbia* L.）种子化石，中新世纪地层中发现叶下珠属（*Phyllanthus* L.）种子化石，始新世和中新世地层中发现野桐属（*Mallotus* L.）种子化石。

大戟科是被子植物中分类极为困难的类群之一，先后有许多学者对其进行分类学研究，包括Jussieu（1824），Baillon（1858），Müller（1866，1873），Bentham（1878），Bentham（1880），Pax（1890），Pax and Hoffmann（1919，1922，1931），Jablonski（1967），Hutchinson（1969），Webster（1975），Webster（1987, 1994a, 1994b, 2014）and Radcliffe-Smith（2001）以及被子植物系统发育小组（APG IV, 2016）等，先后曾被细分为10多个科，至今尚有争论。Jussieu（1824）建立了大致与目前亚科相对应的属的系列，Baillon（1858）建立了许多新属和新组，重新界定了科的范围，将黄杨科（Buxaceae）从大戟科分出。Müller（1866）首次提出了基本完整的亚科、族和亚族的分类系统。Bentham（1880）和Pax（1890）基本上认同Müller的系统，仅做少量的调整。以胚珠数量性状为依据，Pax（1884）提出将2胚珠的类群放入叶下珠亚科（Phyllanthoideae），单胚珠类群放入巴豆亚科（Crotonoideae），但 Pax and Hoffmann（1919）又回到Müller系统，重新接受以萼片卷叠式作为第一级区别性状。Hurusawa（1954）建立了一个狭义的大戟科分类系统，将Pax系统中的4个亚科提升为科，同时建立了3个具有2胚珠的亚科（Briedelioideae，Antidesmatioideae，Phyllanthoideae）和4个单胚珠亚科（Euphorbioideae，Acalyphoideae，Crotonoideae，Sapioideae）。Hutchinson（1969）提出了一个全然不同的分类系统，取消亚科等级，将属组合为40个族。Webster（1994b）将其划分为5个亚科，叶下珠亚科（Phyllanthoideae）、铁苋菜亚科（Acalyphoideae）、巴豆亚科（Crotonoideae）、大戟亚科（Euphorbioideae）和Oldfieldioideae亚科。

许多植物系统学家更趋向于将它分为多个较小的科（Agardh，1824；Endlicher，1836；Lindley，1837；Walp，1852；Hurusawa，1954，1957；Airy Shaw，1965；Li *et al.*，1994），而Webster（1975，1994）则赞成广义大戟科分类系统，并根据每个子房室胚珠数、毛被类型、乳汁及花粉形态等形态特征研究，发表了迄今为止最为完整的大戟科分类系统，将大戟科分为5亚科317属49族，部分族又分为亚族。近年来，基于Wurdack *et al.*（2004）等分子系统学研究，并结合Webster（1994b）提出的形态特征数据，被子植物系统发育小组（APG IV，2016）提出将广义大戟科划分为5个独立的科（Phyllanthaceae，Putranjivaceae，Pandaceae，Picrodendraceae and Euphorbiaceae）。

四、大戟科植物资源的利用价值

1. 经济价值

大戟科是一个具有重要经济价值的植物类群，以橡胶、油料、药材、淀粉和木材等重要经济植物著称。最重要的为橡胶树[*Hevea brasiliensis* （Willd. ex A. Juss.） Müll. Arg.]，是主要产橡胶的植物，世界热带地区约有30多个国家和地区有引种。我国广东、海南、广西、云南、福建和台湾等有引种栽培，其中以海南和云南南部为主要种植区，主要分布于南北纬10°内，分布北界为我国云南盈江县，纬度范围在24°24'~25°20'。

云南西双版纳三叶橡胶 (*Hevea brasiliensis*) 规模化种植

新型保健油料植物星油藤 (*Plukenetia volubilis*) 规模化种植示范

重要能源植物麻风树 (*Jatropha curcas*) 规模化种植示范

　　大戟科也是一个富油脂植物大科，含油10%以上的有60多种，约占我国大戟科植物种类的15%。其中种仁含油率在40%以上的种类有油桐、木油桐、乌桕、石栗、蓖麻、续随子、麻风树、印度血桐、东京桐等。油桐和木油桐为干性油，为我国重要的工业用油。乌桕产蜡和油，为蜡烛、肥皂和涂料的原料。蓖麻为世界十大油料作物之一，蓖麻油供药用及精细化工业用。麻风树、绿玉树和续随子等为当前研究热门的能源植物。另外，蝴蝶果、巴豆、东京桐、蓖麻、越南血桐和滑桃树等植物的果实、种子或种仁的油脂成分也适合直接作为生产生物柴油的原料，为优良的能源植物。星油藤是大戟科新型特种木本油料植物，其种子的含油率为45%～56%，富含α-亚麻酸、ω-3酸（超过48%）和亚油酸ω-6烯酸（超过36%），还含抗氧化剂V_A（681μg/100 mL）、V_E和蛋白质（27%），具有较强的抗氧化性和药食保健功能，是理想的保健食用油和化妆品原料，可用于食品、保健、制药、化妆品等方面，经济价值巨大。

2. 药用价值

大戟科植物作药用的历史较早，汉代《神农本草经》中就记载了大戟、甘遂、巴豆、狼毒、泽漆等药物的作用，一直沿用至今。明代李时珍的《本草纲目》收入了10余种大戟科药用植物，并揭示了它们之间内在相联系的特征。到了清代，被记载的大戟科药用植物达到25种以上。大戟科植物也是民间利用较多的药用植物，在壮族医药中，白楸常用于治疗痢疾、子宫脱垂、中耳炎等疾病；在傣医药中利用的大戟科植物较多，据相关文献记载的傣医药大戟科药用植物共有28属51种，为傣药材品种第三大优势科（张丽霞 等，2016）。近几十年来，随着药用资源普查和对民间草药验方的挖掘整理，越来越多的大戟科药用植物资源被挖掘出来，据《新华本草纲要》记载的大戟科药用植物达36属134种，成为药用植物种类较多的类群。

大戟科植物的化学成分丰富，许多种类富含有萜类、黄酮类、香豆素类、甾体类、多酚等，具有抗肿瘤、抗病毒、抗氧化、抗炎等多种生物学活性。大戟属富含大量不同类型的二萜类化合物，如jatrophanes、lathyranes、tiglianes、ingenanes和myrsinols等，也分离得到了倍半萜、黄酮、甾体等化学成分，具有抗肿瘤、抗病毒、抗菌以及抗炎等生物活性（Liu *et al.*, 2009）。许多研究（Dersth, 2004；Harikumar, 2009；Rajkapoor, 2009；Zhang etal., 2004；Tuthinda *et al.*, 2006；Luo *et al.*, 2011；Liu *et al.*, 2008；Luo *et al.*, 2009；Qian–Cutrone, 1996；Tuchinda *et al.*, 2008；Lee *et al.*, 1996）相继发现叶下珠属*Phyllanthus*（*P. piscatorum*，*P. amarus*，*P. polyphyllus*，余甘子*P. emblica*，落羽松叶下珠*P. taxodiifolius*，*P. acutissima*，珠子草*P. niruri*，瘤腺叶下珠*P. myrtifolius*等）植物具有抗肿瘤、抗炎、抗病毒、抗氧化及抗糖尿病等多种生物活性，同时也具有保肝护肝功效。有研究也发现三宝木属植物也具有抗肿瘤，抗HIV等生物活性（Tempeam *et al.*, 2001；Chen *et al.*, 2009）。余甘子的果实中所含的油柑果汁具有防癌和抗衰老作用，能够阻断强致癌物N亚硝基化合物在动物和人体内合成和提高人体红细胞SOD活性，因此具有抗衰老的作用，可用于疝痛、痢疾、咳嗽等疾患的治疗。研究还发现大戟科植物具有较强的杀虫、杀菌生物活性，其中巴豆、蓖麻、大戟、狼毒大戟、铁海棠、变叶木、油桐、粗糠柴等具有杀虫活性，红桑、红穗铁苋菜、印度铁苋菜、石岩枫、山麻杆等有杀菌活性，泽漆、麻风树、地锦草、佛肚树等既有杀虫又有杀菌活性。由于大戟科植物种类多、分布广、化学成分丰富，具有多种生物活性，具有广阔的开发应用前景。目前国内外学者仅对该科少数植物进行了化学成分和药理学研究，更多的药用资源和开发利用，还有待于进一步深入和系统性研究。

3. 观赏价值

大戟科植物除了经济价值、药用价值外，也有不少种类外形美观、叶片色彩鲜艳、花色靓丽，可观花、观果、观叶，可用于园林配置、园林造景或行道树。变叶木属（*Codiaeum* A. Juss.）、叶下珠属、麻风树属及大戟属等属的多种植物广为栽培供观赏。变叶木属植物，因其叶形奇特多变、叶色丰富，绿色镶嵌着白色、黄色、红色等斑纹，成为城市园林中常用的观叶植物。一品红，株型比较紧凑，开花时鲜红色苞片大而多，观赏价值极高，是一种重要的盆花和切花，在我国南方地区园林中也得到广泛栽培应用。石栗、油桐、千年桐、乌桕、蝴蝶果等高大乔木被用作行道树或庭院种植，乌桕属植物还是较好的秋叶树种。

　　目前，园林上应用的大戟科观赏植物资源还非常少，更多的种类仍处于野生状态，有待于进一步评价和发掘利用。基于植物园大戟科活植物迁地保育的基础上，对该科植物的观赏性进行了初步评价，发现大戟科很多种类都具有园林开发应用潜力。如，三宝木属（*Trigonostemon* Bl.）植物，该属植物树姿优美，花有亮黄、淡黄、紫红或白色等多种颜色，圆锥花序或总状花序生于枝顶或叶腋，是大戟科具有开发前景的观花植物。白饭树（*Flueggea virosa*），蒴果浆果状圆球形，结实率非常高，熟时果皮淡白色，犹如一个个白色的小馒头聚满枝头，非常壮观，是一种值得开发利用的观果植物，可用于公园、庭院绿化，也盆栽观赏或修剪成盆景。五月茶属植物果熟时有呈红色、紫红色、淡红色、紫黑色或黄白色等多种类型，且结实率高，是较好的观果类植物。有些种类兼具观花、观花型，如闭花木（*Cleistanthus sumatranus*）、馒头果（*Cleistanthus tonkinensis*）、山地五月茶（*Antidesma montanum*）、小叶五月茶（*Antidesma venosum*）、方叶五月茶（*Antidesma ghaesembilla*）和黄毛五月茶（*Antidesma fordii*）等。叶下珠属植物树姿优美、枝叶秀丽，果实排列整齐美观，是一类较好的观型观果的灌木。有些低矮灌木种类，可用于林下配置或片植。如青灰叶下珠（*Phyllanthus glaucus*）、浙江叶下珠（*Phyllanthus chekiangensis*）、水油甘（*Phyllanthus parvifolius*）、细枝叶下珠（*Phyllanthus leptoclados*）等。还有一些树形高大美观的种类，可用于行道树开发利用，如维安比木（*Whyanbeelia terrae-reginae*）、黄桐（*Endospermum chinense*）、滑桃树（*Trewia nudiflora*）等。

长梗三宝木（*Trigonostemon thyrsoideus*）

罗定野桐（*Mallotus lotingensis*）

29

五月茶（*Antidesma bunius*）

白饭树（*Flueggea virosa*）

艾胶算盘子 (*Glochidion lanceolarium*)

三宝木（*Trigonostemon chinensis*）

青枣核果木（*Drypetes cumingii*）

长梗守宫木（*Sauropus macranthus*）

馒头果（*Cleistanthus tonkinensis*）

油桐（*Vernicia fordii*）

木油桐（*Vernicia montana*）

白雪木（*Euphorbia leucocephala*）

红穗铁苋菜（*Acalypha hispida*）

五、大戟科植物的繁殖和迁地栽培要点

1. 繁殖技术要点

大戟科植物可以通过种子繁殖、扦插繁殖和组培快繁等方式进行繁殖。大戟科植物是单性花、雌雄同株或异株，对于雌雄异株类群而言，须同时引种有雌株和雄株才有可能获得种子，通过种子繁育后代，否则只能通过无性繁殖后代。目前有关大戟科植物繁殖研究报道甚少，所涉及的物种多为少数具有开发利用前景的经济植物或药用植物，繁殖方式主要为扦插繁殖和组培繁殖，具体情况见表1。绝大多数物种仍以野生自然繁殖为主，基于迁地栽培条件下，我们对部分大戟科植物进行了种子繁殖和扦插繁殖实验，通过对不同生态习性的植物进行繁殖实验，并总结以下相关繁殖关键技术。

表1 大戟科植物繁殖研究情况

序号	物种	繁殖方式	作者
1	石栗 *Aleurites moluccana*	组培快繁（胚、带芽茎段），高空压条繁殖，嫁接繁殖	韩佳宇，2012
2	小桐子 *Jatropha curcas*	种子繁殖	韦剑锋 等，2014，2017；景晓辉 等，2006
		扦插繁殖	王朝文 等，2007；崔永忠 等，2009；何松 等，2013；余德才，吴军，2016
		组培快繁	唐红燕 等，2011；万泉，2013；赵雪慧，何德，2013
3	三叶橡胶 *Hevea brasiliensis*	组培快繁（茎尖）	Paranjothy,1974；Paranjothy et Gandhimathi, 1976; Enjalric et Carron, 1982; Kumari Jayasree et al., 1999
		嫁接繁殖	Helten, 1915；林位夫 等，1998； 陈健等，2018
4	山苦茶 *Mallotus oblongifolius*	扦插繁殖	梁柳 等，2011；顾文亮 等，2016
5	木薯 *Manihot esculenta*	扦插繁殖	江碧玉 等，2010；陆柳英 等，2013
		组培快繁（茎尖、腋芽）	覃艳，陈宇，2013；何海旺 等，2010
6	余甘子 *Phyllanthus emblica*	扦插繁殖	崔永忠 等，1997
7	青灰叶下珠 *Phyllanthus glaucus*	扦插繁殖	李维，2011
8	瘤腺叶下珠 *Phyllanthus myrtifolius*	扦插繁殖	武艳芳 等，2012
9	叶下珠 *Phyllanthus urinaria*	带节茎段	韩晓玲 等，2006；黄雯 等，2017
		种子繁殖	张小斌 等，2018
10	星油藤 *Plukenetia volubilis*	扦插繁殖	廖春文 等，2018
11	蓖麻 *Ricinus communis*	组培快繁（芽尖、带腋芽茎段、顶芽、腋芽）	张庆滢 等，2001；申琳，2004
12	守宫木 *Sauropus androgynus*	组培快繁（带腋芽茎段）	舒伟，2006
13	乌桕 *Triadica sebifera*	种子繁殖	钱文宏，2019
14	山乌桕 *Triadica cochinchinensis*	种子繁殖	王晓琴，2018
15	瘤果三宝 *Trigonostemon tuberculatus*	扦插繁殖	李敏敏 等，2013
16	油桐 *Vernicia fordii*	组培快繁（顶芽，胚）	张姗姗 等，2009；黄艳，2013
		嫁接繁殖	赵斌，2005；王春生，熊更姣，2006

（1）种子繁殖

大戟科植物果实为蒴果或为浆果状或核果状，蒴果成熟时常从宿存的中央轴柱分离成分果片，浆果或核果成熟时果实不开裂。果实大小差异较大，有的种类果实较小，如油甘子、单花水油甘，其果实直径仅有3mm，而有的种类果实却非常大，如安达树，其果实长卵球形，长10~12cm，直径6~8cm。不同类型的果实种子，其繁殖处理方式上也有一些差异。

种子采收：大戟科植物几乎全年都有果实成熟的种类。果实成熟时果皮裂开的种类，当果皮变成褐色或黑褐色时，表示种子已经成熟即可采收。而浆果或核果状的种类，当果皮变成红色、黑色、紫黑色、黄白色或红白色、果肉变软、内果皮变坚硬时，此时种子已经达到形态成熟，表示种子成熟即可采收。有些物种从果实开始成熟到脱落的整个时间相对较短，采收稍晚果实就会自然开裂，种子从果壳里脱落，如闭花木属、白茶树、三宝木属、海南巴豆等，自果皮开始变色时便可采收，以防散落。有些肉质浆果或核果成熟时，易受鸟虫啄食而无法采收所需的种子，如五月茶属、秋枫属等植物。因此，对于结实率低、数量少的种类，当果皮开始变红、黑或黄白色时便可采收。另外，大戟科为异花授粉植物，实生苗有不同程度的变异，对于变异植株采种时应分别对待。

种子处理：蒴果采收后，置入浅盘中稍晾干后装入种子袋中置于通风阴凉处，待果皮开裂后收集种子，然后挑选出籽粒饱满、干净、无虫卵的种子待用；浆果或核果类采收后，先在室内阴凉处放置几天待种子充分成熟，待果实或果肉软化后浸泡于水中，用手搓洗，使果皮或果肉与种子分离，漂洗去除果肉、果皮等杂质及干瘪种子，得到干净饱满的种子晾干后贮藏待用。

种子贮藏：大戟科植物种子在不控温、湿的室内贮藏或不经处理直接放入冰箱冷藏贮藏容易发生霉变，降低种子发芽率，甚至使种子失去活力。我国南方热带亚热带地区多数大戟科植物种子宜随采随播，或将自然晾干的种子装入纸袋或布袋中，挂于室内通风处短期贮藏。其发芽率相对较高。对于短期内不播种的种子，经净种晾干后，装入密闭自封袋内，放置于4℃左右冰箱内贮藏。

播种：多数大戟科植物种子发芽的适宜温度为18～28℃。播种基质要透气性和保水性能好，一般选用河沙、泥炭土或泥炭土+珍珠岩按一定比例混合等作为基质，先将基质用多菌灵或高锰酸钾消毒备用，播种前一天调节好基质水分。种子数量少时，采用花盆播种即可，播种深度视种子大小而定，一般在种子表面覆盖1～2cm厚的基质，如安达树、油桐、千年桐等种子较大的种类，则选用口径较大

滑桃树（*Trevia nudiflora*）·播种苗上盆

白雪木（*Euphorbia leucocephala*）·播种苗上盆

白雪木（*E. leucocephala*）·播种

白雪木（*E. leucocephala*）·实生苗

长梗三宝木（*Trigonostemon thyrsoideus*）·种子

四裂算盘子（*Glochidion ellipticum*）·播种

的盆及覆盖深度略厚的基质,或者采用苗床播种。播种后喷雾或用花洒均匀浇水,期间视基质水分情况适当补充水分。播种后15~20天左右开始发芽,白雪木种子播后7天左右就开始出芽,且发芽率达100%。以下是部分物种播种萌芽记录情况,所用种子均为当年采收,除续随子经过短期贮藏外均采用随采随播的方式。

续随子9月16日播种,9月28日开始发芽,12~17天子叶出土,20天左右形成幼苗。里白算盘子10月23日播种,11月16日开始发芽,40天左右形成幼苗。滑桃树9月6日播种,9月26日开始发芽,40天左右形成幼苗。白雪木4月21日播种,4月29日开始发芽,20天左右形成幼苗。长梗三宝木,2019年7月23采种。

幼苗的管理和移栽:光照不足会使幼苗长成节间稀疏的细长弱苗,故种子萌发后要将播种盆移至室内阳光充足位置,同时间出过密的幼苗,确保幼苗健康生长。苗期控制好基质的水分,避免过干过湿而影响幼苗生长或滋生病菌。播种基质肥力低,苗期可结合除草适当兼施极低浓度的肥料。移苗时间因植物而异,一般在幼苗长出4片真叶时进行,苗太小时不便操作,太大时又伤根太多。移苗前先炼苗1周左右,移苗基质要求疏松透气性能好,一般选用泥炭土+椰糠+珍珠岩按3∶1∶1混合,阴天或雨后空气湿度高时移苗成活率较高,晴天以清晨或傍晚移苗为好。幼苗上盆后注意遮阴、适时喷水等措施保证幼苗生长良好。

(2)扦插繁殖

扦插繁殖可以保持母本优良性状,对于一些仅引种保育有雌株或雄株的种类而言,扦插繁殖更是确保扩大迁地保育物种个体数量和栽培利用有效方法。依据插穗来源,可分为枝插、叶插和根插等,其中枝插是应用最广的扦插方法,即以带芽的茎作插穗。根据枝条的成熟度,可分为硬枝扦插、半硬枝扦插和嫩枝扦插。扦插适宜温度为20~25℃,春季扦插时,采用1~2年生硬枝作为插穗进行扦插;夏秋季节扦插时,则选用当年生嫩枝或半木质化枝条作为插穗。基质可采用河沙、泥炭土或泥炭土+珍珠岩按2∶1混合基质均可,生根成苗率更高。

扦插:扦插前一天准备好基质,将泥炭土和珍珠岩按照2∶1的比例混合均匀、消毒,装入32孔专业林木穴盆压实后浸透水,取出直到水分滤干不再滴水为止,使基质保持合适水分待用。剪取当年生半木质化枝条,剪成带2个节的插穗,保留上端一个节上的叶片完整,将剪好的插穗用浓度3000倍水稀释的2,4-D激素水溶液或3000倍802生根剂浸泡30秒钟,然后扦插于装有泥炭∶珍珠岩=2∶1 v/v基质的穴盘中,压实插穗基部;适当喷水,保持一定湿度,一般20~30天左右生根。待长出新的芽和叶片后,喷施1~2次低浓度的水溶性速效肥料,使扦插植株生长健壮。

根据扦插枝条生根情况来确定扦插苗的移栽时间,当根生长到将基质包住、新发枝叶达到4~6片即可移栽。移栽前将苗木放置大棚炼苗1周左右,即可移苗上盆,上盆时连同扦插基质一起上盆。

2. 迁地栽培技术要点

大戟科植物生态习性多样,在引种栽培过程中根据植物的生态习性选择合适的立地条件定植,是其能够正常生长和迁地保育成功的关键因素。

(1)定植地选择

大戟科科植物多为阳性植物,喜阳光充足环境,部分种类为中性植物,在半阴条件下生长表现更好。一般乔木类植物最好定植于光照好的空旷地带或向阳坡地;灌木类可定植于空旷坡地或林缘。核果木属植物,其叶片革质、表面光亮,在光照充足的环境下植株生长表现较好,但定植于阴坡或疏林中的植株生长表现也非常好。三宝木属、闭花木属、白茶树属、海漆属及山麻杆属等属植物喜半阴环境,定植林缘或稀疏林间生长表现更好。部分喜阴的种类,如果定植地光照过强,植株长势明显差,夏季叶片会灼伤,叶尖或叶缘干枯,如剑叶三宝木,直射阳光强时,叶片变灰白色,叶缘焦枯,长势明显较半阴条件下差。大戟科植物多数种类抗旱性能强,对水分要求适中,忌积水。所以,定植地要求排水良好。

（2）栽培土壤要求

土壤是植物生活的介质之一。从迁地栽培的大戟科植物生长表现情况来看，绝大多数大戟科植物的适应性较强，对栽培土壤要求不严格，定植地以疏松透气、排水良好的壤土或沙质壤土为好，土层深厚肥沃时则长势表现更佳；盆栽土壤以泥炭土+椰糠+珍珠岩按照4∶1∶1混合为栽培基质，也可加入适量塘泥。多数种类喜中性或微酸性土壤，酸碱度pH值在5.5～7.0之间。有些种类适合微酸至微碱性土壤，如东京桐、蓝子木、石山巴豆、黄花三宝木、网脉守宫木等。当栽培土壤过酸时加入适量的石灰，偏碱可加入适量的硫酸亚铁来调整。

（3）定植与抚育管理

定植：大戟科植物多数适合春季、秋季定植或移植，一般秋季起秋风后尽可能避免定植或移植苗木。盆栽苗木，全年均可定植。盆苗定植时，适当修剪枝叶；裸根苗定植时，需要修剪去除嫩枝和大部分叶片后再定植，以减少植株水分蒸发。定植时，定植坑适当深挖后，再回填部分泥土，如土壤板结需加入适量泥炭土与原土混匀，将苗木放置适当位置，边回填泥土边压实，使新培植土壤与原土紧密接触，浇透定根水。

浇水：苗木定植后，注意保持土壤湿润。浇水量因栽培土壤而定，土层浅薄时，每次浇水量宜少、次数增多；土层深厚的沙质壤土，浇水应一次浇透，待土壤现干时再浇；黏土应采取间歇性浇水，待水分慢慢渗入。初定植苗木根系浅、新根系还没有完全长好，水分不宜过多，注意防止积水，否则容易造成根系腐烂，导致植株死亡。春夏季节一般在早晨或傍晚浇水，秋冬季节以中午前后浇灌为宜。

中耕与施肥：幼苗生长期及时进行中耕除草，保持植株基部周围无杂草。同时结合中耕进行施肥，一般春季生长旺盛季节施1～2次复合肥，并追施氮肥或叶面肥，秋季施足有机肥。施肥后随即进行浇水，如土壤干旱时应先浇水后施肥，避免伤害根系。

基部覆盖：在植株基部一定范围的表面覆盖一层枯枝、树叶等凋落物粉碎的有机质材料。它具有防止水土流失、土壤水分蒸发、地表板结、杂草滋生等多方面的效果，还能改良土壤质地和结构，促进植物生长得更好。

六、大戟科植物的病虫害及其防治

从植物园迁地栽培的大戟科植物来看，在适宜的栽培环境条件下，该科植物总体生长表现较好，发生病虫害的植物种类较少，病虫害危害程度较轻。

1. 常见病虫害及其防治

根据植物园迁地栽培大戟科植物的病虫害调查情况来看，目前发现的虫害有绵粉蚧、埃及吹绵蚧、锦斑蛾、金龟子、叶蝉、网蝽、秋枫黄毛虫等7种，病害有立枯病、煤烟病、藻斑病、炭疽病、褐斑病、青枯病、灰斑病、叶斑病等8种。主要病虫害及其化学药剂防治方法见表2。

表2 大戟科植物主要病虫害及其化学药剂防治

名称	寄主种类	危害部位	防治用药
叶蝉	秋枫、重阳木、异叶三宝木	叶片	40%毒死蜱1300倍液，或2.5%氯氟氰菊酯3000倍液，或10%吡虫啉可湿性粉剂2500倍液喷雾
金龟子	杠香藤、山苦茶、安达曼血桐、椴叶山麻杆、海南山麻杆、鼎湖血桐	叶片	2.5%溴氰菊酯3000～5000倍液或20%速灭杀丁1000～1500倍液或高效氯氟氰菊脂乳油1500倍液喷施树体；成虫用50%杀螟松乳油1000倍液，或50%辛硫磷乳剂1500～2000倍液，或20%氰戊菊酯1500～2000倍液喷施
埃及吹绵蚧	血桐、五月茶、方叶五月茶、黄毛五月茶、椴叶山麻杆、密序野桐	叶片	25%优乐得1000倍液、95%机油乳剂100倍液喷雾

（续）

名称	寄主种类	危害部位	防治用药
绵粉蚧	琴叶珊瑚、扶桑	叶片	25%吡虫啉可湿性粉剂1500倍液和23%高效氯氟氰菊酯微囊悬浮剂1500倍液喷雾
锦斑蛾	秋枫、山苦茶	叶片	20%米满胶悬剂2000倍液、25%灭幼脲3号悬浮剂1000倍液、5%抑太保乳油1500倍液、BT乳剂1000倍液、2.5%溴氰菊酯乳油2000倍液等药剂喷施
网蝽	秋枫	叶片	10%氯氰菊酯乳油3000~4000倍液，或40%乙酰甲胺磷乳油1000倍液喷雾
秋枫黄毛虫	秋枫	叶片	80%敌敌畏乳油1000倍液，或10%氯氰菊酯乳油3000~4000倍液，或10%甲氰菊酯乳油2000倍液喷雾
立枯病	续随子	叶片	0.5%~1%的波尔多液或代森锌、福美双、克菌丹400~500倍液，或用1%~2%的硫酸亚铁药水浇苗木根茎部，浇后立即用清水冲洗防止药害
煤烟病	五月茶	叶片	初期，喷施5°Be石硫合剂；后期用50%的扑灭灵可湿性粉剂2000倍液、65%抗霉灵可湿性颗粒1500倍液或50%苯菌灵可湿性粉剂1500倍液等真菌性药剂喷施
炭疽病	变叶木	叶片	70%甲基硫菌灵可湿性粉剂1000倍液、80%代森锰锌可湿性粉剂800~1000倍液、65%代森锌可湿性粉剂800倍液等药剂喷雾
褐斑病	红背桂、续随子、剑叶三宝木	叶片	70%甲基硫菌灵可湿性粉剂1000倍液、50%多菌灵可湿性粉剂800倍液等药剂喷雾
青枯病	红背桂	叶片	72%农用硫酸链霉素可湿性粉剂1500倍液、阴阳灰消毒
灰斑病	红桑	叶片	70%甲基硫菌灵可湿性粉剂1000倍液、80%代森锰锌可湿性粉剂800~1000倍液、50%多菌灵可湿性粉剂800倍液等药剂喷雾
叶斑病	一品红、青枣核果木	叶片	72%农用硫酸链霉素可湿性粉剂3000倍液、30%氧氯化铜悬浮剂1000倍液喷雾

2. 主要病虫害特征照片

异叶三宝木（*T. flavidus*）·褐斑病　　　剑叶三宝木（*Trigonostemon xyphophylloides*）·病毒病

维安比木（*Whyanbeelia terrae-reginae*）·叶斑病　　　山苦茶（*Mallotus peltatus*）·金龟子危害

血桐（*Macaranga tanarius* var. *tomentosa*）·埃及吹绵蚧

秋枫（*Bischofia javanica*）·斑娥幼虫危害

秋枫（*Bischofia javanica*）·缺素症

重阳木（*B. polycarpa*）·红蜘蛛危害

琴叶珊瑚（*Jatropha integerrima*）·绵粉蚧

五月茶（*Antidesma bunius*）·烟煤病

椴叶山麻杆（*Alchornea tiliifolia*）·金龟子危害

山苦茶（*Mallotus peltatus*）·金龟子危害

青枣核果木（*Drypetes cumingii*）·叶斑病

大戟科

Euphorbiaceae Juss., Gen. Pl. 384–385. 1789.

　　乔木、灌木或草本，稀为木质或草质藤本。根木质，稀为肉质块根；通常无刺；植株常有乳状汁液，白色，稀为淡红色。叶互生，少有对生或轮生，单叶，稀为复叶，或叶退化呈鳞片状，叶片边缘全缘或有锯齿，稀为掌状深裂；具羽状脉或掌状脉；叶柄长至极短，基部或顶端有时具有1～2枚腺体；托叶2，着生于叶柄的基部两侧，早落或宿存，稀托叶鞘状，脱落后具环状托叶痕。花单性，雌雄同株或异株，单花或组成各式花序，常为聚伞、穗状、圆锥或总状花序，在大戟类植物中为特殊化的杯状花序（此花序由1朵雌花居中，周围环绕以数朵或多朵仅有1枚雄蕊的雄花所组成）；萼片分离或在基部合生，覆瓦状或镊合状排列，在特化的花序中有时萼片极度退化或无；花瓣有或无；花盘环状或分裂成为腺体状，稀无花盘；雄蕊1枚至多数，花丝分离或合生成柱状，在花蕾时内弯或直立，花药外向或内向，基生或背部着生，药室2，稀3～4，纵裂，稀顶孔开裂或横裂，药隔截平或突起；雄

各论
Genera and Species

花常有退化雌蕊；子房上位，3室，稀2或4室或更多或更少，每室有1~2颗胚珠着生于中轴胎座上，花柱与子房室同数，分离或基部连合，顶端常2至多裂，直立、平展或卷曲，柱头形状多变，常呈头状、线状、流苏状、折扇形或羽状分裂，表面平滑或有小颗粒状凸体，稀被毛或有皮刺。果为蒴果，常从宿存的中央轴柱分离成分果爿，或为浆果状或核果状；种子常有显著种阜，胚乳丰富、肉质或油质，胚大而直或弯曲，子叶通常扁而宽，稀卷叠式。染色体基数 x=6~14。

约322属，8910种，广布于全球，但主产于热带和亚热带地区。我国连引入栽培共约有75属，约406种，分布于全国各地，但主产地为南部和西南地区。植物园迁地保育200多种，本书收录168种6

分属检索表

1a. 子房每室具 2 颗胚珠；常为单毛；无乳汁；叶常明显二列，叶片不裂，全缘或具细锯齿；通常无腺体；
花序常腋生，花序轴不明显；种子没有种阜，有时具假种皮。

  2a. 柱头膨大，呈盾形或肾形；核果，较大，具 1 粒种子；叶片基部常不对称 …… **22. 核果木属 *Drypetes***

  2b. 柱头通常分裂，不膨大，稀不裂；蒴果、浆果，或小核果，具 2 粒种子；叶片基部对称。

    3a. 三出复叶，小叶边缘有钝细锯齿；植株体具有红色或淡红色汁液；柱头不裂 … **9. 秋枫属 *Bischofia***

    3b. 单叶，全缘或具细锯齿；植株体没有红色汁液；柱头通常分裂，有时合生。

      4a. 穗状花序、聚伞花序、总状花序或假总状花序，有明显花序轴；无花瓣。

        5a. 花盘宿存；子房和果 1 或 3 室；叶柄和叶缘没有腺体；雄蕊长于萼片。

          6a. 叶互生；穗状花序或总状花序；雄蕊 1~7；子房 1 室；花柱顶端通常 2 裂…… **5. 五月茶属 *Antidesma***

          6b. 叶对生；二歧聚伞花序；雄蕊 50~70；子房 3 室；花柱顶端微凹 …… **58. 维安比木属 *Whyanbeelia***

        5b. 无花盘；子房和果 2~4 室；叶柄和叶缘有时具腺体；雄蕊短于萼片。

          7a. 叶通常二列，边缘全缘、波状或具疏锯齿；叶柄顶端常有小腺体 ………… **6. 银柴属 *Aporosa***

          7b. 叶常聚生枝顶，呈螺旋状排列，边缘全缘；叶柄顶端无腺体 ………… **7. 木奶果属 *Baccaurea***

      4b. 花序为团伞花序或簇生，花序轴不明显或长不超过 1cm；花瓣有或无。

        8a. 花有花瓣和花盘；雄蕊通常 5。

          9a. 雄花萼片覆瓦状排列；花瓣比萼片短或近等长；花瓣常围绕于子房基部；雌花萼片通常增大。

            10a. 叶片革质，稀纸质；花盘环状；蒴果直径 12~25mm，外果皮与内果皮分离 …………………

                ……………………………………………… **2. 喜光花属 *Actephila***

            10b. 叶片膜质至纸质；花盘 5（~6）分裂，裂片 2 深裂；蒴果直径 5~8mm，外果皮与内果

              皮不分离 ……………………………………… **37. 雀舌木属 *Leptopus***

          9b. 雄花萼片镊合状排列；花瓣远较萼片小；花盘包围子房中部以上或全部包围；雌花萼片不增大。

            11a. 子房和蒴果通常 3 室；果木质，成熟时开裂 ………… **17. 闭花木属 *Cleistanthus***

            11b. 子房通常 2 室，果 1~2 室；果肉质，不开裂 ………… **12. 土蜜树属 *Bridelia***

        8b. 花无花瓣；雄蕊 2~8。

        12a. 花无花盘。

          13a. 雄花萼片分离；雄蕊 3~8；子房 3~15 室，花柱合生呈圆柱状、圆锥状、棍棒状或卵状；

            果具有纵沟 ………………………………… **29. 算盘子属 *Glochidion***

          13b. 雄花萼片盘状、壶状、漏斗状或陀螺状；雄蕊 3；子房 3 室，花柱 3，分离或基部合生；

            果无纵棱。

            14a. 雄花有花盘，6~12 裂片；雌花萼片 6 深裂，裂片 2 轮覆瓦状排列，果期有时增厚；

              花柱平展或向下弯曲；果开裂 ………………… **49. 守宫木属 *Sauropus***

            14b. 雄花无花盘；雌花花萼陀螺状、钟状或辐射状，果期不增厚而呈盘状；花柱直立；

              果不裂、迟裂或不完全开裂 ………………… **11. 黑面神属 *Breynia***

        12b. 花有花盘。

          15a. 雄花具有退化雌蕊；雄蕊 4~7，花丝离生；果开裂或白色浆果 …… **27. 白饭树属 *Flueggea***

          15b. 雄花无退化雌蕊；雄蕊 2~8，分离或合生；果开裂或呈绿色至黄色的核果或略带蓝紫

            色的浆果。

            16a. 萼片和雄蕊 4；果分裂成 3 个 2 裂的分果爿或多少不规则开裂，种子蓝色或淡蓝色

.... 41. 蓝子木属 *Margaritarla*

      16b. 萼片和雄蕊 2～6；蒴果开裂，种子非蓝色或淡蓝色 ………… 45. 叶下珠属 *Phyllanthus*

1b. 子房每室具 1 颗胚珠；被星状毛、鳞腺或刺毛等；有乳汁或无；叶片常螺旋状着生，稀二列，有时浅裂
    或掌状复叶，全缘或不规则锯齿，通常在叶柄顶端、叶片基部或边缘有腺体或蜜腺；花序腋生或顶生，
    通常为聚伞花序或聚伞状圆锥花序，有时为假单花，稀簇生；种子具种阜。

  17a. 藤本或亚灌木，茎缠绕或攀援。

    18a. 叶和花序通常具螫毛；雄花花萼裂片 3 枚，雄蕊 3；雌花花萼裂片 5 枚，子房 3 室；果扁球形 …
                                                 42. 大柱藤属 *Megistostigma*

    18b. 叶背面和花序被柔毛；雄花花萼裂片 4～5 枚，雄蕊 18～25；雌花花萼裂片 4，子房 4～6 室；
      果星状 ……………………………………………… 46. 星油藤属 *Plukenetia*

  17b. 乔木、灌木或草本，茎不缠绕。

    19a. 被星状毛、盾状鳞腺或 "T" 形毛，有时也具单毛、腺毛或鳞片。

      20a. 雄花有花瓣，通常雌雄花同序，通常总状或圆锥状。

        21a. 花丝在花蕾时内弯；叶柄顶端、叶片基部或叶缘有腺体 ………… 19. 巴豆属 *Croton*
        21b. 花丝在花蕾时直立；叶常无腺体。

          22a. 草本，茎基部木质；叶片长小于 10cm；雄蕊 5～15 ………… 51. 地构叶属 *Speranskia*
          22b. 乔木，叶片大，长度一般大于 10cm；雄蕊 15～70。

            23a. 雄蕊 50～70；总状花序，雄花生于花序上部，雌花生于花序下部；果开裂………
                                           53. 白叶桐属 *Sumbaviopsis*

            23b. 雄蕊 7～20；圆锥花序，雌雄花同序雌花在雄花上部，或雌雄花异序；果不开裂。

              24a. 嫩枝和叶被星状毛；雄蕊 15～20；外果皮肉质 ………… 4. 石栗属 *Aleurites*
              24b. 嫩枝和叶无毛或被微柔毛；雄蕊 7～12；外果皮壳质。

                25a. 叶柄顶端具 2 枚盘状腺体；雌雄异株；雄花萼片 5 浅裂…… 20. 东京桐属 *Deutzianthus*
                25b. 叶柄无腺体；雌雄同株；雄花萼片 2～3 裂。

                  26a. 花序和果被星状茸毛；苞片明显兜状；花小而密集；花瓣深红色，背面淡紫色；
                    雄花花萼匙形杯状或圆筒状；果梗非常短……………… 47. 三籽桐属 *Reutealis*

                26b. 花序和果无毛或被微柔毛；苞片不明显；花大而疏生；花瓣白色或具红色脉纹；
                    雄花花萼在花蕾时卵状或卵球状，开花时多少呈佛焰苞状；果梗较长…………
                                           57. 油桐属 *Vernicia*

      20b. 雄花无花瓣；多种花序，雌雄花同序或异序。

        27a. 枝具极端侧生短枝，叶通常聚生于侧生短枝上，雌花萼片叶状…… 59. 希陶木属 *Tsaiodendron*
        27b. 枝无侧生短枝，雌花萼片非叶状。

          28a. 茎被茸毛；叶片基部没有腺体或小托叶，宽楔形、钝或心形。

            29a. 花序顶生，分枝；雄蕊花丝纤细，离生；花萼无毛……… 24. 风轮桐属 *Epiprinus*
            29b. 花序腋生，不分枝；雄蕊花丝短、厚，基部合生；花萼被星状毛 … 35. 白茶树属 *Koilodepas*

          28b. 茎被短柔毛、密被微柔毛或密被星状短柔毛，后脱落；叶基部具一对腺体或小托叶，楔形
            或截形。

            30a. 叶柄长 0.2～0.5cm；蒴果，果皮密生小瘤体或短刺 ………… 13. 肥牛树属 *Cephalomappa*
            30b. 叶柄长 1～9cm；核果状。

              31a. 通常雌雄同株；叶柄长 2～5cm；核果，卵球形或双球形，果皮微皱纹 …………
                                        15. 蝴蝶果属 *Cleidiocarpon*
              31b. 通常雌雄异株；叶柄长 5～15cm；核果，球形，果皮无皱纹 …… 23. 黄桐属 *Endospermum*

19b. 被单毛、腺毛或无毛。

  32a. 乳汁白色，丰富。

    33a. 叶为掌状叶，具 3～5 小叶或 3～9 深裂，小叶片边缘全缘。

      34a. 叶片具 3～5 小叶，叶非盾状着生；花序腋生，有时在无叶的节上 …… 30. **橡胶树属 Hevea**

      34b. 叶片 3～9 深裂，叶盾状着生；花序顶生或与叶对生 ……………………… 40. **木薯属 Manihot**

    33b. 叶为单叶，叶片边缘全缘，稀浅裂。

      35a. 杯状聚伞花序，类似于一朵花，真正的花非常退化；花被极为退化，多数无，雄花退化为单雄蕊，雌花子房裸露，被包在一个杯状总苞内，通常具 1 朵位于中间的雌花和 4～5 朵位于周边的雄花组成；花柱常份裂。

        36a. 花序杯状，总苞辐射对称，不偏斜 ……………………… 25. **大戟属 Euphorbia**

        36b. 花序舟状或鞋状，总苞左右对称，偏斜 ……………… 44. **红雀珊瑚属 Pedilanthus**

      35b. 花序伸长，通常雌花在基部、雄花在上部，没有包在总苞内；雄花有萼片；花柱不分裂。

        37a. 果为 5～20 室分果，直径 8～9cm；雌花具深紫色柱头，宽 1.5～2.5cm；花药合生；树干和分枝具刺 ……………………… 32. **响盒子属 Hura**

        37b. 果为 2～3 室的蒴果或核果，直径约 1.5cm；雌花柱头非深紫色，很小；花药离生；树干和枝无刺。

          38a. 雄花萼片离生；雌雄花同序或异序，腋生或顶生；叶对生或互生 ……26. **海漆属 Excoecaria**

          38b. 雄花萼片 2～5 浅裂；雌雄花同序，顶生或与叶对生；叶互生。

            39a. 叶片边缘具明显细锯齿 ……………………… 50. **齿叶乌桕属 Shirakiopsis**

            39b. 叶片全缘或不明显锯齿。

              40a. 叶柄无腺体；果为浆果 ……………………… 8. **浆果乌桕属 Balakata**

              40b. 叶柄顶端具腺体；蒴果 ……………………… 55. **乌桕属 Triadica**

  32b. 无乳汁或液汁不是白色。

    41a. 叶下面具颗粒状腺体。

      42a. 花序顶生或与叶对生，稀腋生；花药 2 室；花柱粗壮 ……………… 39. **野桐属 Mallotus**

      42b. 花序腋生或生于已落叶腋部；花药 3～4 室；花柱短或细长 ……… 38. **血桐属 Macaranga**

    41b. 叶下面无颗粒状腺体。

      43a. 叶对生 ……………………………………………… 54. **滑桃树属 Trevia**

      43b. 叶互生，有时轮生。

        44a. 雄蕊花丝合生成多个雄蕊束。

          45a. 植株无毛；叶片掌状分裂；花序顶生，两性，雌雄花均多朵簇生苞腋 …… 48. **蓖麻属 Ricinus**

          45b. 嫩枝被柔毛；叶片边缘全缘；花序腋生，单性；雄花单生在苞腋，雌花单朵腋生或组成穗状花序。

            46a. 叶片轮生或互生，长圆状倒披针形或椭圆形，基部心状耳形；雌雄同株，雌花单朵腋生；果具小瘤 ……………………… 36. **轮叶戟属 Lasiococca**

            46b. 叶互生，线状长圆形或狭披针形，基部急狭或钝；雌雄异株，雄花排成穗状花序；果无小瘤 ……………………………… 31. **水柳属 Homonoia**

        44b. 雄蕊花丝离生或仅基部合生。

          47a. 叶片近基部有 1～2 或多个腺体；花柱 3 枚分离或仅基部合生。

            48a. 叶片基部或叶柄顶端具 2 小托叶，稀无。

              49a. 雄蕊 25～60 枚，花丝离生；雌花花萼裂片镊合状排列；花柱 2 裂 …………………… 21. **丹麻杆属 Discocleidion**

49b. 雄蕊 4～8 枚，花丝合生；雌花花萼裂片覆瓦状排列；花柱不裂 ……………………
………………………………………………………………… 3. 山麻杆属 *Alchornea*
48b. 叶片基部或叶柄顶端无小托叶。
　　50a. 雄花具花瓣。
　　　51a. 雌雄同株，聚伞花序或伞房状聚伞圆锥花序，两性；雄蕊 8～12，内轮花丝
　　　　　合生，无毛 ………………………………………… 33. 麻风树属 *Jatropha*
　　　51b. 雌雄异株，圆锥花序或总状花序；雄蕊 20～40，离生，基部具白色柔毛 ……
　　　　　　　　　　　　　　　　　　　　　　　　　 43. 叶轮木属 *Ostodes*
　　50b. 雄花无花瓣。
　　　52a. 叶不裂；总状花序；蒴果扁球形，直径小于 1.5cm，3 瓣裂 ………………
　　　　　　………………………………………………… 14. 白桐树属 *Claoxylon*
　　　52b. 叶掌状 3～5 裂；圆锥花序；蒴果长卵球形，直径 6～8cm，4 瓣裂 ………
　　　　　　………………………………………………… 34. 安达树属 *Joannesia*
47b. 叶片基部无腺体，如果有腺体，则花柱 3 枚 2/3 以上合生。
　53a. 雌花具花瓣。
　　54a. 花瓣长于花萼。
　　　55a. 雄蕊 3～5 枚；花柱离生或近基部合生；花瓣无毛 …… 56. 三宝木属 *Trigonostemon*
　　　55b. 雄蕊 40～50 枚；花柱 2/3 以上合生；花瓣被长柔毛 ……… 28. 嘎西木属 *Garcia*
　　54b. 花瓣短于花萼或无花瓣 ………………………………… 18. 变叶木属 *Codiaeum*
　53b. 雌花无花瓣。
　　56a. 雄蕊通常 8 枚，药室细长，扭转；花柱撕裂为多条花柱枝 …… 1. 铁苋菜属 *Acalypha*
　　56b. 雄蕊 10～200 枚，药室椭圆形至长圆形，直立；花柱二裂。
　　　57a. 雄花穗状花序，雄蕊 25～100；雌花单生叶腋，花梗呈棒槌状 …………
　　　　　………………………………………………… 16. 棒柄花属 *Cleidion*
　　　57b. 总状花序、伞形花序或总状花序聚伞状，雄蕊 10～30；雌花花梗不呈棒槌状。
　　　　58a. 雄花花瓣较萼片短，雄蕊 10～20 枚；雌花萼片无腺毛 …………………
　　　　　　………………………………………………… 10. 留萼木属 *Blachia*
　　　　58b. 雄花花瓣与萼片等长，雄花约 30 枚；雌花萼片具毛 …………………
　　　　　　………………………………………………… 52. 宿萼木属 *Strophioblachia*

铁苋菜属

Acalypha L., Sp. Pl. 1003. 1753.

草本，灌木或小乔木，雌雄同株，稀异株。叶互生，膜质或纸质，边缘具齿或近全缘；羽状脉或掌状脉；托叶披针形或钻状，有的很小，凋落。花序腋生或顶生，多数不分枝，雄花序穗状，雄花多朵簇生于苞腋或在苞腋排成团伞花序；雌花序总状或穗状花序，每苞腋具雌花1~3朵，苞片具齿或裂片；雌雄同序时，花的排列形式多样，通常雄花生于花序的上部，呈穗状，雌花1~3朵，位于花序下部。雄花：无柄；萼片4，镊合状，膜质；花无花瓣，无花盘；雄蕊通常8枚，花丝离生，花药细长，扭转，蠕虫状，花药2室。雌花：萼片3~5枚，覆瓦状排列，近基部合生；子房3或2室，花柱离生或基部合生，撕裂为多条线状的花柱枝。蒴果，小，通常具3个分果爿，果皮具毛或软刺；种子近球形或卵圆形，种皮壳质，有时具明显种脐或种阜。

约450种：广泛分布于热带和亚热带地区；我国有20种（8特有，3引种），引种栽培4种。

铁苋菜属分种检索表

1a. 雌雄花同序。
  2a. 叶片椭圆形，长 0.8~3.2cm，宽 0.5~1.6cm，基部圆或浅心形 ·················
·· 1. **陈氏铁苋菜 A. chuniana**
  2b. 叶片菱形或卵状菱形，长 1.5~6cm，宽 0.8~2.5cm，基部楔形 ·················
·· 4. **菱叶铁苋菜 A. siamensis**
1b. 雌雄花异序，雌雄同株或异株。
  3a. 直立灌木，雌雄异株，雌花序长 15~30cm ·············· 2. **红穗铁苋菜 A. hispida**
  3b. 半蔓性灌木，雌雄同株，雌花序 1~3 朵聚生 ·············· 3. **猫尾红 A. pendula**

1
陈氏铁苋菜

Acalypha chuniana H.G. Ye, Y.S. Ye, X.S. Qin et F.W. Xing, Ann. Bot. Fenn. 43: 148–151, f. 1–2. 2006.

自然分布

海南昌江。生于海拔400～1000m石灰岩地区。

迁地栽培形态特征

常绿灌木，高1～2m。

🌿 枝条纤细，略带红色，嫩枝密被柔毛。

🍃 互生或2～5簇生；叶片纸质，椭圆形，长0.8～3.2cm，宽0.5～1.6cm，顶端钝，基部圆或浅心形，边缘具疏浅圆齿，无毛；下面中脉被短毛，侧脉每边3～4对；叶柄长1～5mm，被短毛；托叶三角形，长约1mm。

🌸 单性，雌雄同株同序。雄花序穗状，长0.5～3cm，被短毛，腋生。雄花：苞片三角形，边缘有睫毛，长约1mm；萼片4，卵形，长约0.8mm，宽约0.4mm；雄蕊7～8。雌花：萼片卵形，边缘有睫毛，长约1mm；苞片扇形，长1～2mm；子房近球形，密被短毛，直径约0.8mm；花柱3，基部合生，丝状或裂片状。

🍒 未见。

引种信息

华南植物园 自海南昌江黎族自治县王下乡（登录号20052119）引种苗。长势优。

物候

华南植物园 2月下旬萌芽，3月中旬开始展叶，3月下旬至4月中旬展叶盛期；3月下旬至4月上旬现花蕾，4月中旬始花，4月下旬至5月上旬盛花，5月中旬末花；未见果实。

迁地栽培要点

阳性植物，喜阳光充足环境，在半阴条件也能生长。微酸性或偏碱性土壤均生长较好，土壤肥沃则生长更佳，每年施肥1～2次，夏季适当补充水分。春秋季节对徒长枝条进行修剪。扦插繁殖。无病虫害。

主要用途

常绿灌木，枝叶密集、分枝多、植株呈丛生灌木状，耐修剪，可用作绿篱或园艺造型。

植株

雌花

枝条背面

叶片

雌花

雄花

雄花序

枝条正面

2
红穗铁苋菜

别名： 狗尾红

Acalypha hispida Burm. f., Fl. Ind. 303. t. 61, f. 1. 1768.

花枝

自然分布

太平洋岛屿。

迁地栽培形态特征

直立灌木，高0.5～3m。

🌿 嫩枝被灰色短茸毛，后逐渐脱落，小枝无毛。

🍃 叶片纸质，阔卵形或卵形，长6～20cm，宽5～14cm，顶端渐尖或急尖，基部阔楔形、圆钝或微心形，上面近无毛，下面沿中脉和侧脉具疏毛，边缘具粗锯齿；基出脉3～5条；叶柄长4～8cm，具短柔毛；托叶狭三角形，长0.6～1cm，具疏柔毛。

🌸 雌雄花异株异序，雌花序腋生，穗状，长15～30cm，下垂，花序轴被柔毛。雌花：苞片卵状菱形，长约1mm，全缘，外面具柔毛，苞腋具雌花3～7朵，簇生；萼片4(～3)枚，近卵形，长约0.8mm，顶端急尖，具短毛；子房近球形，密生灰黄色粗毛，花柱3枚，长6～7mm，撕裂5～7条，红色或紫红色。

🍎 未见。

引种信息

西双版纳热带植物园 自泰国（登录号3820030047）引种苗。长势良好。

华南植物园 自仙湖植物园（登录号20041390）引种苗。死亡。

物候

西双版纳热带植物园 1月上旬萌芽，1月下旬至3月下旬展叶；12月中旬现蕾，12月下旬始花，1月上旬盛花，9月上旬开花末期；未见果。

桂林植物园 3月下旬展叶；4月中旬现花蕾，4月下旬始花，5月下旬至10月下旬盛花，11月末花。

迁地栽培要点

性喜温暖、湿润和阳光充足的环境，不耐寒冷。春季适当修剪，促进分枝及侧枝生长。播种或扦插繁殖。

主要用途

全株可入药，根及树皮有祛痰之效，治气喘；叶有收敛之效；花穗有清热利湿，凉血止血之效，治肠炎，痢疾，疳积等。花序色泽鲜艳，长穗状，下垂，如狐狸尾状，非常漂亮，为优良园林观赏植物，宜植于公园和庭院内观赏。

盛花植株

花枝

雌花

雌花

盛花植株

3
猫尾红

别名： 一穗红、红尾铁苋、红毛苋、红运铁苋、红绢苋、穗穗红

Acalypha pendula C. Wright ex Griseb., Geogr. Verbr. Pfl. Westind.1865: 176. 1865.

自然分布

新几内亚等中美洲及西印度群岛。

迁地栽培形态特征

常绿半蔓性灌木，高10～25cm。

🌿 枝条呈半蔓性，被白色柔毛。

🍃 叶片纸质，卵形至宽卵形，长1.5～4.5cm，宽1.3～3.5cm，顶端急尖，基部圆钝或宽楔形，边缘具细齿，两面被柔毛；侧脉每边4～5条；托叶线状披针形，长2～3mm，被毛；叶柄长0.5～2cm，被柔毛。

🌸 雌雄花同株异序。雄花序顶生，穗状，长2～9cm，直立或微下垂，花序轴被柔毛。雌花：1～3朵聚生叶腋或节部。

🍎 未见。

引种信息

华南植物园 自日本（登录号19980455）、广州陈村花卉世界（登录号20061197）引种苗。适应性强，长势优。

物候

华南植物园 花期几全年。

迁地栽培要点

喜好温暖湿润的环境，需要充足的阳光，半阴条件下也能生长，不耐寒，怕干旱。生长季节每1～2周施一次复合肥，促使花量增多，秋冬季节保持温度在15℃以上。每年的2～3月份对植株进行一次修剪，将过长的枝条剪短，剪去病枝、枯枝，以促发健壮的新枝。分株或扦插繁殖，剪去健壮枝条作插穗，剪成长10～15cm，保留顶端叶2～3片，插于纯沙或蛭石中，浇足水，保持基质湿润，20天左右可生根。

主要用途

花色鲜艳，花期长，是一种较好的园林观赏植物，可用于吊盆栽植或地被，也可用于花坛、花境种植。适合于公园、植物园或庭院片状种植。

片植

植株

植株

叶片

花枝

雌花

4
菱叶铁苋菜

Acalypha siamensis Oliv. ex Gage, Rec. Bot. Surv. India. 9: 238. 1922.

自然分布

泰国、马来西亚、柬埔寨、老挝、越南。

迁地栽培形态特征

常绿灌木。

🌿 小枝红褐色，无毛。

🍃 互生，叶片革质，菱形或近卵状菱形，上面深绿色，下面黄绿色，无毛，长1.5～6cm，宽0.8～2.5cm，基部楔形；叶柄短，2～5mm，具短毛；顶端钝尖，边缘具锯齿；羽状脉；托叶三角形，长1.5～3mm，硬纸质，渐尖或急尖。

🌸 单性，雌雄花同序，花序腋生，长1.5～5cm，花序梗可达7mm左右；雄花生于花序上部，雌花2～3朵生于花序基部或无雌花。雄花：花蕾近球形，直径约0.5mm，花萼裂片4枚；花梗较短，约0.5mm。子房具长软刺的毛。

雌花：苞片圆肾形，长约6mm，锯齿10～13枚，无毛，苞内雌蕊花一朵，无花梗；萼片3枚，卵形，约1mm。

🔴 蒴果具3分果爿，具软刺；种子卵球形，直径约2mm。

引种信息

西双版纳热带植物园 自越南（登录号13,2001,0307）、新加坡（登录号52,2001,0025）引种苗。长势良好。

物候

西双版纳热带植物园 1月下旬萌芽，2月上旬至4月中旬展叶，4月中旬始花，4月下旬盛花，10月下旬末花；果期5月中旬至12月下旬。

迁地栽培要点

喜温暖的气候环境，对栽培土壤要求不严格，适应于低海拔河谷干燥地区栽培。播种或扦插繁殖。无病虫害。

主要用途

园林绿化，可用于花坛、花境绿化美化。

植株

果实

幼果

花序

雌花苞片

花枝

花果枝

喜光花属

Actephila Bl., Bijdr. 581. 1826.

乔木或灌木。单叶互生，稀近对生，叶片边缘通常全缘，羽状脉，有叶柄；托叶2枚，着生于叶柄基部两侧。花雌雄同株，稀异株，簇生或单生于叶腋；花梗通常伸长。雄花：萼片4~6枚，覆瓦状排列，基部多少合生；花瓣4~6枚，较萼片短，稀花瓣缺；雄蕊5，稀3~4或6，花丝分离或近基部稍合生，花药内向，纵裂；花盘环状，不分裂，稀分裂。雌花：花梗比雄花的长；萼片和花瓣与雄花的相同；花盘环状，围绕于子房的基部；子房3室，每室有胚珠2颗，花柱短，分离或基部合生，顶端2裂或全缘。蒴果，分裂为3个2裂的分果爿，外果皮与内果皮分离，中轴宿存；种子无种阜。

约35种，分布于大洋洲和亚洲热带及亚热带地区。我国产3种（1特有种），分布于广东、海南、广西和云南。引种栽培2种。

喜光属分种检索表

1a. 雌花萼片大，长 1.5~2.2cm，宽 1~2cm，宽倒卵形，浅绿色 ·······················
·· 5. 大萼喜光花 *A. collinsiae*
1b. 雌花萼片小，长 5~6mm，宽 2~5mm，倒卵形或长倒卵形，黄绿色 ················
·· 6. 喜光花 *A. merrilliana*

5

大萼喜光花

Actephila collinsiae W. Hunt. ex Craib, Bull. Misc. Inform. Kew 1924(3): 96–97. 1924.

自然分布

泰国，生于林下或路边灌丛中。

迁地栽培形态特征

常绿灌木，高50～70cm。

🌿 小枝褐色，嫩枝被短柔毛，老枝无毛，皮孔不明显。

🍃 叶片近革质，椭圆形、倒卵状披针形，长6～12cm，宽2～3.5cm，顶端渐尖，基部楔形，叶面具光泽，绿色，叶背淡绿色，两面均无毛；中脉在叶的两面均凸起，侧脉每边6～10条，纤细；叶柄长约5mm，被有稀疏短柔毛；托叶三角状披针形，长2～3mm，被短柔毛。

🌸 单性，雌雄同株。雄花：单生或几朵簇生于叶腋，花梗长1～2mm；萼片，宽卵形，长3mm，宽2mm；花瓣5，远比萼片小，匙形或线形，全缘；雄蕊5，离生；退化雌蕊顶端3裂，稀2裂。雌花：1～2朵腋生；花梗长2～5cm，纤细，几无毛；花直径达4cm；萼片5，宽倒卵形，长1.5～2.2cm，宽1～2cm，浅绿色，近革质，有5～7条纵脉纹；花瓣5，倒卵形，长0.5～1mm；花盘环状，肥厚，不分裂；子房卵圆形，密被短柔毛，花柱3，顶端2裂。

🍈 蒴果扁圆球形，直径1.2～1.5cm，密被短柔毛，有宿存的萼片，外果皮黄褐色，薄壳质，内面黄白色；种子三棱形，长约7mm。

引种信息

华南植物园 自云南西双版纳热带植物园（登录号20131509）引种苗。长势良好。

西双版纳热带植物园 自泰国（引种号H101）引种苗。

物候

华南植物园 2月下旬萌芽，3月上旬展叶，3月中旬至4月上旬展叶盛期，4月下旬至5月中旬展叶盛期；4月中旬现花蕾，4月下旬始花，5月上旬至9月下旬盛花，10月上旬至11月下旬末花，有时12月见花；5月中旬现幼果，12月下旬至翌年2月下旬成熟，2月下旬至3月上旬脱落。

迁地栽培要点

喜阳光充足、温暖湿润环境，在半阴条件下也能生长较好，但花量偏少；耐寒性较喜光花差，在温度低于2℃时，叶片先端会出现轻度冻害。宜种植于肥沃富含有机质、排水良好的壤土中。播种或扦插繁殖。

主要用途

植株低矮、分枝多而紧凑，适合盆栽和和庭院种植。也可药用，叶提取物具有抗肿瘤活性。

植株

花序

果实

雄花

雌花

果实

叶片

雌花解剖

55

6

喜光花

Actephila merrilliana Chun, Sunyatsenia. 3(1): 26-27, f. 3. 1935.

雌花

自然分布

广东和海南。散生于山坡、山谷阴湿的林下或溪边灌丛中。

迁地栽培形态特征

常绿灌木，高1~2m。

🌿 小枝灰白色，嫩枝被短柔毛，老枝无毛，有皮孔。

🍃 叶片近革质，长椭圆形、倒卵状披针形或倒披针形，长4~10cm，宽1.5~3cm，顶端钝或短渐尖，基部楔形或宽楔形，叶面具光泽，两面均无毛；中脉在两面均凸起，侧脉每边6~10条，纤细、斜升，在叶缘前联结；叶柄长5～20mm，被有稀疏短柔毛；托叶三角状披针形，长2～3mm，微被毛。

🌸 单性，雌雄同株。雄花：单生或几朵簇生于叶腋，直径5～9mm；花梗长1～8mm；萼片5，宽卵形，长3mm，宽2mm；花瓣5，匙形，淡绿色，长约2mm，宽1mm；雄蕊5，离生，花盘具5腺体。雌花：单朵腋生；花梗长2～4cm，果实长达5cm，纤细；花直径1～1.5cm；萼片5，倒卵形或长倒卵形，长5～6mm，上部宽2～5mm，黄绿色；花瓣5，倒卵形或匙形，长0.8～1.2mm，宽约1mm；花盘环状，肥厚，不分裂；子房卵圆形，光滑无毛，花柱3，顶端2裂。

🍎 蒴果扁圆球形，直径约2cm，无毛，具3浅纵沟，有宿存的萼片，外果皮黄褐色，薄壳质，内果皮白色，种子三棱形，长约1cm；果梗3～5cm。

引种信息

西双版纳热带植物园 自云南绿春（登录号0020013924）引种苗，云南麻栗坡（登录号0020140870）引种种子，越南（登录号1320010184）引种插条。长势良好。

华南植物园 自海南霸王岭（登录号19910276、19960096）、海南雅加大岭（登录号20000589）引种种子。自西双版纳热带植物园 （登录号20112047）引种苗。长势良好。

物候

西双版纳热带植物园 3月上旬萌芽，3月下旬至8月上旬展叶；4月上旬现蕾，4月下旬始花，6月下旬盛花，7月中旬开花末期；7月下旬幼果现，1月下旬果实成熟，2月下旬果实成熟末期。

华南植物园 2月下旬萌芽，3月中旬至4月上旬展叶，4月下旬至5月中旬展叶盛期；4月中旬现花蕾，4月下旬至5月上旬始花，5月下旬至9月下旬盛花，10月上旬至11月下旬末花，12月上旬也偶见有花；6月上旬现幼果，11月下旬至翌年2月下旬成熟，2月下旬至3月上旬脱落。

迁地栽培要点

喜阳光充足、温暖湿润环境，在半阴条件下也能生长较好，但花量偏少。宜种植于肥沃富含有机质、排水良好的壤土中。播种或扦插繁殖。

主要用途

树形美观，适合盆栽和和庭院种植。民间用于治疮和消炎，叶提取物具有抗肿瘤活性。种子含油率高达57%，为富含亚麻酸为主的油脂。

雄花

嫩叶、托叶

植株

叶片

果实

雌花侧面

花蕾

果枝

山麻杆属

Alchornea Sw., Prodr. 6: 98. 1788.

　　乔木或灌木；嫩枝无毛或被柔毛。叶互生，叶片纸质或膜质，边缘具腺齿，基部具斑状腺体，具2枚小托叶或无；羽状脉或掌状脉；叶柄基部两侧托叶2枚。花雌雄同株或异株，穗状或总状或圆锥状花序，雄花多朵簇生于苞腋，雌花1朵生于苞腋，花无花瓣。雄花：花萼2~5裂，裂片镊合状排列；雄蕊4~8枚，药室合生，花丝基部短的合生成盘状。雌花：萼片4~8枚，覆瓦状排列，有时基部具腺体；子房（2~）3室，花柱（2~）3枚，离生或基部合生，通常线状，不分裂。蒴果具2~3个分果爿，果皮平滑或具小疣或小瘤；种子无种阜，种皮壳质。

　　约70种，分布于全世界热带、亚热带地区。我国产7种、2变种，分布于西南部和秦岭以南热带和温暖带地区。引种栽培5种1变种。

山麻杆属分种检索表

1a. 叶片基部无小托叶，羽状脉，雄花序顶生，圆锥状。
　　2a. 小枝无毛，叶下面仅脉腋具柔毛，叶柄微被柔毛 …… 9. **羽脉山麻杆 *A. rugosa***
　　2b. 小枝、叶下面及叶柄密被灰黄褐色柔毛 …10. **海南山麻杆 *A. rugosa* var. *pubescens***
1b. 叶片基部具小托叶，基生3出脉，雄花序腋生，通常穗状。
　　3a. 果皮平滑。
　　　　4a. 叶背灰绿色，雄花序短，长不及4cm，苞片卵形 ………7. **山麻杆 *A. davidii***
　　　　4b. 叶背浅红色，雄花序细长，长5cm以上，苞片三角形 ……………………………
　　　　　　…………………………………………………… 12. **红背山麻杆 *A. trewioides***
　　3b. 果皮具小瘤或小疣。
　　　　5a. 叶片卵圆形，雄花无毛，雌花萼片披针形，果密被长柔毛 ……………………
　　　　　　…………………………………………………… 8. **湖南山麻杆 *A. hunanensis***
　　　　5b. 叶片卵状菱形，雄花疏生短柔毛，雌花萼片近卵形，果被短柔毛 ………………

1
山麻杆

Alchornea davidii Franch., Pl. David. 1: 264, pl. 6. 1884.

自然分布

陕西、四川、云南、贵州、广西、河南、湖北、湖南、江西、江苏、福建等。生于海拔300~1000m沟谷或溪畔、河边的坡地灌丛中。

迁地栽培形态特征

落叶灌木，高1~3m。

🌿 嫩枝被灰白色短茸毛，一年生小枝具微柔毛，老枝无毛。

🍃 叶片薄纸质，阔卵形或近圆形，长8~15cm，宽7~15cm，顶端渐尖，基部心形、浅心形或近截平，边缘具粗锯齿或具细齿，齿端具腺体，上面沿叶脉具短柔毛，下面灰绿色，被短柔毛，基部具2或4个斑状腺体；基出脉3条；小托叶线状，长3~5mm，具短毛；叶柄长2~10cm，具短柔毛；托叶披针形，长6~8mm，基部宽1~1.5mm，具短毛，早落。

🌸 雌雄异株，雄花序穗状腋生，长不及4cm，花序梗几无，呈柔荑花序状，苞片卵形，长约2mm，顶端近急尖，具柔毛，未开花时覆瓦状密生，雄花：5~6朵簇生于苞腋，花梗长约2mm，无毛，基部具关节；小苞片长约2mm；花萼花蕾时球形，无毛，直径约2mm，萼片3（~4）枚；雄蕊6~8枚。雌花序总状，顶生，长4~8cm，具花4~7朵，各部均被短柔毛，苞片三角形，长3~4mm，小苞片披针形，长3~4mm；花梗短，长约0.5mm。雌花：萼片5枚，长三角形，长2.5~3mm，具短柔毛；子房球形，被茸毛，花柱3枚，线状，长10~15mm，基部合生。

🍎 蒴果近球形，具3圆棱，直径1~1.2cm，密生柔毛；种子卵状三角形，长约6mm，种皮淡褐色或灰色，具小瘤体。

引种信息

南京中山植物园 不详。

物候

南京中山植物园 3月中旬萌芽，3月下旬展叶，4月上旬至4月中旬展叶盛期；4月上旬现花蕾，4月上旬始花，4月中旬至4月下旬盛花，5月上旬末花；4月下旬现幼果，6~7月果实成熟；11月下旬落叶。

迁地栽培要点

阳性树种，但也有一定的耐阴性，抗寒能力较强；对土壤要求不严，在疏松肥沃、富含有机质的砂质土壤中生长表现较好。播种或扦插繁殖。

主要用途

植株枝叶茂密，适应性强、耐修剪，可用于园林绿化，适合路边或林缘种植。茎皮纤维可供造纸或纺织用，种子榨油供工业用，叶可作饲料。

植株

枝叶

果实

嫩叶

雌花

雄花

花蕾

8

湖南山麻杆

Alchornea hunanensis H. S. Kiu, Acta Phytotax. Sin. 26(1): 458-460, pl. 1. 1988.

自然分布

湖南、广西。生于海拔350～900m的石灰岩山坡或山谷疏林下或灌丛中。

迁地栽培形态特征

灌木，高2～4m。

🌿 小枝圆形，密被短柔毛。

🍃 叶片膜质或薄纸质，卵圆形，长10～12cm，宽8～10cm，顶端渐尖，基部浅心形或近截平，边缘具腺齿，上面沿脉被柔毛，下面被柔毛，基部具斑状腺体4个；基出脉3条；小托叶钻状，长2～5mm，具毛；叶柄长5～8cm，被毛；托叶披针形，长6～8cm，疏生柔毛。

🌸 雌雄异株，雄花序穗状，腋生，长9～15cm，疏生柔毛，苞片阔卵形，长约2mm；雄花无毛，5～7朵簇生于苞腋，花梗长1.5～2mm，无毛，下半部具关节；雌花序总状，顶生，长3～4cm，具花4～7朵，各部均被柔毛，苞片长三角形，长4～4.5mm，小苞片线形，长3mm。雄花：花萼花蕾时球形，直径约2mm，无毛，萼片3枚；雄蕊6～8枚。雌花：萼片5枚，披针形，长2～2.5mm，具柔毛；子房球形，密生灰黄色长柔毛；花柱3枚，线状，长10～15mm，基部合生。

🍎 蒴果近球形，具3浅沟，直径约1cm，果皮密生长柔毛和散生小疣；果梗长1～1.5mm，具疏柔毛；种子扁卵状，长8mm，种皮淡褐色，具小瘤。

引种信息

武汉植物园 自湖南（登录号20113334）引种苗。长势良好。

物候

武汉植物园 3月中旬萌芽，3月下旬开始展叶，4月中旬展叶盛期；3月下旬现花蕾，3月下旬始花，3月下旬至4月上旬盛花，4月中旬末花；4月中旬现幼果，5月中旬至6月中旬果实成熟；11月中旬落叶。

迁地栽培要点

阳性树种，也有一定的耐阴性，抗寒能力较强；对土壤要求不严，在疏松肥沃、富含有机质的壤土或砂质土壤中生长表现均较好。播种或扦插繁殖。

主要用途

嫩叶紫红色，适应性强、耐修剪，可用于园林绿化，适合路边或林缘种植。茎皮纤维可供造纸或纺织用，种子榨油供工业用。

雄花

花蕾

嫩叶

花芽

果实

叶面

叶背面

9
羽脉山麻杆

Alchornea rugosa (Lour.) Müll. Arg., Linnaea 34: 170. 1865.

自然分布

广东、海南、广西、云南。亚洲东南部各地，澳大利亚。生于海拔100～1700m沿海平原或山地溪畔常绿阔叶林或次生林中。

迁地栽培形态特征

常绿灌木或小乔木，高2～5m。

🌿 嫩枝有棱，微被短柔毛，小枝无毛。

🍃 叶片纸质，倒卵形至倒阔披针形，长10～25cm，宽4～10cm，顶端渐尖，基部略钝或浅心形，边缘具细腺齿，上面无毛，下面沿中脉和侧脉具疏柔毛，基部具2个斑状腺体；羽状脉，侧脉8～12对；无小托叶；叶柄长0.5～5cm，被疏柔毛；叶柄基部两则托叶钻状，长5～7mm，具疏毛，脱落。

🌸 雌雄同株。雄花序圆锥状，顶生，长8～25cm，花序轴被微柔毛或无毛，苞片三角形，长0.7～1mm，被微柔毛，有时基部具2腺体。雄花：5～11朵簇生于苞腋；花梗长约0.5mm，具柔毛；花萼花蕾时球形，直径约1mm，具疏柔毛，萼片4枚；雄蕊4～8枚，花丝长约1mm，无毛。雌花序总状或圆锥状，顶生，长7～16cm，花序轴被微柔毛，苞片三角形，长约1.5mm，具短柔毛，基部通常具2个腺体。雌花：单生，花梗长1mm，具柔毛；果梗长2mm，无毛；萼片5枚，三角形，长约1mm，被短柔毛；子房被微柔毛，花柱3枚，线状，长6～7mm，近基部合生。

🍒 蒴果近球形，直径8～10mm，具3圆棱，无毛；种子卵球形，长约5mm，种皮浅褐色，具小突起。

引种信息

华南植物园 自海南（登录号20010990、20030535）引种苗。长势优，有自然更新苗。

物候

华南植物园 1月下旬萌芽，2月中旬展叶，2月下旬至3月下旬展叶盛期；1月上旬现花蕾，2月中旬始花，3月下旬至10月中旬盛花，10月下旬至12月上旬末花；4月上旬现幼果，5～12月陆续成熟。

迁地栽培要点

中性植物，喜温暖、湿润环境，在半光照和较荫蔽的环境生长表现较好；对土壤要求不严，生长速度快、耐修剪，萌蘖性强，管理粗放。一般采用播种繁殖。种子采收后即播或稍储藏再播均可，发芽率高。

主要用途

植株枝叶茂密，耐阴性好、适应性强、耐修剪，可用于园林绿化，适合林下种植。茎皮纤维可供造纸或纺织用，种子榨油供工业用。

叶片

雌花

植株

枝叶

花蕾

幼果

嫩叶

10
海南山麻杆

Alchornea rugosa var. *pubescens* (Pax et k. Hoffm.) H. S. Kiu., Fl. Reipubl. Populars
Sin. 44(2): 69. 1996.

植株

托叶

嫩枝

自然分布

海南、广西。

迁地栽培要点

灌木或小乔木，高2~5m。

🌿 嫩枝稍具棱，密被灰黄色柔毛，小枝密被黄褐色柔毛。

🍃 叶片纸质，椭圆形、倒卵形至倒阔披针形，长10~25cm，宽4~10cm，顶端渐尖，基部略钝或浅心形，边缘具细腺齿，上面无毛，下面密被灰黄色柔毛，基部具2个斑状腺体；羽状脉，侧脉8~12对；叶柄长0.5~5cm，密被灰黄色柔毛；托叶线形，长7~15mm，具疏毛，脱落。

🌸 雌雄同株，雄花序圆锥状，顶生，长8~25cm，花序轴密被柔毛，苞片三角形，长0.7~1mm，密被柔毛，有时基部具2腺体。雄花：5～11朵簇生于苞腋；花梗长约0.5mm，密被柔毛；花萼花蕾时球形，直径约1mm，密被柔毛，萼片4枚；雄蕊4～8枚，花丝长约1mm，无毛。雌花序总状或圆锥状，顶生，长7～16cm，花序轴密被柔毛，苞片三角形，长约1.5mm，密被柔毛，基部通常具2个腺体。雌花：单生，花梗长1mm，密被柔毛；果梗长2mm，无毛；萼片5枚，三角形，长约1mm，密被柔毛；子房密被柔毛，花柱3枚，线状，长6～7mm，近基部合生。

🍎 蒴果近球形，直径8～10mm，具3圆棱，无毛；种子卵球形，长约5mm，种皮浅褐色，具小突起。

引种信息

华南植物园 自海南（登录号20045012）引种苗。长势优，有自然更新苗。

物候

华南植物园 1月下旬萌芽，2月中旬展叶，2月下旬至3月下旬展叶盛期；1月上旬现花蕾，2月中旬始花，3月下旬至10月中旬盛花，10月下旬至12月上旬末花；4月上旬现幼果，5～12月陆续成熟。

迁地栽培要点

中性植物，喜温暖、湿润环境，在半光照和较荫蔽的环境均生长较好；对土壤要求不严，生长速度快，耐修剪，萌蘗强，管理粗放。一般采用播种繁殖，种子采收后即播或稍储藏后播种均可，发芽率高。

主要用途

植株枝叶茂密，耐阴性好、耐修剪，适应性强，可用于园林绿化，适合林下种植。茎皮纤维可供造纸或纺织用，种子榨油供工业用。

雌花序　雄花序　枝叶

嫩叶叶柄　叶片　嫩叶

11
椴叶山麻杆

别名： 野生麻

Alchornea tiliifolia (Benth.) Müll. Arg., Linnaea 34: 168. 1865.

自然分布

云南、贵州、广西、广东。印度、孟加拉国、缅甸、泰国、马来西亚和越南。生于海拔250~1300m山地或山谷林下或疏林下，或石灰岩山灌丛中。

迁地栽培形态特征

落叶灌木，高2~4m。

🌿 皮褐色，小枝密生柔毛。

🍃 叶片薄纸质、卵状菱形、卵圆形或长卵形，长9~18cm，宽5.5~14cm，顶端渐尖或尾状，基部楔形或近截平，边缘具腺齿，上面疏被柔毛，下面密被柔毛，基部具2斑状腺体；基出脉3条；小托叶披针形，长2.5~4mm，具毛；叶柄长4~15cm，具柔毛；托叶披针形，长5~10mm，疏生柔毛，凋落。

🌸 雌雄同株，雄花序穗状，1~3个生于一、二年生小枝已落叶腋部，长3.5~10cm，花序轴密被短柔毛，苞片阔卵形，长2~3mm。雄花：7~11朵簇生于苞腋，花梗近无。雄花：花萼花蕾时球形，直径约1.5mm，疏生短柔毛，萼片3枚，卵圆形；雄蕊8枚。雌花序总状或少分枝的复总状，顶生，长5~16cm，被柔毛，苞片狭三角形，长约6mm，小苞片披针形，长5~6mm。雌花：萼片5枚，近卵形，不等大，长3~4mm，具柔毛；子房球形，被短茸毛，花柱3枚，线状，长7~11mm，基部合生。

🍈 蒴果椭圆状，直径6~8mm，具3浅沟，果皮具小瘤和短柔毛；种子近圆柱形，长8mm，种皮褐色，具皱纹。

引种信息

华南植物园 自广东郁南（登录号20051701）、广西十万大山国家森林公园（登录号20131564）引种苗。长势一般。

物候

华南植物园 2月下旬萌芽，3月上旬开始展叶，3月下旬至4月上旬展叶盛期；3月中旬现花蕾，4月下旬始花，5月上旬至中旬盛花，5月下旬末花；5月上旬现幼果，7月上旬果实成熟。

迁地栽培要点

中性植物，喜温暖、湿润环境。适应性强，生长速度快，对土壤要求不严，酸性至微碱性土壤均可种植，耐修剪。种子繁殖，种子发芽率高，自然更新强。主要虫害有白飞虱，可用600~800倍的蓟虱净、啶虫脒或0.30%苦参碱等防治。

主要用途

荒山、石灰山种植或园林绿化。茎皮纤维可供造纸或纺织用，种子榨油供工业用。

雌花序

叶片

雌花

雄花序

雄花序

果

12
红背山麻杆

别名： 红背叶

Alchornea trewioides (Benth.) Müll. Arg., Linnaea. 34: 168. 1865.

植株

自然分布

四川、贵州、广西、云南。泰国、越南、日本等。生于海拔500～1200m石灰岩山地疏林中。

迁地栽培形态特征

落叶灌木，高1～2m。

🌿 嫩枝密被灰色柔毛，老枝无毛。

🍃 叶片薄纸质，阔卵形，长8～15cm，宽7～13cm，顶端急尖或渐尖，基部浅心形或近截平，边缘疏生具腺小齿，上面无毛，下面浅红色，仅沿脉被微柔毛，基部具4个斑状腺体；基出脉3条；小托叶披针形，长2～5mm；叶柄长7～12cm；托叶钻状，长3～5mm，具毛，凋落。

🌸 雌雄异株，雄花序穗状，长7～15cm，具微柔毛，苞片三角形，长约1mm，雄花3～15朵簇生于苞腋；花梗长约2mm，无毛，中部具关节；雌花序总状，顶生，长5～6cm，具花5～12朵，各部均被微柔毛，苞片狭三角形，长约5mm，基部具腺体2个，小苞片披针形，长约3mm；花梗长1mm。雄花：花萼花蕾时球形，无毛，直径1.5mm，萼片4枚，长圆形；雄蕊（7～）8枚。雌花：萼片5（～6)枚，披针形，长3～5mm，被短柔毛，其中1枚的基部具1个腺体；子房球形，被短茸毛，花柱3枚，线状，长12～15mm，近基部合生。

🔴 蒴果球形，具3圆棱，直径8～10mm，果皮平坦，被微柔毛；种子扁卵状，长6mm，种皮浅褐色，具瘤体。

引种信息

桂林植物园 不详。长势优。

武汉植物园 自广西大新（登录号20050108）引种苗。长势良好。

物候

桂林植物园 1月下旬萌芽，2月中旬开始展叶，3月上旬至4月中旬展叶盛期；1月下旬现花蕾，2月下旬始花，4月上旬盛花，4月下旬末花，有时11月上旬仍有开花；3月上旬现幼果，6月果实成熟；12至翌年1月落叶。

武汉植物园 3月中旬萌芽，4月上旬开始展叶，4月下旬展叶盛期；3月下旬现花蕾，4月中旬始花，4月下旬至5月上旬盛花，5月中旬末花；4月下旬现幼果，7～8月果实成熟；11月上旬落叶。

基部腺体

幼果

叶片

迁地栽培要点

阳性植株，也有一定的耐阴性；对土壤要求不严，在疏松肥沃、富含有机质的壤土或砂质土壤中生长表现均较好。播种或扦插繁殖。

主要用途

植株枝叶浓密，呈丛生状，是一种较好的园林绿化植物，适合配置于公园路边或林缘等。枝、叶煎水，外洗治风疹。

成熟果实

嫩叶

雌花

幼果

雄花序

石栗属

Aleurites J. R. Forst. et G. Forst., Char. Gen. Pl. 111, t. 56, 1776.

常绿乔木，嫩枝密被星状柔毛。单叶，边缘全缘或3~5裂；叶柄顶端有2枚腺体。花雌雄同株，圆锥花序顶生，花蕾近球形，花萼整齐或不整齐的2~3裂；花瓣5枚。雄花：腺体5枚；雄蕊15~20枚，排成3~4轮，生于突起的花托上。雌花：子房2（~3）室，花柱2裂。核果近圆球状，外果皮肉质，内果皮壳质，有种子1~2颗；种子扁球形，无种阜。

2种：分布于亚洲和大洋洲热带、亚热带地区。我国产1种，引种栽培1种。

13
石栗

Aleurites moluccana (L.) Willd., Sp. Pl. 4: 590. 1805.

花序

自然分布

广东、广西、云南、海南、福建、台湾等地。亚洲热带、亚热带地区。

迁地栽培形态特征

常绿高大乔木，高达20m，胸径50~60cm。

🌲 树皮暗灰色，浅纵裂或近光滑；嫩枝密被灰褐色微柔毛，老枝近无毛；

🍃 叶片纸质，卵形、阔披针形或近圆形；长14~30cm，宽7~25cm，顶端短尖至渐尖，基部阔楔形或圆，偶心形，边缘全缘或3~5裂，成年大树叶片全缘，幼树叶片3~5裂，边缘波状；叶面有时灰白色，嫩叶两面密被星状微柔毛，老叶上面无毛，背面微被星状毛；基生脉3~5条；叶柄长10~35cm，密被星状微柔毛，顶端有2枚扁圆形腺体。

🌸 圆锥花序顶生，雌雄同株，同序或异序；花序分枝及花梗披短柔毛或锈色星状毛；花萼规则或不规则2～3裂，密被微柔毛裂片镊合状排列；花瓣5片呈倒卵状披针形，长8mm，乳白色或乳黄色。雄花：雄蕊15～20枚，排列成3～4轮，生于隆起的花托上，被毛。雌花：子房密被星状微柔毛，2～3室，花柱2枚，2深裂。

果 核果，近球形或卵形，密被锈色星状毛；长5～7cm，宽5～6cm，种子1～2粒，侧扁状圆球形，种皮坚硬，具有疣状突起。

引种信息

西双版纳热带植物园 自云南勐腊（登录号0020012115、0020081041）引种苗。长势良好。

华南植物园 自云南西双版纳（登录号19940295）引种种子。长势优。

物候

西双版纳热带植物园 2月上旬萌芽，2月下旬至4月下旬展叶；4月上旬现蕾，4月中旬始花，4月下旬盛花，8月上旬开花末期；7月下旬现幼果，8月上旬果实成熟，10月上旬果实成熟末期。

华南植物园 2月下旬萌芽，3月上旬开始展叶，3月中旬至4月下旬展叶盛期；4月下旬现花蕾，5月上旬始花，5月中旬至6月上旬盛花，6月中旬至8下旬末花，有时10月中旬仍有极少量花；6月下旬现幼果，10月中旬成熟，11月上旬脱落。

迁地栽培要点

喜光，喜温热气候及排水良好的砂壤土，深根性，速生，抗风，耐旱但不耐寒。适应我国南方地区引种，如广东、广西、云南、海南、贵州南部及贵州、四川等的干热河谷地带引种栽培。扦插或播种繁殖。病虫害少见，易发生盐害及寒害。

主要用途

树干挺直高大，树形优美，可做庭荫树、行道树及孤植风景树。树皮可减轻痢疾；核仁捣成浆状和煮过的叶子可治头痛、溃疡和关节肿大。种子含油率为40%以上，为干性油，可做油漆和绘画及其他工业用途。

叶片

叶基部腺体

植株

盛花

雌花·花蕾

花蕾

雄花

雌花

果实

五月茶属

Antidesma Burman ex L., Sp. Pl. 2: 1027. 1753.

乔木或灌木。单叶互生，叶片边缘全缘；羽状脉；叶柄短；托叶2枚，小。花雌雄异株，组成顶生或腋生的穗状花序或总状花序，有时下部分枝呈圆锥花序，无花瓣。雄花：花萼杯状，3～5裂，稀8裂，裂片覆瓦状排列；花盘环状或垫状；雄蕊3～5，少数1～2或7，花丝长于萼片，基部着生花盘内面或花盘裂片之间；退化雌蕊小。雌花：花萼和花盘与雄花的相同；花盘环形围绕子房，全缘；子房长于花萼，1室，室内有2颗胚珠，花柱2～4，短，顶生或侧生，先端通常2裂。核果，通常卵球形或椭圆形，通常1粒种子。

约100种，广布于亚洲热带和亚热带地区，也分布在非洲（8种）、太平洋岛屿（5～8种）和澳大利亚（5～7种）等。我国有11种（2种特有）。引种栽培11种。

五月茶属分种检索表

1a. 叶片先端圆、微凹、钝或圆至渐尖。
  2a. 叶片革质，背面仅叶脉疏被毛 ······················· 15. **五月茶 *A. bunius***
  2b. 叶片纸质，背面密被短柔毛。
    3a. 雄蕊1～3枚，子房无毛 ······················· 14. **西南五月茶 *A. acidum***
    3b. 雄蕊4～5（～7）枚，子房被毛 ··········· 18. **方叶五月茶 *A. ghaesembilla***
1b. 叶片先端急尖、渐尖或尾状。
  4a. 叶片线形、线状披针形，宽2cm以下 ································
    ······················· 23. **小叶五月茶 *A. montanum* Bl. var. *microphyllum***
  4a. 叶片非线形或线状披针形，宽3cm以上。
    5a. 托叶卵形或披针形。
      6a. 托叶卵形或卵状披针形 ······················· 17. **黄毛五月茶 *A. fordii***
      6b. 托叶披针形。
        7a. 雄花萼片边缘具有不规则的牙齿 ········· 21. **山地五月茶 *A. montanum***
        7b. 雄花萼片边缘全缘。
          8a. 小枝、叶背、叶柄、花序轴疏被短柔毛，圆锥花序 ······················
          ················· 16. **滇越五月茶 *A. chonmon***
          8b. 小枝、叶柄密被褐色茸毛，叶背沿叶脉山被短柔毛，花序轴密被短柔毛，总状花序 ·················· 19. **海南五月茶 *A. hainanense***
      6a. 托叶线形。
        9a. 叶腋内有髯毛，叶片顶端急尖 ······················
        ················· 22. **枯里珍五月茶 *A. pentandrum* var. *barbatum***
        9b. 叶腋内无髯毛，叶片顶端尾状渐尖 ·········20. **日本五月茶 *A. japonicum***

14
西南五月茶

别名：二蕊五月茶、二药五月茶、酸叶树、华中五月茶
Antidesma acidum Retz, Obs. Bot. 5: 30. 1789

自然分布

四川、贵州、云南。印度、缅甸、泰国、越南和印度尼西亚。

迁地栽培形态特征

常绿小乔木。

🌿 茎褐色，分枝多，小枝有短柔毛。

🍃 叶片膜质，椭圆形、卵形或倒卵形，长6~9cm，宽4~5cm，顶端急尖，基部楔形或宽楔形；有毛，侧脉每边6~7条；叶柄长5mm；托叶长披针形，长3~5mm，早落。

🌸 总状花序顶生，长8~11cm，花序梗基部有褐色苞片；苞片长圆形或线形，顶端有小齿；花序梗长0.5~0.7mm。雄花：花萼3~4裂，裂片半圆形，里面有柔毛；花盘垫状，厚；雄蕊1~3，着生于花盘裂片之间；退化雌蕊圆柱状。雌花：花梗略长于雄花的；花萼与雄花的相同；花盘环状；子房卵圆形，花常顶生，无毛。

🍒 核果长圆形，长4~5.5mm，果核扁，具蜂窝状网纹。

引种信息

西双版纳热带植物园 自云南滇西南（登录号00,2003,1133）、云南景洪（登录号00,2008,0551）引种苗，老挝（登录号30,2002,0469）引种种子。长势良好。

物候

西双版纳热带植物园 7月中旬萌芽，7月下旬至10月中旬展叶；4月上旬始花，6月盛花；果期8月上旬至11月中旬。9月至翌年1月落叶。

迁地栽培要点

全日照、半日照都能生长，过于阴暗开花结果不良。适应我国亚热带热带地区栽培。可利用种子播种或扦插繁殖。几无病虫害。

主要用途

含生物碱和酚类物质，具有抗肿瘤活性；绿化树种。

花枝

花蕾

托叶

花枝

雄花

叶背面

15
五月茶

别名： 五味叶、酸味树

Antidesma bunius (L.) Spreng., Syst. Veg. 1: 826. 1825.

自然分布

江西、福建、湖南、广东、广西、海南、贵州、云南、西藏等。亚热带地区至澳大利亚昆士兰。

迁地栽培形态特征

常绿乔木。

🌿 树皮纵裂，小枝灰白色，具明显皮孔，无毛。

🍃 叶片纸质，倒卵形、长倒卵形或长椭圆形，长8~15cm，宽3~8cm，边缘全缘，顶端圆，具短尖头，基部楔形或宽楔形，叶面深绿色，有光泽，叶背仅叶脉疏被柔毛，中脉与侧脉在上面扁平，在下面凸起；叶柄8~11mm，叶柄具有凹槽；无毛。

🌸 单性，雌雄异株。雄花：顶生穗状花序，长8~15cm；花萼杯状，顶端3~4裂，裂片卵状三角形；雄蕊3~4枚，长2.5~3mm；花盘杯状，全缘或不规则分裂。雌花：总状花序，顶生或腋生，长5~13cm；花萼和花盘与雄蕊相同，子房宽卵形，柱头短而厚，顶端微凹。

🍎 近球形或椭圆形，长7~8mm，直径约7mm，果梗长5mm，果实熟时红色。

引种信息

西双版纳热带植物园 自云南勐腊（登录号0019750224，0019970545）、云南普洱（登录号0020030058）引种苗，海南海口（登录号0020023271）、澳大利亚（登录号0119880004）、老挝（登录号3020020402）引种种子。长势良好。

华南植物园 自法国尼斯（登录号19630974）、江西井冈山（登录号19990704）引种种子，自广东陈村（登录号20082308）、广东从化（登录号20135027）引种苗。长势优。

物候

西双版纳热带植物园 2月上旬萌芽，2月下旬至4月下旬展叶；5月上旬现蕾，5月中旬始花，5月下旬盛花，6月上旬开花末期；5月下旬幼果现，11月下旬果实成熟，12月下旬果实成熟末期。

华南植物园 2月下旬至3月上旬萌芽，3月中旬开始展叶，3月下旬至4月上旬展叶盛期；3月下旬现花序，4月中旬始花，4月下旬至5月中旬盛花，5月下旬至6月上旬末花；5月下旬现幼果，8月下旬开始变红，9月下旬成熟，10月下旬至11月上旬脱落。

迁地栽培要点

喜光，也具有一定的耐阴性，宜种植于土层深厚肥沃的中性或微酸性土壤。播种繁殖，种子寿命短，宜采收后及时播种。

主要用途

　　树形美观；叶深绿色，秋季红果累累，具有较高的观赏性，可做行道树、园景树等。果微酸，可食用或制作果酱。叶、茎中均含有无羁萜（friedelin），茎中还含三萜类达玛-20,24-二烯-3β醇，具有生津止渴、活血、解毒等功能，治咳嗽、口渴、跌打损伤、疮毒。

植株　　成熟果实　　幼果　　花蕾　　雄花　　花序　　枝叶

16
滇越五月茶

别名： 越南五月茶

Antidesma chonmon Gagnep., Bull. Soc. Bot. France 1923: 119. 1923.

自然分布

云南金平、勐腊。越南北部。

迁地栽培形态特征

常绿小乔木。

🌿 树干褐色，小枝被短柔毛。

🍃 叶片纸质，椭圆形或倒卵形，长18～27cm，宽8～11cm，顶端尾尖，有尖头，基部钝；背面被短柔毛，侧脉每边11～13条，明显；叶柄长约1cm，被短柔毛；托叶披针形，长0.5～1cm。

🌸 圆锥花序顶生，长8～12cm，花序梗长1.5～3cm；花梗长0.5～2mm；苞片披针形，长1mm。雄花：萼片4，卵形，长约0.7mm，边缘全缘；花盘杯状；雄蕊3～4，着生在花盘上，花药宽0.5mm；退化雌蕊圆柱状。雌花：萼片3～4，三角形，长0.3mm，边缘略有浅齿和睫毛；花盘杯状；子房卵圆形，长1mm，花柱3，顶生。

🍒 核果椭圆形或卵形，直径约7mm，红色至紫红色。

引种信息

西双版纳热带植物园 自云南瑞丽市南京里村（登录号00,2009,1080）引种苗。长势良好。

物候

西双版纳热带植物园 3月上旬至下旬萌芽，3月下旬至4月中旬展叶，5月下旬始花，6月上旬至下旬盛花，果期6月中旬至9月下旬。11月中旬至12月下旬落叶。

迁地栽培要点

阳性、中性条件下都栽培，对栽培土壤要求不严，但肥沃土壤生长更好，适应我国南亚热带及热带地区栽培。可利用种子播种繁殖。几无病虫害。

主要用途

园林绿化和庭院观赏树种。

植株

叶片

雄花序

果枝

成熟果实

17
黄毛五月茶

别名： 唛毅怀、木味水、早禾仔树

Antidesma fordii Hemsl., Journ. Linn. Scot. Bot. 26: 430. 1894.

自然分布

福建、广东、海南、广西、云南。越南、老挝。生于海拔300～1000m山地密林中。

迁地栽培形态特征

灌木或小乔木，高3～7m。

🌿 小枝圆柱形，密被黄色茸毛。

🍃 叶片椭圆形、倒卵形或长圆形，长6～12cm，宽2.5～5.5cm，两面被柔毛，顶端短渐尖或尾状渐尖，基部近圆或钝，侧脉每边7～9条，中脉和侧脉在叶上面平，在叶背凸起；叶柄长1～2cm，密被黄色茸毛；托叶宽卵形或卵状披针形，长4～6mm，宽2～7mm被柔毛。

🌸 单性，雌雄异株，花序顶生或腋生，长8～12cm；苞片卵状披针形，长5～8mm.雄花：多朵组成分枝的穗状花序；花萼5裂，裂片宽卵形，长约1mm；花盘5裂；雄蕊5；退化雌蕊圆柱状。雌花：多朵组成不分枝和少分枝的总状花序；花梗长1～3mm；花萼5裂，裂片宽卵形，长约1mm；花盘杯状，无毛；子房椭圆形，长3mm，花柱3，顶生，柱头2深裂。

🍒 核果纺锤形，长约7mm，直径约5mm。

引种信息

西双版纳热带植物园 自云南盈江（登录号0019970237）、云南勐腊（登录号0020080947、0020101159）引种苗。长势良好。

华南植物园 自广东深圳市龙岗区（登录号20010334）引种苗。长势优

物候

西双版纳热带植物园 1月上旬萌芽，1月下旬至4月下旬展叶；4月下旬现蕾，5月上旬始花，5月中旬盛花，6月下旬开花末期；6月上旬幼果现，9月中旬果实成熟，12月下旬果实成熟末期。

华南植物园 3月下旬萌芽，4月上旬开始展叶，4月中旬至4月下旬展叶盛期；3月下旬现花蕾，4月下旬始花，5月上旬至5月中旬盛花，5月下旬末花；5月下旬现幼果，9月下旬果实成熟，11月中旬左右果实脱落。

迁地栽培要点

喜光，也具有一定的耐阴性，宜种植于土层深厚肥沃的中性或微酸性土壤。播种繁殖，种子寿命短，宜采收后及时播种。

主要用途

叶具有清热解毒功效，主治痈肿疮毒。可作园林绿化。

花蕾

植株

嫩叶

嫩芽

雄花序

雌花序

雄花序

叶片

托叶

18

方叶五月茶

别名： 田边木、圆叶早禾子、澳洲五月茶

Antidesma ghaesembilla Gaertn., Fruct. 1: 89, tab. 39. 1788.

自然分布

广东、海南、广西、云南。印度、孟加拉国、不丹、缅甸、越南、斯里兰卡、马来西亚、印度尼西亚、巴布亚新几内亚、菲律宾和澳大利亚。生于海拔200~1100m山地疏林中。

迁地栽培形态特征

常绿乔木，高5~8m。

🌿 小枝灰褐色，被短柔毛。

🍃 叶片纸质，长圆形或倒卵形，长3.5~12cm，宽2.5~6.2cm，顶端急尖或圆、钝，有小尖头或微凹，基部圆、钝、截形或近心形，上面被伏毛，下面密被短柔毛；侧脉每边5~7条；叶柄长约5mm，被短柔毛；托叶线形，早落。

🌸 单性，雌雄异株。雄花：黄绿色，多朵组成分枝的穗状花序；萼片5~7，倒卵形；雄蕊4~7，长2~2.5mm。雌花：多朵组成分枝的总状花序；花梗长约1mm；萼片5~7，倒卵形；花盘环状；子房卵圆形，被柔毛，长约1mm，花柱3，顶生。

🍒 核果，近圆球形，果熟时黄白色、略带红斑，直径约5mm。

引种信息

华南植物园 自云南西双版纳（登录号19970254）引种种子。长势优。

物候

华南植物园 4月上旬萌芽，4月下旬展叶，5月上旬至6月上旬展叶盛期；5月下旬现花蕾，6月中旬始花，6月下旬盛花，6月下旬至7月上旬末花；6月下旬现幼果，10月下旬开始成熟，12月下旬至翌年1月中旬果实脱落。

迁地栽培要点

喜光，也有一定的耐阴性，宜种植于向阳空旷地带或树林缘，对土壤要求不严，但肥沃疏松的土壤生长更好。全年施肥1~2次，秋冬或春季进行适当修剪。

主要用途

药用，叶可治小儿头痛；茎有通经之效；果可通便、泻泄作用。树形美观，可作园林绿化树种。

嫩叶

树皮

雌花

成熟果实

幼果

19
海南五月茶

Antidesma hainanense Merr., Philipp. Journ. Sci. Bot. 21 (4): 347. 922

自然分布

广东、海南、广西、云南。越南、老挝。生于海拔300～1000m山地密林中。

迁地栽培形态特征

灌木，高1～2m，小枝和叶柄褐色茸毛，其余均被短柔毛。

🌿 枝条圆柱形，密被褐色茸毛。

🍃 叶片厚纸质至近革质，长圆形、长椭圆形或倒卵状披针形，长5～11cm，宽2.5～3.5cm，两面沿叶脉被短柔毛，顶端短尾状渐尖，有小尖头，基部急尖或钝；侧脉每边7～10条，侧脉与网脉在叶面明显凹陷，在叶背均明显凸起；叶柄长3～5mm，被褐色茸毛；托叶披针形，长3～5mm，被短毛，早落。

🌸 单性，雌雄异株，总状花序，腋生，花序长1.5～3cm，花序轴密被短柔毛；苞片线形，长2～4mm。雄花：花梗长0.3～0.4mm；萼片4，圆形，直径约0.7mm；雄蕊4；花盘垫状；退化雌蕊长倒卵形。雌花：花梗长约0.7mm；萼片4～5，披针形或椭圆状长圆形，长约1mm；花盘杯状；子房卵圆形，长约2mm，花柱顶生，2裂。

🍒 核果，卵形或近圆形，直径5～6mm。

引种信息

华南植物园 自海南（登录号201113014）引种苗。长势良好。

物候

华南植物园 2月下旬萌芽，3月上旬开始展叶，3月下旬至4月中旬展叶盛期。1月中旬至2月上旬现花序，3月下旬始花，4月上旬至4月中旬盛花，4月下旬至5月上旬末花；4月下旬现幼果，7月上旬果实成熟。

迁地栽培要点

中性植物，在半阴环境生长较好，宜选疏林下或阴坡地种植，喜肥沃土壤。全年施肥1～2次，并进行适当中耕除草。未发现病虫害。

主要用途

株形紧凑，引种栽培表现出开花量大，具有一定的观赏性，可用于园林绿化种植或盆栽观赏。

嫩叶

雌花序

枝条

叶片

雌花序

托叶

雌花序

20
日本五月茶

别名: 酸味子、禾串果

Antidesma japonicum Sieb. et Zucc., Abh, Bayr. Akad. Munchen 4: 212. 1846.

自然分布

长江以南各地区。日本、越南、泰国、马来西亚等。生于海拔300～1700m山地疏林中或山谷湿润地方。

迁地栽培形态特征

灌木或小乔木,高2～5m。

⬤ 小枝灰褐色,密被皮孔,嫩枝被短柔毛。

⬤ 叶片纸质至近革质,椭圆形、长椭圆形至长椭圆状披针形,长5～11cm,宽2～3.2cm,顶端尾状渐尖,有小尖头,基部楔形、钝或圆,仅叶背面主脉微被短柔毛;侧脉每边5～7条,在叶面扁平,在叶背略凸起;叶柄长约5mm,被短柔毛叶腋内无髯毛;托叶线形,长约3mm,早落。

⬤ 单性,圆锥状花序顶生或腋生,长2～5cm,不分枝或2～5分枝。雄花:花梗长约0.5mm,被微毛,小苞片披针形;花萼钟状,长约0.7mm,3～5裂,裂片卵状三角形,被微短柔毛;雄蕊2～5,伸出花萼之外。雌花:花梗长约5mm;花萼钟状,长约0.5mm,3～5裂,裂片卵状三角形,被微短柔毛;子房卵圆形,长1～1.5mm,无毛,花柱顶生,柱头2～3裂。

⬤ 核果椭圆形,长5～6mm。

引种信息

西双版纳热带植物园 自云南景洪(登录号0020010373)引种苗。长势中等。

华南植物园 自广东惠州(登录号20030825)、广西(登录号20100941)引种苗。长势较好,未见病虫害。

武汉植物园 自湖北咸丰(登录号20050108)引种苗。长势良好。

物候

华南植物园 2月中旬萌芽,3月上旬展叶,3月下旬至4月上旬展叶盛期;2月下旬现花序,3月下旬始花,4月上旬至4月中旬盛花,4月下旬末花;4月下旬现幼果,6月下旬至7月上旬果实成熟。

武汉植物园 3月下旬萌芽,5月上旬开始展叶,5月中旬展叶盛期;5月中旬现花蕾,5月下旬始花,6月上旬盛花,6月中旬末花;未见坐果。

迁地栽培要点

喜光,也有一定的耐阴性。对土壤要求不严,耐干旱、瘠薄,但土壤肥沃时长势更好。

主要用途

种子含油量48%,为以亚麻酸为主的油脂。枝叶密集,花量大,可也作园林绿化配置。

盛花期

植株

幼果

雌花

叶正面

叶背面

叶片

花蕾

托叶

雌花序

91

21
山地五月茶

别名： 南五月茶、山五月茶、渐光五月茶

Antidesma montanum Bl., Bijdr. 1124. 1826.

自然分布

广东、海南、广西、贵州、云南和西藏等。缅甸、越南、老挝、柬埔寨、马来西亚、印度尼西亚。

迁地栽培形态特征

常绿乔木，高5~7m。

🌿 茎干有细竖条纹，嫩枝有短柔毛。

🍃 叶片厚纸质，长圆形、椭圆形或长圆状披针形，长9~21cm，宽3.5~6cm，顶端短或长的尾状尖，有小尖头，基部急尖或钝，边缘全缘，上面深绿色，两面无毛；侧脉7~9条，上面扁平，下面凸起；托叶线形至披针形，长5~7mm；叶柄长0.5~1.2cm，被短柔毛。

🌸 单性，雌雄异株，总状花序顶生或腋生，长5~15cm。雄花：花梗长1mm或近无梗；花萼浅杯状，3~5裂，裂片宽卵形，顶端钝，边缘具有不规则的牙齿；雄蕊3~5，着生于花盘裂片之间；花盘肉质，3~5裂；退化雌蕊倒锥状至近圆球状，顶端钝，有时不明显的分裂。雌花：花萼杯状，3~5裂，裂片长圆状三角形；花盘小，分离；子房卵圆形，花柱顶生。

🍒 卵圆形，长4~7mm，果梗4~5mm。

引种信息

西双版纳热带植物园 自云南盈江（登录号00,1990,0109）、云南红河（登录号00,2001,4013）、云南勐腊（登录号00,2010,1269）、云南景洪（登录号00,2011,0012）引种苗。长势良好。

华南植物园 自广西（登录号19801072）、海南（登录号20011020、20030657、20031193）引种苗。长势优。

物候

西双版纳热带植物园 4月上旬萌芽，4月中旬至5月下旬展叶；4月中旬始花，4月下旬至5月下旬盛花；7月中旬至9月中旬果实成熟。

华南植物园 3月下旬萌芽，4月上旬开始展叶，4月中旬至5月上旬展叶盛期；4月上旬现花蕾，4月中旬始花，4月下旬至5月中旬盛花，5月下旬末花；5月中旬现幼果，9月上旬果实成熟，9月下旬果实脱落。

迁地栽培要点

中性植物，对栽培土壤要求不严格，适应我国热带季雨林和雨林山谷地区栽培。可利用种子播种或扦插繁殖。几无病虫害。

主要用途

　　具有抗炎作用。叶片挥发油的主要成分为十六烷酸、（E）-9-十八烯酸和亚油酸，其相对含量分别为34.73%、13.26%和10.73%，其挥发油具有一定的药用价值和开发前景。叶大而浓绿，花盛开时花量较多，可用于园林观赏。

植株

幼果

叶正面

叶背面

果实

雌花

雄花

22
枯里珍五月茶

别名： 枯里珍、五蕊五巴豆

Antidesma pentandrum (Blanco) Merr. var. *barbatum* (C. Presl) Merr., Philipp Journ. Sci. Bot. 9: 463. 1914.

自然分布

中国台湾南部和东部。菲律宾。生于海拔150～300m山地疏林中。

迁地栽培形态特征

常绿灌木，高1～2m。

🌿 枝条灰色，嫩枝被短毛，后脱落。

🍃 叶片纸质，椭圆形或卵状长圆形，长6.5～11cm，宽3～5.3cm，顶端急尖，基部近圆形，全缘；中脉在上面凹陷，背面凸起，背面中脉被稀柔毛，侧脉每边7～8条，边缘连接；叶柄长约5mm，叶腋内被髯毛。

🌸 雌雄异株，组成顶生或腋生的穗状花序，长3～5cm，无花瓣。雄花：萼片4，宽卵形，外面被长硬毛；雄蕊4，伸出花萼之外，花丝长，着生于花盘之内；花盘垫状。雌花：苞片长圆状披针形，与花梗等长；萼片5，长三角形，不等长，内面基部被粗硬毛；花盘垫状；子房卵圆形，无毛。

🍒 核果，近圆球形，直径3～4mm，果熟时淡红色或紫黑色；果梗长1～2mm，果穗长3～4cm。

引种信息

华南植物园 自台湾自然科学博物馆（登录号20043689）引种种子。长势优。

物候

华南植物园 3月上旬萌芽，3月下旬开始展叶，4月中旬至4月下旬展叶盛期；4月中旬至4月下旬现花蕾，4月下旬始花，5月中旬至5月下旬盛花，6月上旬末花；有时9～11月二次开花；5月下旬现幼果，10月中旬开始成熟，12月中旬成熟末期，12月下旬至翌年1月上旬脱落。

迁地栽培要点

阳性、中性条件下栽培均生长较好，对栽培土壤要求不严，但肥沃土壤生长更好。萌蘖性强，耐修剪。播种繁殖，种子不耐储藏，采收后稍晾干即可播种。

主要用途

树形美观，耐修剪，果成熟时紫红色或黑色，可作盆栽或园林绿化观赏。

植株

叶正面

叶背面

幼果

雄花

成熟果实

雌花

23
小叶五月茶

别名： 小杨柳、沙潦木、水杨梅

Antidesma montanum Bl. var. *microphyllum* (Hemsl.) Peter Hoffm., Kew Bull. 54: 357. 1999.

自然分布

广东、海南、广西、四川、贵州和云南等。越南、老挝、泰国和非洲东部。生于海拔160～1200m山坡或谷地疏林中。

迁地栽培形态特征

灌木，高1～3m。

小枝圆柱形，着叶较密集，嫩枝被短柔毛。

近革质，狭披针形或狭长圆状椭圆形，长5～11，宽1.5～2.5cm，顶端渐尖或钝，基部宽楔形、钝或近圆；中脉和侧脉在叶面扁平，在叶背凸起，侧脉每边6～9条，弯拱斜升，至叶缘前联结；叶柄长3～5mm，被短柔毛；托叶线状披针形，长3～6mm。

雌性异株，总状花序单个或2～3个聚生于枝顶或叶腋内；苞片卵形，长1mm。雄花：花梗极短；萼片4～5，宽卵形或圆形，长2～3mm，宽2～3mm，顶端有腺体；花盘环状；雄蕊4～5，着生于花盘的凹缺处；退化雌蕊棍棒状。雌花：花梗长1～1.5mm；萼片4～5，宽卵形或圆形，长2～3mm，宽2～3mm，顶端有腺体；子房卵圆形，花柱3～4，顶生。

核果卵圆状，长约5mm，直径3mm，红色，成熟时紫黑色，顶端有宿存花柱。

引种信息

西双版纳热带植物园 自云南麻栗坡（登录号0020071269）引种苗。长势良好。

华南植物园 自广西（登录号19770616）引种种子，广东大岭山森林公园（登录号20053274）引种苗。长势良好。

物候

西双版纳热带植物园 1月上旬萌芽，1月下旬至5月中旬展叶；3月上旬现蕾，3月中旬始花，3月下旬盛花，5月上旬开花末期；4月下旬幼果现，8月中旬果实成熟，12月下旬果实成熟末期。

华南植物园 2月中旬萌芽，2月下旬开始展叶，3月上旬至3月下旬展叶盛期；3月中旬现花蕾，4月中旬始花，4月下旬至5月上旬盛花，5月中旬至下旬末花；5月上旬现幼果，8月中旬成熟，10月下旬果实脱落。

迁地栽培要点

阳性植物，喜阳光充足环境。耐干旱，对土壤要求不严，宜种植于排水良好的阳坡空旷地，土层深厚肥沃则长势更好。播种繁殖，种子采后晾干，稍储藏即可播种。

主要用途

　　根、叶具有收敛止泻、生津止渴、行气活血等功效；根可用于治疗小儿麻疹、水痘。枝叶密集，株型美观，可作园林绿化配置。

植株　幼果　幼果　雄花　雄花序

银柴属

Aporosa Bl., Bijdr. 514. 1825.

乔木或灌木，全株无乳汁。单叶互生，通常排成二列，边缘全缘、波状或具疏齿，叶柄顶端通常具有小腺体；托叶2。花单性，雌雄异株，稀同株，多朵组成腋生穗状花序：花序单生或数枝簇生；雄序比雌花序长；具苞片；花梗短；无花瓣及花盘。雄花：萼片3~6，近等长，膜质，覆瓦状排列；雄蕊2，稀3或5，花丝分离，与萼片等长或长过，花药小，药室纵裂，退化雌蕊极小或无。雌花：萼片3~6，比子房短；子房通常2室，稀3~4室，每室有胚珠2颗，花柱通常2，稀3~4，顶端浅2裂而通常呈乳头状或流苏状。蒴果核果状，成熟时呈不规则开裂，内有种子1~2颗。

约80种，分布于亚洲东南部。我国产4种，分布于华南及西南。植物园引种栽培2种。

银柴属分种检索表

1a. 小枝被粗毛，叶片革质，顶端圆或急尖；雌花萼片 4~6 枚，子房和果实被短柔毛
··· 24. 银柴 *A. dioica*

1b. 小枝无毛，叶片膜质或薄纸质，顶端尾状渐尖；雌花萼片通常 3 枚，子房和果实

24
银柴

别名： 大沙叶、甜糖木、山咖啡、占米赤树、厚皮稳、异叶银柴

Aporosa dioica (Roxb.) Müll. Arg., Prodr. 15(2): 472. 1866.

自然分布

广东、海南、广西、云南等。印度、缅甸、越南和马来西亚。生于海拔1000m以下山地疏林中和林缘或山坡灌木丛中。

迁地栽培形态特征

常绿乔木，高5~7m，林下呈灌木状，高2~3m。

🌳 树皮灰白色，小枝被粗毛，近顶端较密集，老枝无毛。

🍃 革质，长椭圆形、椭圆形、倒卵形或倒披针形，长5~13cm，宽2~5cm，顶端急尖，基部楔形，全缘或具有稀疏的浅锯齿，上面无毛而有光泽，下面叶脉上被稀疏短柔毛；侧脉每边5~7条；叶柄长5~12mm，被短柔毛，顶端两侧各具1个小腺体；托叶卵状披针形，长4~6mm，宽2~3mm。

🌸 单性，雌雄异株，穗状花序，雄花序长1~3.5cm，雌花序长0.5~1.5cm，苞片卵状三角形，长约1mm，被短柔毛。雄花：雄花：萼片通常4，长卵形；雄蕊2~4，比萼片长。雌花：萼片4~6，三角形，边缘有睫毛；子房卵圆形，密被短柔毛，2室。

🍒 蒴果椭圆状，长1.2~1.5cm，被短柔毛，内有种子2粒。

引种信息

华南植物园 园内野生，园区改造中有些区域进行移植栽培。

物候

华南植物园 2月上旬萌芽，2月下旬开始展叶，3月上旬至下旬展叶盛期；11月下旬至12月上旬现花蕾，2月下旬始花，3月中旬至4月上旬盛花，4月中旬至5月上旬末花；4月下旬现幼果，8月中旬果实成熟，9月下旬果实脱落。

迁地栽培要点

中性，在阳光充足和半阴环境均生长良好，耐干旱和瘠薄，对栽培土壤要求不严格，适应我国南亚热带及热带地区栽培。可利用种子播种或扦插。几无病虫害。

主要用途

药用，叶片具有清热、解表、止咳的功效，为治疗风热感冒，发热咳嗽的常用中成药。嫩叶可做饲料。适应性强、冠形紧凑、叶面有光泽，具有一定的观赏性，可采用各种配置形式应用于园林绿化。

植株

花枝

叶片

雄花序

果实

雄花

嫩叶、托叶

25
云南银柴

别名： 滇银茶、滇银柴、橄树、云南大沙叶

Aporosa yunnanensis (Pax et K. Hoffm.) F. P. Metc., Lingnan Sci. J. 10: 486. 1931.

成熟果实

自然分布

江西、广东、海南、广西、贵州和云南。印度、缅甸、越南。

迁地栽培形态特征

常绿小乔木。

🌳 淡黄色。

🍃 叶片膜质至薄纸质，长椭圆形至长卵形，长6.5～15cm，宽3～6cm，顶端尾状渐尖，基部宽楔形，边缘有稀疏腺齿，上面深绿色，无毛，下面淡绿色，侧脉每边4～7条，近叶缘约5mm处弯拱联结，两面均明显下面凸起；叶柄长0.5～2cm，顶端两侧各具有1个小腺体；托叶三角形，长6mm，宽3mm。

花序：雄穗状花序长2～4cm；苞片三角形，宽1.2mm，外面基部及边缘被短柔毛；雌穗状花序长达8mm；雄花：萼片3～5，长倒卵形，外面被柔毛；雄蕊2；雌花：萼片通常3，三角形，顶端急尖，

101

外面被柔毛；子房椭圆形，无毛，2室，每室有胚珠2颗，花柱2，顶端2裂。

🔴 **果** 蒴果近圆球状，长8～13mm，直径6～8mm，成熟时红黄色，无毛，顶端常有宿存的花柱；种子椭圆形，黑褐色。

引种信息

西双版纳热带植物园 自云南景洪（登录号0020010016）、云南勐腊（登录号0020091758）引种苗，园内原生（登录号00GN0038）。长势良好。

物候

西双版纳热带植物园 1月上旬萌芽，1月下旬至4月下旬展叶；3月中旬始花，3月下旬至4月上旬盛花，果实3月下旬至7月下旬。

迁地栽培要点

中性，在阳光充足和半阴环境均生长良好，耐干旱和瘠薄，对栽培土壤要求不严格，适应我国南亚热带及热带地区栽培。播种或扦插繁殖。几无病虫害，偶见白蚁蛀树干而致植株死亡。

主要用途

嫩叶可食用，具有抗肿瘤、抗氧化、抗炎活性。适应性强、冠形紧凑、叶面有光泽；具有一定的观赏性，可采用各种配置形式应用于园林绿化。

雄花序

叶片

果实

果实纵切

植株

雄花序

木奶果属

Baccaurea Lour., Fl. Cochinch. 2: 661.1790.

常绿乔木或灌木。叶互生，通常聚生于枝条的上部，呈螺旋状排列，叶片边缘全缘或有浅波状锯齿，叶柄顶端无腺体；羽状脉。花雌雄异株或同株异序；圆锥花序由多个总状或穗状花序组成；无花瓣。雄花：萼片4~8，通常不等大，覆瓦状排列；雄蕊4~8，与萼片等长和较长，花丝分离，花药内向或外向；花盘分裂呈腺体状，腺体位于雄蕊之间；退化雌蕊通常明显被短柔毛，顶端常扩大，扁平而2裂。雌花：萼片与雄花的同数，但远较它的大，且通常比子房长，两面均被短柔毛；无花盘；子房2~3室，稀4~5室，每室有胚珠2颗，花柱2~5，极短。浆果或浆果状蒴果，卵圆形、纺锤形或圆球形，通常不开裂，外果皮肉质，后变坚硬，硬壳质或革质，内有种子通常1颗；种子有假种皮。

约80种，分布于印度、缅甸、泰国、越南、老挝、柬埔寨、中国、马来西亚、印度尼西亚和波利尼西亚等。我国产1种和1栽培种。迁地栽培1种。

26
木奶果

别名： 山萝葡、野黄皮树、山豆、木荔枝、大连果、黄果树、木来果、树葡萄、枝花木奶果

Baccaurea ramiflora Lour., Fl. Cochinch. 2: 661. 1790.

植株

成熟果实

自然分布

广东、海南、广西和云南。印度、缅甸、泰国、越南、老挝、柬埔寨和马来西亚等。生于海拔100～1300m的山地林中。

迁地栽培形态特征

常绿乔木，高5～10m。

🌿 树皮灰褐色，小枝被糙硬毛，后变无毛。

🍃 叶片纸质，倒卵状长圆形、倒披针形或长圆形，长10～20cm，宽4～9cm，顶端短渐尖，基部楔形，边缘全缘或浅波状，上面绿色，下面黄绿色，两面无毛；侧脉每边7～9条，上面扁平，下面凸

起；叶柄长1.5～8cm。

🌸 单性，雌雄异株，无花瓣；总状花序腋生或茎生，被疏短柔毛，雄花序长5～15cm，雌花序长8～30cm；苞片卵形或卵状披针形，长3～4mm，棕黄色。雄花：萼片4～5，长圆形，外面被疏短柔毛；雄蕊4～8；退化雌蕊圆柱状，2深裂。雌花：萼片4～6，长圆状披针形，长5～7mm，宽2～3mm，外面被短柔毛；子房卵球形，密被锈色糙伏毛，花柱极短，柱头扁平，2裂。

🍒 浆果或浆果状蒴果，卵状或近圆球状，长2～3cm，直径1.5～2cm，黄色后变紫红色，不开裂；种子扁椭圆形或近圆形，长1～1.3cm。

引种信息

西双版纳热带植物园 自云南勐腊（登录号0019750134）引种种子，云南景洪（登录号0019780286）、云南勐腊（登录号0020012103、0020081040）、老挝（登录号3020110013）、泰国（登录号3820021032）引种苗。长势优。

华南植物园 自海南（登录号19800772）、云南马关（19990426）引种种子。长势优，无病虫害。

物候

西双版纳热带植物园 2月中旬萌芽，2月下旬至5月上旬展叶；1月上旬现蕾，2月上旬始花，2月中旬盛花，3月中旬开花末期；2月下旬现幼果，5月下旬果实成熟，6月中旬果实成熟末期。

盛花

雌花序　　雌花　　雌花

叶片　　　　　　小枝背面　　　　　　小枝正面

托叶　　　　　　幼果

　　华南植物园　3月下旬萌芽，4月上旬开始展叶，4月下旬至5月上旬展叶盛期；3月上旬现花序，3月中旬始花，3月下旬至4月上旬盛花，4月中旬末花；4月中旬现幼果，5月中旬成熟，5月下旬至6月上旬脱落。

迁地栽培要点

　　较喜阴，忌强光，耐高温高湿；耐寒，极端最低气温大于−3.6℃。对土壤要求不是很严格，但以排水较好、富含有机质的微酸性红壤土生长表现较好，而石灰岩等偏碱性土壤生长不良。播种或扦插繁殖，种子成熟时，将果实采收，清洗果肉、洗净种子，播于沙床中，2周左右开始发芽。

主要用途

　　根、茎、叶、果均可入药，果具有抗肿瘤活性、有抗氧化活性，叶具有抗炎性。树形呈大伞形，冠幅较大、枝叶茂密，四季常绿，是优良的园林绿化树种。果肉酸甜可口；是典型的野生水果。

浆果乌桕属

Balakata Esser, Blumea. 44: 154. 1999.

　　乔木或灌木。花单性，雌雄同株，稀异株，全株无毛；茎有白色粉末。叶互生；托叶小，不裂，早落；叶柄顶端无腺体；叶片边缘全缘，羽状脉，背面近基部之边缘上有不规则的腺状小点。花顶生或腋生复合圆锥状聚伞花序；苞片在下表面基部具2个大腺体。雄花在花序的顶端部分，小，黄色，5～9簇生在苞片的腋，具明显的花梗；雌蕊无；花萼膜质，杯状，浅2裂；花瓣和花盘无；雄蕊2；花丝离生；花药2室，纵向开裂。雌花在花序的基部，比雄花大，每个苞片腋只有1雌花；花梗短但明显；花萼，很少2深裂，在基部稍融合；无花瓣和花盘；子房2室；每细胞胚珠1，平滑；花柱短；柱头2，反卷，全缘。果为不开裂的浆果，2室，具1或2粒种子；种子近球形，具一薄的肉种皮和石质的种皮，没有颖果。

　　2种，分布于亚洲南部和东南部，我国有1种。植物园引种栽培1种。

　　两种：南亚和东南亚；我国产1种，植物园引种栽培1种。

27
浆果乌桕

Balakata baccata (Roxb.) Esser, Blumea 44: 155. 1999.

自然分布

云南思茅至西双版纳。印度、缅甸、老挝、越南、柬埔寨、马来西亚和印度尼西亚。

迁地栽培形态特征

乔木，高10~15m。

🌿 褐色，树皮糙，嫩枝具细纵棱，有白色粉末。

🍃 叶片纸质，卵形或长卵形，长10~12cm，宽8~9cm，顶端短渐尖，基部钝圆或近短狭，边缘全缘，背面近基部之边缘上有不规则的腺状小点；中脉粗壮，在背面显著凸起，侧脉10~11对；叶柄纤细，长3~9cm，顶端无腺体；托叶很小，早落。

🌸 单性，雌雄同株，总状花序或下部稍有分枝的圆锥花序，花序长4~12cm，雌花生于花序轴最下部，雄花生于花序轴上部或整个花序全为雄花。雄花：花梗纤细，长2~3mm；苞片阔卵形，长1~1.2mm，宽约1.8mm，顶端钝或略短尖，基部两侧各具1长圆形，长1.5~2mm的具网状裂纹的腺体，每苞内约有6朵花聚生；小苞片狭，线形，长约1mm；花萼不规则2裂，裂片具不整齐的细齿；雄蕊2枚，伸出于花萼之外，花药球形。雌花：花梗粗壮，长1.5~2mm；苞片与雄花的相似，每苞片内仅有1朵花；花萼2深裂，裂片卵形；子房球形，平滑，2室，花柱近离生。

🍒 果为不开裂的浆果，直径6~7mm，具1~2种子；种子近球形，直径约5mm。

引种信息

西双版纳热带植物园 自云南勐腊（登录号00,1975,0033）引种种子、云南景洪（登录号00,2008,1178）引种苗。长势良好。

物候

西双版纳热带植物园 2月上旬萌芽，2月下旬至5月上旬展叶；3月下旬始花，4月盛花，5月上旬末花；4月下旬现幼果，7月果实成熟。10月至翌年1月落叶。

迁地栽培要点

阳性植物，半日照也能生长，但过于荫蔽会影响开花结果；对土壤要求不高，但土壤长期潮湿或排水不良会引起根部腐烂死亡。几无病虫害，偶见白蚁蠹树干而致植株死亡。

主要用途

药用，具有杀虫、解毒、利尿、通便等功效。可用于治疗血吸虫病、肝硬化腹水、大小便不利、毒蛇咬伤；外用治疗疮、鸡眼、乳腺炎、跌打损伤、湿疹、皮炎。也可作园林绿化。

植株

雄花序

花序

幼果

叶片

秋枫属

Bischofia Bl., Bijdr.1168.1826.

大乔木，有乳管组织，汁液呈红色或淡红色。叶互生，三出复叶，稀5小叶，具长柄，小叶片边缘具有细锯齿；托叶小，早落。花单性，雌雄异株，稀同株，圆锥花序或总状花序腋生，花序通常下垂；无花瓣及花盘；萼片5，离生。雄花：萼片镊合状排列，初时包围着雄蕊，后外弯；雄蕊5，分离，与萼片对生，花丝短，花药大，药室2；退化雌蕊短而宽，有短柄。雌花：萼片覆瓦状排列，形状和大小与雄花的相同；子房上位，3室，稀4室，每室有胚珠2颗，花柱2～4，长而肥厚，顶端伸长，直立或外弯。浆果圆球形，不分裂，外果皮肉质，内果皮坚纸质；种子3～6粒，长圆形，无种阜，外种皮脆壳质。

2种，分布于亚洲南部及东南部至澳大利亚和波利尼西亚。我国产2种，分布于西南、华中、华东和华南等地区。

秋枫属分种检索表

1. 常绿或半常绿乔木；小叶片基部宽楔形或钝，叶缘锯齿较疏；圆锥花序··········
················28. 秋枫 **B. javanica**
2. 落叶乔木；小叶片基部圆或浅心形，叶缘锯齿较密；总状花序··········
29. 重阳木 **B. polycarpa**

28
秋枫

别名： 万年青树、赤木、茄冬、加冬、秋风子、木梁木

Bischofia javanica Bl., Bijdr. 1168.1825.

嫩叶

自然分布

陕西、江苏、安徽、浙江、江西、福建、台湾、河南、湖北、湖南、广东、海南、广西、四川、贵州、云南等。印度、缅甸、泰国、老挝、柬埔寨、越南、马来西亚、印度尼西亚、菲律宾、日本、澳大利亚和波利尼西亚等。生于海拔800m以下山地潮湿沟谷林中或平原栽培，尤以河边堤岸种植或行道树为多。

迁地栽培形态特征

常绿大乔木，高达40m。

🌿 树皮浅褐色，无纵裂沟纹，小枝平滑无毛，老树皮粗糙；具有红色汁液。

🍃 三出复叶，叶片薄革质，总叶柄长4~15cm；小叶长圆形、椭圆形至阔卵形，长7~15cm，宽3~8cm，顶端急尖或短尾状渐尖，基部楔形或宽楔形，边缘具浅圆锯齿；仅幼叶叶脉被疏毛，老叶无毛；中脉和侧脉在上面稍凹陷，在下面凸起，干后明显。

🌸 雌雄异株，圆锥花序腋生，无花瓣和花盘；雄花序长6~10cm，微被柔毛，雌花序长9~15cm，下垂；雄花：花小，花径约2mm，萼片5，微被柔毛；雄蕊5枚；退化雌蕊盾状；雌花：萼片5，长卵形或阔披针形，长约1.5mm，微被柔毛；无不育雄蕊；子房圆卵形，无毛，花柱3，顶端不分裂。

🍂 核果近球形，褐色或黄褐色，直径约1cm；种子倒卵形，褐色，长约5mm。

引种信息

西双版纳热带植物园 自云南勐腊（登录号0020012109、0020080870、0020081045）、云南景洪（登录号0020081174）引种苗，福建福州（登录号0020140575）、老挝（登录号3020020027、3020030230）引种种子。长势良好。

华南植物园 自广东惠州（登录号19980632）引种种子。长势优。

武汉植物园 自四川成都（登录号043145）、四川峨眉山（登录号034109）引种苗。长势一般。

物候

西双版纳热带植物园 2月中旬萌芽，2月下旬至6月下旬展叶；4月上旬现蕾，5月上旬至8月中旬开花，8月下旬至12月下旬果期。

华南植物园 2月上旬萌芽，3月上旬展叶，3月下旬至4月中旬展叶盛期；3月上旬现花蕾，3月中旬始花，3月中旬至3月下旬盛花，3月下旬末花；4月上旬现幼果，9月下旬果实成熟，11月下旬至12月上旬果实脱落。

迁地栽培要点

喜光照、高温多湿环境，不耐旱，生育适温为20～32℃，栽培土质以肥沃的砂质壤土为宜。主要病虫害有丛枝病和锦斑蛾、红蜡介壳虫、褐边绿刺蛾等蛾类危害，可用90%敌百虫晶体或80%敌敌畏乳油2000倍液，或40%乐果乳油1000～1500倍液，或50%杀螟乳油或50%辛硫磷乳油1000倍液，或2.5%溴氯菊酯乳油1500倍液，喷雾毒杀幼虫。

主要用途

树形高大美观，可作行道树或庭园绿化。种子含油率30%～54%，可以食用，也可作润滑油或作为生物柴油原料。木材较坚硬、质重，是良好的建筑用材。药用，有祛风消肿之功效，主治风湿骨疼、痢疾等。

植株　　果实　　果枝　　雄花　　雄花序　　花枝　　果实

29
重阳木

别名： 乌杨、茄冬树、红桐

Bischofia polycarpa (H. Lév.) Airy Shaw, Kew Bull. 27: 271. 1972.

植株　　　果枝

自然分布

秦岭、淮河流域以南至福建和广东北部。生于海拔1000m以下山地林中。

迁地栽培形态特征

落叶乔木，高达15m，全株无毛。植株体具有红色或淡红色汁液。

🌿 树皮暗褐色，浅纵裂，当年生枝绿色，皮孔明显，灰白色；老枝变褐色，皮孔变锈褐色。

🍃 叶片纸质，三出复叶，叶柄6～15cm，小叶片卵圆形、近圆形或卵状椭圆形，长5～10cm，宽4～7cm，顶端突尖或长渐尖，基部圆、平截或浅心形，边缘具钝细锯齿；侧脉纤细，干后明显；托叶小，早落。

🌸 单性，雌雄异株，春季与叶同时开放，总状花序，生于新枝叶腋；雄花序长3～6cm；雌花序长7～10cm；苞片卵状三角形，长约mm。雄花：萼片5，半圆形，膜质；雄蕊5枚，花丝短；有明显的退化雌蕊。雌花：萼片与雄花的相同，有白色膜质的边缘；无不育雄蕊；子房3～4室，无毛，每室2胚珠，花柱2～3，顶端不分裂。

🍒 核果近球形，褐色，直径6～7mm；果梗长约1cm；种子近椭圆形，黑色，长约4mm。

引种信息

华南植物园 自海南吊罗山（登录号19731133）、广东惠州（登录号19980633）引种种子，广东广州（登录号20075069）引种苗。生长良好。

物候

桂林植物园 3月上旬萌芽，3月下旬展叶，4月上旬至4月中旬展叶盛期；4月上旬现花蕾，4月中旬始花，4月中旬盛花，4月下旬末花；4月下旬现幼果，9月下旬果实成熟，11月下旬果实脱落。

华南植物园 2月下旬萌芽，3月上旬开始展叶，3月中旬至4月上旬展叶盛期；3月中旬现花蕾，3月中旬始花，3月下旬至4月上旬盛花，4月上旬末花；4月中旬现幼果，9月下旬成熟，11月下旬至12月上旬果实脱落。

南京中心植物园 3月下旬萌芽，4月上旬展叶，4月中旬至5月上旬展叶盛期；4月上旬现花蕾，4月上旬始花，4月中旬，4月下旬末花；5月上旬现幼果，10月中旬果实成熟，11月上旬至11月中旬脱落。

迁地栽培要点

喜光照、高温多湿环境，不耐旱，适温为20～32℃，栽培土质以肥沃的砂质壤土为宜。重阳木主要病虫害有丛枝病和锦斑蛾、红蜡介壳虫、褐边绿刺蛾等蛾类危害，可用90%敌百虫晶体或80%敌敌畏乳油2000倍液，或40%乐果乳油1000～1500倍液，或50%杀螟乳油或50%辛硫磷乳油1000倍液，或2.5%溴氯菊酯乳油1500倍液，喷雾毒杀幼虫。

果枝

主要用途

　　树形高大美观，可作行道树或庭园绿化。种子含油率约30%，可以食用，也可作润滑油、肥皂。木材较坚硬、质重，是良好的建筑用材。

花枝

果实

叶片

叶背面

留萼木属

Blachia Baill., Étude Euphorb. 385. 1858.

灌木。叶互生，边缘全缘，稀分裂，羽状脉；叶柄短。花雌雄同株，异序，花序顶生或腋生，雄花序总状，花在总花梗顶部密生或疏生，花梗细长；雌花序有花数朵，排成伞形花序状或总状，有时雌花单朵或数朵生于雄花序基部，花梗上部较粗不呈棒槌状；雄花：萼片4～5枚，覆瓦状排列；花瓣4～5枚，较萼片短；腺体鳞片状；雄蕊10～20枚，着生于凸起的花托上，花丝离生；不育雌蕊缺；雌花：萼片5枚，无腺毛，花后增大或稍增大，无花瓣；花盘环状或分裂；子房3～4室，每室有胚珠1颗，花柱3枚，离生，各2裂。蒴果稍扁球形，具3纵沟；种子无种阜，胚乳肉质，子叶宽且扁。

约10种，分布于亚洲热带地区。我国约3种。引种栽培2种。

留萼木属分种检索表

1a. 叶片较大，卵状披针形、倒卵形、长圆形至长圆状披针形；子房无毛 …………
……………………………………………………………… 30. 留萼木 *B. pentzii*
1b. 叶片较小，倒卵状椭圆形，长 2～4.5cm，宽 1.5～2.5cm；子房被疏长柔毛 …
……………………………………………………… 31. 海南留萼木 *B. sia...*

30
留萼木

别名： 柏启木

Blachia pentzii (Müll. Arg.) Benth., Journ. Linn. Soc., Bot. 17: 266. 1878.

植株

自然分布

广东和海南。越南。生于山谷、河边的林下或灌木丛中。

迁地栽培形态特征

常绿灌木，高0.5～1m，具白色乳汁。

🌿 枝条灰白色，密生突起皮孔，无毛。

🍃 叶片纸质至近革质，形状、大小变异较大，卵状披针形、倒卵形、长圆形至长圆状披针形，长3～10cm，宽1～4cm，顶端短尖至长渐尖，基部渐狭、阔楔形或钝，有时偏斜，边缘全缘，两面无毛；中脉在上面平，下面凸起，侧脉6～9对。

🌸 单性，雌雄同株异序，顶生或腋生，无毛。雄花：总状花序，总花梗长2～8cm；花梗细长，长8～12mm；萼片4～5，近圆形，长约3mm；花瓣4～5，宽倒卵形，顶端平截或微凹，长约1mm，黄色；雄蕊10～20枚。雌花：伞形花序状，总花梗长1～2.5cm，花梗长5～10mm，花后伸长，上端增粗；萼片5，卵形至卵状披针形，长3～4mm；腺体4～5枚；子房球形，无毛，花柱3枚，线状，2深裂至近基部。

🍎 蒴果近球形，顶端稍压扁，直径7～8mm，无毛，萼片宿存；种子卵状至椭圆状，黑褐色，有斑纹，长约5mm。

引种信息

华南植物园　自海南（登录号20011174）、海南保亭（登录号20051995）引种苗。长势良好。

西双版纳热带植物园　2001年自云南红河（登录号0020014009）引种苗。长势良好。

物候

华南植物园　3月中旬萌芽，4月上旬开始展叶，4月中旬至5下旬展叶盛期；2月下旬现花蕾，3月下旬至4月上旬始花，4月下旬至9月上旬盛花，9月中旬至12月下旬末花，有时至翌年1月；果实10月至翌年2月成熟。

西双版纳热带植物园　2月上旬萌芽，2月下旬至7月上旬展叶；12月上旬现蕾，2月中旬始花，2月下旬盛花，7月下旬开花末期；7月中旬幼果现，10月中旬果实成熟，3月上旬果实脱落。

迁地栽培要点

喜温暖湿润环境，在全光或半阴条件均可，但半阴条件下生长更好。宜种植于土壤肥沃、透气、排水良好的土壤中。播种或扦插繁殖。未见病虫害。

主要用途

叶色光泽靓丽，枝条纤细婀娜，适合盆栽或岩石园配置。

雌花　花蕾　雄花　雌花　叶正面　叶背面　幼果

31
海南留萼木

Blachia siamensis Gagnep., Bull. Soc. Bot. France 71: 620. 1924.

自然分布

海南。生于沿海低山或海滨干燥疏林中。

迁地栽培形态特征

常绿灌木，高0.5~1.5m。

🌿 嫩枝被细柔毛，嫩枝被短柔毛，老枝无毛，有时具木栓质狭棱。

🍃 叶片纸质或近革质，倒卵状椭圆形，长2~4cm，宽1.5~2.5cm，顶端圆形，稀微凹，基部阔楔形，稀近圆形，边缘全缘，边缘明显背卷，两面无毛；侧脉3~5对，在近叶缘处叉开成网状消失；叶柄长5~10mm。

🌸 雄花序总状，顶生，长约5cm，着花4~6朵；花梗纤细，长10~15mm；萼片5，倒卵形，上部疏被短柔毛；花瓣5，倒三角形，长约0.7mm，白色；花盘腺体5；雄蕊约20枚，花丝离生，花药圆形。雌花1~4朵生于小枝顶端或近顶端叶腋，花梗长约5mm，疏被短柔毛；萼片5枚，卵状三角形，长约1.5mm，被疏柔毛；子房被疏长柔毛，后无毛，花柱3枚，基部0.5mm以下合生，上部2深裂，线形（注：未见开花）。

🍇 蒴果近球形，直径约8mm，无毛；种子椭圆形，长约5mm，直径约2.5mm，暗棕色，有灰棕色斑纹（注：植物园栽培条件下，未见结果）。

引种信息

华南植物园 自海南（登录号20030711）引种苗。长势较差。

物候

华南植物园 3月上旬萌芽，3月下旬展叶，4月中旬至5月上旬展叶盛期；未见开花结果。

迁地栽培要点

喜温暖湿润环境，在全光或半阴条件均可，但光照条件较好的栽培环境生长更好，栽培环境过于荫蔽时长势较弱，且难以开花。播种或扦插繁殖。

主要用途

园林绿化配置或盆栽观赏。

植株

嫩叶

叶正面

叶背面

叶片

茎

121

黑面神属

Breynia J. R. Forst. et G. Forst., Char. Gen. Pl. 73. 1775.

灌木或小乔木。单叶互生，二列，叶片边缘全缘，干时常变黑色，羽状脉，具有叶柄和托叶。花雌雄同株，单生或数朵簇生于叶腋，具有花梗；无花瓣和花盘；雄花：花萼呈陀螺状、漏斗状或半球状，顶端边缘通常6浅裂或细齿裂；雄蕊3，花丝合生呈柱状，花药2室，纵裂；无退化雌蕊；雌花：花萼半球状、钟状至辐射状，6深裂或6浅裂，稀5浅裂，结果时常增大而呈盘状；子房3室，每室有胚珠2颗，花柱3，顶端通常2裂。蒴果常呈浆果状，不开裂，外果皮多少肉质，干后常变硬，具有宿存的花萼；种子三棱状，面狭而稍凸起，其余两面宽而平，种皮薄，无种阜，胚乳丰富，肉质，胚弯曲，子叶略宽而扁。

约26种，主要分布于亚洲东南部，少数在澳大利亚及太平洋诸岛。我国产5种，分布于西南部、南部和东南部。引种栽培4种。

黑面神属分种检索表

1a. 嫩叶白色，成熟时叶片绿色带白色斑纹 ……… **32. 二列黑面神 Breynia disticha**
1b. 嫩叶和成熟叶均绿色。
  2a. 叶片革质；雌花常簇生叶腋，果时宿存花萼呈盘状 … **33. 黑面神 *B. fruticosa***
  2b. 叶片纸质或近革质；雌花常单生叶腋，果时宿存花萼不呈盘状。
    3a. 小枝四棱形；雄蕊合生呈三角状，花药在下侧，药隔尖而伸出花药之外；蒴果顶端平滑而无喙状花柱 ………………………… **34. 钝叶黑面神 *B. retusa***
    3b. 小枝扁压状；雄蕊合生呈柱状，花药沿着边平行，药隔钝不伸出花药之外；蒴果顶端具宿存喙状花柱 ………………… **35. 喙果黑面神 *B. rostrata***

32
二列黑面神

别名： 雪花木、彩叶山漆茎、白雪树

Breynia disticha J. R. Forst. et G. Forst., Char. Gen. Pl. 73 1775.

自然分布

玻利维亚。

迁地栽培形态特征

常绿灌木，高1~2m。

🌿 小枝无毛，嫩枝具棱。

🍃 互生，二列，在小枝上排列似羽状复叶；叶片纸质、卵形、宽卵形或卵圆形，顶端圆钝或微凹，基部圆或宽楔形，两侧不对称，长1.5~3.5cm，宽1~3cm，无毛，边缘全缘；嫩叶白色，成熟时绿色带白色斑纹，老叶绿色；侧脉4~5对；托叶三角状卵形，长约2mm。

🌸 单性，雌雄同株，单生或几朵腋生，陀螺形，无花瓣和花盘。雄花：1~3朵生于叶腋，花梗纤细，长1~1.2cm，无毛；花萼呈陀螺状，顶端边缘6浅裂，裂片；雄蕊3，花丝合生呈柱状。雌花：花萼钟状，6深裂，结果增大而呈盘状，卵圆形，长2~3mm，宽2~3mm，顶端圆形，花萼裂片白色、黄白色或绿色，一般白色或黄白色萼片较绿色萼片大；子房3室，花柱3，顶端2浅裂。

🍎 蒴果呈浆果状，直径1~1.2cm，不开裂，具有宿存的花萼。

引种信息

华南植物园 自广州陈村花卉世界（登录号20081047）引种苗。长势良好。

物候

华南植物园 3月下旬现花蕾，4月中旬始花，5月上旬至6月中旬盛花，6月下旬至7月下旬末花；9月份二次开花，花期延续至12月中旬左右；5月下旬现幼果，9月下旬成熟。

迁地栽培要点

喜高温，耐寒性差，生长适温22~30℃。需全日照或半日照，阴暗处时间过长，植株徒长，株形松散。栽培宜用疏松肥沃、排水良好的砂质土壤。扦插繁殖。

主要用途

园林观赏。适合小区、庭院、公园等园林绿地配置，可作绿篱、孤植、群植，或点缀于林缘、坡地、路边等。

植株

叶正面

叶背面

嫩叶

雌花

雌花

雄花

33
黑面神

别名： 四眼叶、青丸木、鬼画符

Breynia fruticosa (L.) Hook. f., Fl. Brit. Ind. 5: 331. 1887.

自然分布

浙江、福建、广东、海南、广西、四川、贵州、云南等。泰国、越南。散生平原旷野灌木丛或林缘至海拔450m以下的山坡疏林或次生林下，或路旁干旱灌丛中。

迁地栽培形态特征

常绿灌木，高0.5~3m，全株无毛。

🌿 茎皮灰褐色，枝条上部扁平；小枝绿色，平滑。

🍃 叶片革质，菱状卵形、卵形或阔卵形，长2~3.5cm，宽1.5~2cm，顶端钝或急尖，基部宽楔形，上面深绿色，下面粉绿色；侧脉每边3~5条；叶柄长3~4mm；托叶三角形，长约2mm。

🌸 单性，雌雄同株，单生或2~4朵簇生叶腋，无花瓣和花盘；雄花：生于小枝下部，花梗长约2.5mm；花萼倒圆锥状，长约2mm，顶端6齿裂；雄蕊3，花丝合生呈柱状；雌花：生于小枝上部，花萼钟状，红色，直径约5mm，6浅裂，几全等，宽约3mm，上部辐射张开呈盘状；子房卵形，花柱3，顶端2深裂，裂片外弯。

🍎 蒴果，圆球形，直径6~7mm，具宿存花萼，宿存花萼呈盘状。

引种信息

西双版纳热带植物园 自云南勐腊（登录号0020000673）引种苗。长势中等。

华南植物园 自广东阳春（登录号20030993）引种苗。长势良好。

武汉植物园 自广西龙州（登录号057839）引种苗。长势良好。

物候

西双版纳热带植物园 2月中旬萌芽，3月上旬至5月中旬展叶；3月中旬现蕾，3月下旬始花，4月上旬盛花，5月下旬开花末期；4月上旬幼果现，5月下旬果实成熟，6月下旬果实成熟末期。

华南植物园 2月下旬萌芽，3月上旬开始展叶，3月中旬至4上旬展叶盛期；3月上旬现花蕾，3月中旬始花，3月下旬至5月上旬盛花期，5月中旬至6月上旬末花；3月下旬幼果出现，5月上旬果实成熟，7月上旬果实成熟末期。

武汉植物园 3月中旬萌芽，4月下旬展叶，5月中旬至5月下旬展叶盛期；5月下旬始花，6月中旬盛花，6月下旬末花；7月上旬现幼果，9月上旬果实成熟。

迁地栽培要点

阳生植物，喜光，在全光条件下栽培；耐干旱、瘠薄土壤，宜种植于排水、透气良好的酸性土壤中。播种繁殖，种子不耐储存，在南方热带地区宜采收后及时播种。

主要用途

　　具有清热祛湿、活血解毒的功效，主要用于腹痛吐泻、湿疹、缠腰火丹、皮炎、漆疮、风湿痹痛、产后乳汁不通、阴痒等症的治疗。园林绿化配置。

植株

花枝

雌花

幼果

枝条

成熟果实

34
钝叶黑面神

别名： 地石榴、跳八丈、小柿子、小叶黑面神

Breynia retusa (Dennst.) Alston, Ann. Roy. Bot. Gard. (Peradeniya).11: 204. 1929.

自然分布

贵州、云南、西藏。印度、斯里兰卡、缅甸、泰国、越南等。

迁地栽培形态特征

常绿灌木。

🌿 小枝四棱形，无毛。

🍃 叶片革质，椭圆形，长1.5～2.5cm，宽7～15mm，顶端钝至圆形，基部圆形，上面绿色，近叶缘处密被小鳞片，下面粉绿色；侧脉每边4～5条；叶柄长1～2mm；托叶卵状披针形，长约1mm。

🌸 单花腋生，小、黄绿色；花梗纤细，长5～8mm，雄花多，雌花少。雄花：花萼陀螺状，长2～3mm，顶端6裂；雄蕊3，合生呈柱状，药隔尖而伸出花药之外。雌花：花萼盘状，顶端6裂；子房3室，每室2胚珠，花柱3，粗短，柱头短2裂。

🍎 蒴果，圆球状，直径0.8～1cm；果皮肉质，成熟后橙红色，不开裂，花萼宿存，宿存花萼不呈盘状。

引种信息

西双版纳热带植物园 自云南景洪（登录号00,2001,0159）引种苗。长势一般。

物候

西双版纳热带植物园 3月中旬萌芽，3月下旬至4月上旬展叶；8月下旬现蕾，9月上旬始花，9月下旬盛花；9月下旬现幼果，翌年2月中旬成熟。11月上旬至翌年2月落叶。

迁地栽培要点

喜阳树种，在荫蔽环境中生长不良，适宜于亚热带和热带栽培。种子播种或扦插繁殖。几无病虫害，偶见白蚁和毛虫。

主要用途

根入药，有小毒，治妇科疾病，预防流行性脑炎；叶捣汁，治湿疹皮炎、皮肤疮毒等。

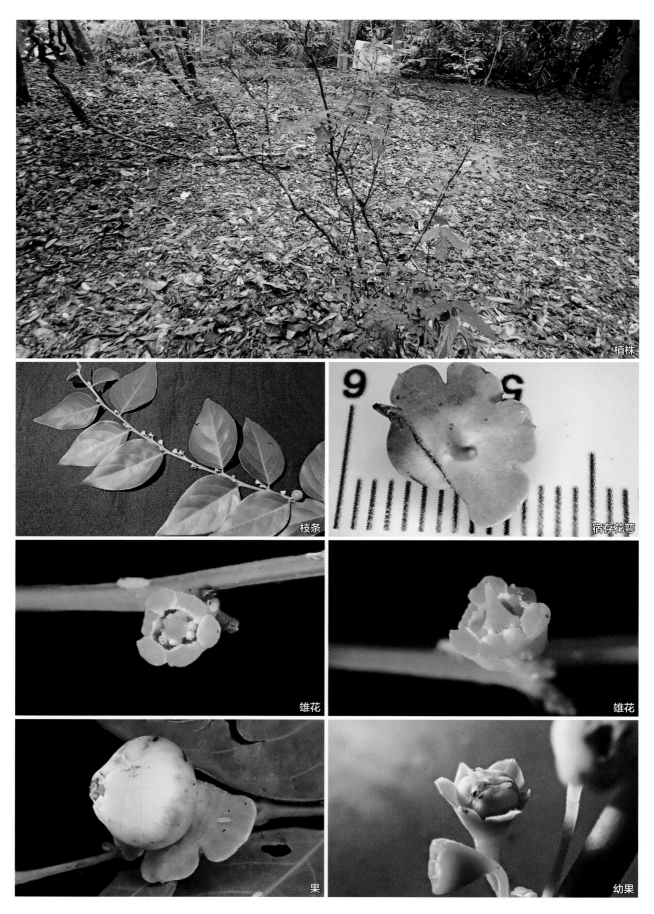

植株

枝条

宿存花萼

雄花

雄花

果

幼果

35
喙果黑面神

别名：尾叶黑面神、小面瓜、粗喙黑面神

Breynia rostrata Merr., Philipp. Journ. Sci. Bot. 21: 346. 1927.

果枝

自然分布

福建、广东、海南、广西和云南等。越南。

迁地栽培形态特征

常绿灌木。

🌿 小枝压扁状，无毛，干后黑色。

🍃 叶片革质，卵状披针形，长2～4cm，宽1～2.2cm，顶端渐尖，基部圆钝，上面绿色，下面灰绿色；侧脉每边3～5条；叶柄长3～4mm；托叶三角状披针形，长2mm。

🌸 黄色，3～4朵雌花与雄花同簇生于叶腋内。雄花：花梗长约6mm；花萼漏斗状，顶端6细齿裂，直径2～3mm。雌花：花梗长约4mm；花萼6裂，3片大，宽卵形，约3mm，3片小，卵形，顶端急尖，花后常反折，结果时不增大；子房圆球状，长2～3mm，花柱顶端2深裂。

🍎 蒴果圆球状，直径6～8mm，顶端具有宿存喙状花柱；果时宿存花萼部呈盘状；种子长约3mm。

引种信息

西双版纳热带植物园 自云南元江（登录号00,2009,1382）引种苗。长势良好。

物候

西双版纳热带植物园 2月下旬至3月上旬萌芽，3月下旬至4月中旬展叶；3月中旬始花，4月上旬至10月中旬盛花，4月上旬现幼果，11月下旬果实成熟；11月上旬至翌年1月下旬落叶。

迁地栽培要点

阳性和中性树种，适应性强，只要排水良好的普通土壤都能生长良好，适应亚热带和热带栽培。播种繁繁殖。几无病虫害。

主要用途

根和枝叶均可入药，具有清湿热、化淤滞的功效。也可用作园林绿化配置。

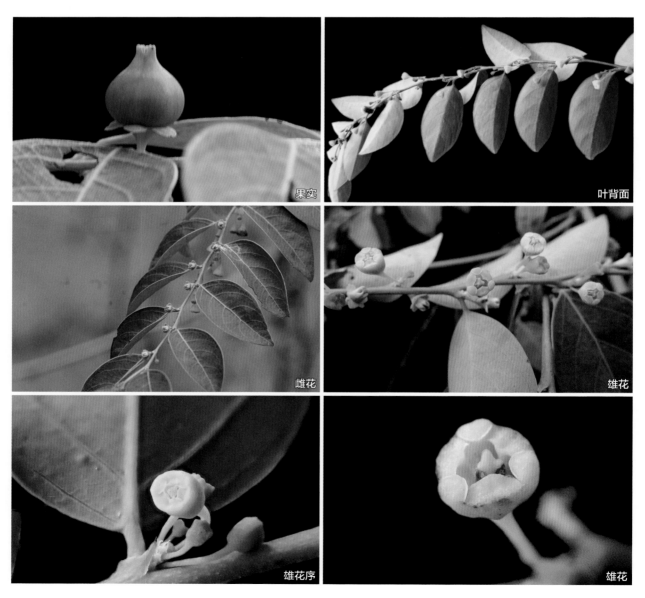

果实

叶背面

雌花

雄花

雄花序

雄花

土蜜树属

Bridelia Willd., Sp. Pl. 4(2): 978. 1806.

　　乔木或灌木，稀木质藤本。单叶互生，叶片全缘，羽状脉，具叶柄和托叶。花小，单性同株或异株，多朵集成腋生的花束或团伞花序；花5数，有梗或无梗；萼片镊合状排列，果时仍宿存；花瓣远比萼片小，鳞片状；雄花：花盘杯状或盘状；花丝基部连合，包围退化雌蕊，花药背部着生，内向，药室2，平行，纵裂；退化雌蕊圆柱状或倒卵状，有时圆锥状，顶端2~4裂或不裂；雌花：萼片5，果时不增大；花盘圆锥状或坛状，包围着子房；子房2室，每室有2颗胚珠，花柱2，分离或基部合生，顶端2裂或全缘。核果或为具肉质外果皮的蒴果，1~2室，每室有1~2粒种子；种子具纵沟纹。

　　约60种，分布于东半球热带及亚热带地区。我国产7种，分布于东南部、南部和西南部。引种栽培3种。

土蜜树属分种检索表

1a. 叶片近革质，边缘反卷；核果 1 室 …………………………… 36. 禾串树 ***B. balansae***
1b. 叶片纸质，边缘不反卷；核果 2 室
　2a. 叶片大，长 8~22cm，宽 4~13cm，顶端具短突尖；小枝、叶片和叶柄均无毛
　　…………………………………………………………… 37. 大叶土蜜树 ***B. retusa***
　2b. 叶片小，长 3~10cm，宽 1.5~5cm，顶端钝或急尖；小枝、叶片和叶柄均被毛
　　…………………………………………………………… 38. 土蜜树 ***B. tomentosa***

36
禾串树

别名： 大叶逼迫子、禾串土蜜树、刺杜密

Bridelia balansae Tutch., J. Linn. Soc., Bot. 37: 66. 1905.

自然分布

福建、台湾、广东、海南、广西、四川、贵州、云南等。印度、泰国、越南、印度尼西亚、菲律宾和马来西亚等。生于海拔300~800m山地疏林或山谷密林中。

迁地栽培要点

常绿乔木，高8~12m。

🌿 树皮黄褐色，近平滑；小枝灰白色，有明显凸起皮孔，无毛。

🍃 叶片近革质，椭圆形或长椭圆形，长5~15cm，宽1.5~4.5cm，顶端渐尖或尾状渐尖，基部楔形，无毛，上面深绿色，下面灰白色，边缘反卷；新叶浅红色，成熟叶深绿色；侧脉每边5~11条；叶柄长3~10mm；托叶线状披针形，长3~8mm，微被柔毛。

🌸 单性，雌雄同序，密集成腋生的团伞花序；萼片和花瓣被黄色柔毛。雄花：直径5~7mm，花梗长约1mm；萼片5，三角形，长约2.5mm，宽2mm；花瓣匙形，长约为萼片的1/3；雄蕊5，花丝基部合生；退化雌蕊卵状锥形。雌花：直径5~7mm，花梗长约1mm；萼片5，三角形，长约2.5mm，宽2mm；花瓣菱状圆形，长约为萼片一半；花盘坛状；子房卵圆形，花柱2，分离，顶端2裂，裂片线形。

🍒 核果长卵形，长8~12mm，成熟时紫黑色，1室；种子椭圆形，具有纵向槽。

引种信息

西双版纳热带植物园 自云南澜沧（登录号0020022497）、云南景洪（登录号0020080636）引种苗。长势良好。

华南植物园 自广西十万大山国家森林公园（登录号19851415）、1963年来源不详（登录号19630011）引种种子，2003年自海南（20030735）引种苗。长势优。

物候

西双版纳热带植物园 3月上旬萌芽，3月下旬至5月上旬展叶；8月中旬现蕾，8月下旬始花，9月上旬盛花，10月中旬开花末期；9月下旬现幼果，11月上旬果实成熟，12月下旬果实成熟末期。

华南植物园 3月中旬萌芽，3月下旬开始展叶，4月下旬至5月中旬展叶盛期；4月上旬现花蕾，4月下旬始花，6月下旬至7月中旬盛花，8月下旬末花；7月下旬现幼果，12月上旬果实成熟，翌年2~3月成熟末期。

迁地栽培要点

阳性植物，喜湿润、阳光充足环境。对土壤要求不严，但以土壤肥沃富含腐殖质时生长更好。一般采用播种繁殖，种子采收稍储藏后即可播种。有少量幼蛾吃嫩叶，未见其他病虫害。

主要用途

木材纹理通直、结构细致，材质较硬较轻，干燥后不开裂、不变形，耐腐，加工容易，可供建筑、家具、车辆、农具、器具等用材。树皮含鞣质，可提取栲胶。树形美观，枝叶浓绿，可作园林绿化树种。

植株　叶正面　叶背面　雄花侧面　雄花　雄花序　幼果　成熟果实

37

大叶土蜜树

别名：虾公木、华南逼迫子

Bridelia retusa (L.) A. Juss., Euphorb. Gen. 109. 1824.

自然分布

湖南、广东、海南、广西、贵州和云南等。生于海拔150～1400m山地疏林中。

迁地栽培形态特征

落叶乔木，高7～10m。

🌳 树皮灰褐色；小枝灰绿色，具有纵条纹和黄白色皮孔；除苞片两面、花梗和萼片外面被柔毛外，全株均无毛。

🍃 纸质，倒卵形，有时长圆形，长8～22cm，宽4～13cm，顶端圆或截形，具小短突尖，稀微凹，基部钝、圆或浅心形；新叶红色；叶脉在叶面扁平，在叶背凸起，边缘不反卷，侧脉每边13～19条，近平行，直达叶缘而网结，网脉明显，近平行，与侧脉相连；叶柄长约1.2cm，稍粗壮，无毛；托叶早落，在叶柄基部两侧留有线形的托叶痕。

🌸 花小，黄绿色，雌雄异株；穗状花序腋生或在小枝顶端由3～9个穗状花序再组成圆锥花序状，长10～20cm；苞片卵状三角形，长2.5～3mm。雄花：萼片长圆形，长2mm，基部宽1mm；花瓣倒卵形，长约1mm，膜质，顶端有3～5齿；花丝基部合生而包围着退化雌蕊的基部，花药宽卵形；退化雌蕊柱状，顶端不分裂；花盘杯状。雌花：萼片长圆形，长2mm，基部宽1mm；花瓣匙形，长约1mm，膜质；雌蕊长2mm，子房卵圆形，长1mm，花柱2，顶端2裂；花盘坛状。

🍂 核果卵形，长7～8mm，直径4～6mm，黑色，2室。

引种信息

桂林植物园　1979年自广西龙州（品种号不详）引种苗。长势良好。

物候

桂林植物园　3月下旬至4月上旬萌芽，4月下旬开始展叶，5月上旬至5月下旬展叶盛期；5月中旬现花序，6月上旬始花，6月下旬到7月上旬盛花，7月中旬至下旬末花；11月叶子开始变色，2～3月落叶休眠。果期8月至翌年1月。

迁地栽培要点

喜阳，性喜温暖的气候环境，对栽培土壤要求不严格，适宜于我国南亚热带及干热河谷地区栽培。播种繁殖。几无病虫害。

主要用途

全株可治小儿麻痹后遗症；叶治外伤出血、跌打损伤；根治感冒、神经衰弱、月经不调等。树皮含鞣质，可提取栲胶。叶形美观，新叶红色，可用行道树或公园、庭院栽培观赏。

植株

叶正面

叶背面

雌花

雄花

幼果

雄花侧面

38

土蜜树

别名： 逼迫子、夹骨木、猪牙木

Bridelia tomentosa Bl., Bijdr. 597. 1825.

植株

自然分布

福建、台湾、广东、海南、广西和云南。亚洲东南部，经印度尼西亚、马来西亚至澳大利亚。生于海拔50～1500m山地疏林中或平原灌木林中。

迁地栽培形态特征

常绿灌木或小乔木，高2～5m。

🌲 树皮呈灰褐色，具浅裂纹和橙黄色凸起皮孔，小枝密被黄褐色柔毛。

🍃 叶片纸质，长圆形、长椭圆形或倒卵状长圆形，长3～10cm，宽1.5～5cm，顶端急尖或钝，宽楔形至钝圆，叶背灰白色，上面出叶脉外无毛，下面密被柔毛；侧脉8～12对，中脉和侧脉在上面明显，稍下陷，在背面凸起；叶柄长3～5mm；托叶线状披针形，长3～5mm。

🌸 单性，雌雄同株，簇生于叶腋。雄花：花梗极短，萼片5，三角形，长约1.5mm，宽约1mm，无毛；花瓣倒卵形，长约1mm，顶端具3～5齿裂；花盘浅杯状，黄色；雄蕊5枚，花丝基部合生，上部外展；退化雌蕊柱状，长0.5mm。雌花：几无花梗；花萼同雄花；花瓣舌形或长圆形，顶端全缘或具小齿裂；花盘坛状，包围子房；子房2室，卵圆形，花柱2，2深裂。

 核果近球形，直径约6mm，2室。

引种信息

西双版纳热带植物园 自云南元江（登录号0020080712）引种苗。长势较差。

华南植物园 本园野生，乡土植物。几无病虫害。适合热带及亚热带温暖地区引种栽培。

物候

华南植物园 2月下旬萌芽，3月上旬开始展叶，3月下旬至4月中旬展叶盛期；3月下旬现花蕾，4月中旬始花，4月下旬至5月中旬盛花，5月下旬至6月上旬开花；6月上旬现幼果，10月果实成熟。

迁地栽培要点

喜阳，也有一定的耐阴性，喜南方高温暖气候环境；耐干旱耐瘠，对土质的要求不高，种植于排水良好的土壤即可，适合于用作绿化先锋树种。种子繁殖。结实率高，种子采收后即可播种。

主要用途

根和叶均为民间用药，可治跌打损伤、神经衰弱、月经紊乱、疔毒疮疡和狂犬咬伤。花含有丰富花蜜，为优良蜜源植物。也可作荒山或园林绿化。

嫩叶

雄花

果

果

肥牛树属

Cephalomappa Baill., Adansonia. 11: 130. 1874.

乔木；幼嫩枝、叶被短柔毛。叶互生，叶片边缘全缘或具细齿，羽状脉；托叶小，脱落。总状花序，腋生，不分枝或有短分枝；花雌雄同株，无花瓣，花盘缺，雄花密集排成团伞花序，位于花序轴顶部或花序短分枝的顶部。雌花1至数朵生于花序基部；雄花：花萼花蕾时陀螺状或近球形，开花时2~5浅裂，镊合状排列，雄蕊2~4枚，花丝基部合生，花药背着，纵裂，不育雌蕊小，柱状。雌花：萼片或花萼裂片5~6枚，覆瓦状排列，凋落；子房3室，每室具胚珠1颗，花柱基部合生，上部2浅裂；花梗短。蒴果具3个分果爿，果皮具小瘤体或短刺；种子近球形，种皮脆壳质，具斑纹。

约5种，分布于马来西亚、印度尼西亚（苏门答腊、加里曼丹）。我国产1种。

39
肥牛树

别名： 肥牛木

Cephalomappa sinensis (Chun et F. C. How) Kosterm., Reinwardtia 5: 413. 1961.

自然分布

广西西南部和西部。生于海拔120～500m石灰岩山常绿林中。

迁地栽培形态特征

常绿乔木，一般高7～10m。

🌿 树皮片状剥落，小枝呈蜿蜒状，嫩枝被短柔毛。

🍃 叶片革质，长椭圆形或长倒卵形，长6～15cm，宽4～6cm，顶端渐尖或长渐尖，基部阔楔形，具细小斑状腺体，叶缘浅波状或疏生细齿；叶柄长2～5mm，被微柔毛；托叶披针形，长约2mm，脱落。

🌸 单性，雌雄同株，总状花序，腋生，长2～3cm，不分枝或1～2个短分枝，被短柔毛，无花瓣，花盘缺。雄花：9～12朵密集成团伞花序，位于花序轴上部，几无花梗；苞片长卵形，长1～1.5mm，宿存；花萼3～4枚；雄蕊4枚，偶见3或8枚，花丝长约3mm，基部合生；不育雄蕊柱状，顶端2裂。雌花：花梗长2～3mm；花萼合生，5深裂，长2～3mm；子房球形，3室，具小瘤状突起，花柱长约7mm，下半部合生，柱头3，顶部各2浅裂。

果 蒴果，直径1.5～2cm；表面密生三棱的瘤状刺；果梗长2～3mm；种子近球形，具浅褐色斑纹。

引种信息

华南植物园 自广西植物所（登录号19930102）、桂林植物园（登录号19940091）引种苗。长势良好。

武汉植物园 自广西桂林（登录号042007、032148）引种苗。长势一般。

物候

华南植物园 栽培于林下，早期开过花，可能因生长环境过于荫庇，没有再见到开花。

迁地栽培要点

喜光，喜温暖湿润气候，适宜淋溶石灰岩土壤，pH6.6～7，腐殖质含量丰富；生长缓慢，根系萌芽力强，伐后萌条成丛生长，1年生萌条长达50～100cm。播种繁殖，种子寿命短，果熟时很快脱落，种子在室内晾干后随即播种，发芽率可达80%～90%，约半个月开始发芽出土，幼苗宜荫蔽。

主要用途

树形高大挺拔，可作城市工业区偏碱性区域绿化或石灰岩地区种植。木材坚硬，可作家具等。嫩枝、叶富含蛋白质和粗脂肪，可作动物饲料。

小枝　　叶片　　嫩枝

白桐树属

Claoxylon A. Juss., Euphorb. Gen. 43, pl. 14, f. 43. 1824.

　　乔木或灌木；嫩枝被短柔毛。叶互生，叶片边缘具齿或近全缘；羽状脉；托叶细小，早落。花雌雄异株，稀同株，无花瓣，总状花序，腋生，花序轴伸长的或短的，稀有分枝，雄花1至多朵簇生于苞腋，雌花通常1朵生于苞腋；雄花：花萼花蕾时闭合的，花萼裂片2~4枚，镊合状排列；无花瓣；雄蕊10~200枚，通常20~30枚，花丝离生，花药2室，基着，药室几近离生，直立；腺体细小，众多，直立，顶端具毛或无毛，散生于雄蕊的基部；无不育雌蕊；雌花：萼片2~4枚，通常3枚；花盘具浅裂或为离生腺体；子房2~3（~4）室，每室具胚珠1颗，花柱短，离生或基部合生。蒴果扁球形，具2~3（~4）个分果爿；种子近球形，无种阜，种皮外层肉质，内层硬，具小孔穴。

　　约75种，分布于东半球热带地区。我国产6种，分布于台湾、广东、海南、广西和云南。引种栽培1种。

40
白桐树

别名: 咸鱼头、丢了棒

Claoxylon indicum (Reinw. ex Bl.) Hassk., Cat. Pl. Hort. Bogor. Alter. 235. 1844.

雌花枝

自然分布

广东、海南、广西、云南。亚洲东南部和印度。生于海拔20～400m平原、山谷或河谷树林中。

迁地栽培形态特征

常绿灌木或小乔木,高3～7m。

🌿 小枝粗壮,灰白色,具散生皮孔和白色髓心;嫩枝密被灰色短茸毛。

🍃 互生,叶片纸质,常卵形或卵圆形,长5～15cm,宽3～10cm,顶端钝或急尖,基部楔形、圆钝或稍偏斜,上面疏被糙伏毛,下面密被灰白色茸毛,边缘具波状腺齿或锯齿;叶柄长2～9cm,密被茸毛,顶端具2小腺体;托叶小,早落。

🌸 总状花序,花单性,雌雄异株,雄花序长10～30cm,雌花序长5～20cm,花序各部均被茸毛;苞片三角状,长约2mm;雄花:3～7朵簇生于苞腋,花梗长约4mm;花萼裂片3～4枚,长3mm;雄蕊

15～25枚，花丝长约2mm，雄蕊间腺体长卵形，长0.5mm，顶端具柔毛；雌花：单朵生于苞腋，萼片3枚，近三角形，长1.5mm；花盘波状或3浅裂；子房被茸毛，花柱3，常约2mm，具羽毛状突起。

果 蒴果，直径8～10mm，具3个分果爿，外面被灰色短茸毛；种子近球形，外种皮肉质，红色。

引种信息

华南植物园 自海南（登录号20030682）引种苗。长势良好。

武汉植物园 自广西防城港（登录号057768）引种苗。长势一般。

物候

华南植物园 2月中旬萌芽，3月上旬展叶，3月中旬至3月下旬展叶盛期；2月下旬至3月上旬现蕾，4月中旬始花，4月下旬至5月下旬盛花，6月上旬末花；果未见。

迁地栽培要点

中性植物，喜高温、湿润环境。对土壤要求不严，以土层深厚、腐殖质丰富的土壤为佳。种子繁殖，种子采收后即播或晾干后置通风处贮藏至第二年3月份播种。

雌花

143

主要用途

　　根部药用、具有祛风除湿，消肿止痛的功效；用于治疗风湿关节痛、腰腿痛、跌打损伤、产后风痛、水肿、外伤瘀痛等。园林绿化配置。

植株

叶正面

叶背面

嫩叶

花蕾

蝴蝶果属

Cleidiocarpon Airy Shaw, Kew Bull. 19: 313. 1965.

乔木；嫩枝被微星状毛。叶互生，叶片边缘全缘，羽状脉；叶柄具叶枕；托叶小。圆锥状花序，顶生，花雌雄同株，无花瓣，花盘缺，雄花多朵在苞腋排成团伞花序，稀疏地排列在花序轴上，雌花1~6朵，生于花序下部；雄花：花萼花蕾时近球形，萼裂片3~5枚，镊合状排列；雄蕊3~5枚，花丝离生，花药背着，4室，药隔不突出；不育雌蕊柱状，短，无毛；雌花：萼片5~8枚，覆瓦状排列，宿存；副萼小，与萼片互生，早落；子房2室，每室具胚珠1颗，花柱下部合生，顶部3~5裂，裂片短并叉裂。核果近球形或双球形，基部急狭呈柄状，具宿存花柱基，外果皮壳质，具微皱纹，密被微星状毛；种子近球形。

2种，分布于缅甸北部、泰国西南部、越南北部。我国产1种，分布于贵州、广西和云南。引种栽培1种。

41
蝴蝶果

别名： 山板栗、唛别

Cleidiocarpon cavaleriei (H. Lév.) Airy Shaw, Kew Bull. 19: 314. 1965.

自然分布

贵州、广西、云南。越南。生于海拔150～1000m山地或石灰岩山坡或沟谷常绿林中。

迁地栽培形态特征

常绿乔木，高10～30m，胸径30～40cm。

🌲 树皮灰色至灰褐灰，呈斑状剥落；嫩枝均具有星状毛。

🍃 互生，常集生于小枝顶端，叶片纸质，椭圆形或长圆状椭圆形，长6～22cm，宽2～5cm，顶端渐尖，基部楔形，边缘全缘；托叶2枚，钻形，长2～3mm；侧脉8～14对；叶柄长2～5cm，两端稍膨大呈枕状，具2黑色小腺点。

🌸 花雌雄同序，圆锥花序，顶生，长10～15cm，密被黄色微星状毛，雄花数朵密集成团伞花序，间断排列于花序轴上，雌花单生于花序轴基部或中部；苞片披针形，长2～8mm；小苞片钻形，长约1mm。雄花：萼片3～5枚，长卵形，长1.5～2m；雄蕊3～5枚，花丝长3～5mm;不育雄蕊柱状，长约1mm。雌花：萼片5～8枚，卵状椭圆形或阔披针形，长3～5mm，两面均被茸毛；副萼片5～8，披针形或鳞片状，长1～4mm，早落；子房2室，通常1室发育，另外1室仅具痕迹，花柱长4mm，柱头3～5裂，向一则平展，裂片再叉裂为2～3枚短裂片，密生小乳头。

🍈 蒴果斜卵形，直径2～3cm，有时双球形，宽约5cm，基部呈柄状，长0.5～1.5cm，被微柔毛。

引种信息

西双版纳热带植物园 自广西南宁（登录号0019730051）引种种子、广西那坡（登录号0020022616）引种苗。长势良好。

华南植物园 自广西宁明县林业局（登录号19780457）、云南西双版纳（登录号19940241）引种种子。长势优。

武汉植物园 自广东深圳（登录042082）引种苗。长势一般。

物候

西双版纳热带植物园 1月下旬萌芽，2月中旬至4月下旬展叶；3月下旬现蕾，3月下旬始花，4月上旬盛花，4月中旬开花末期；4月下旬幼果现，7月中旬果实成熟，9月中旬果实成熟末期。

桂林植物园 3月中旬萌芽，3月下旬展叶；4月下旬现花蕾，5月上旬始花，5月上旬盛花，盛花期5天左右，5月中旬末花。

华南植物园 2月中旬萌芽，3至4月抽新梢、展新叶；4月中旬现花蕾，4月下旬始花，5月上旬至中旬盛花，5月下旬末花；5月中旬现幼果，9月上旬成熟，10月中旬脱落。

迁地栽培要点

阳性树种，性喜温热，成年树有一定抗寒能力，在极端最低温–3℃左右，尚能正常生长，幼苗和幼树易受低温和霜冻冻害，连续重霜4～5天，幼苗、顶梢受冻甚而死亡，幼树受冻后可恢复生长。适生土类为石灰岩发育的黑色石灰土或黄色石灰土，变质砂质岩发育的红壤、黄红壤，在石砾土和黏重土壤中生长不良；不耐水湿，宜种植于土层深厚、肥沃、疏松透气、排水良好的向阳地带。播种繁殖，种子含油率高，不宜久藏，宜随采随播。

主要用途

种子富含淀粉和油脂，种子含油率高达33%～39%，油中富含不饱和酸，为优质食用油。木材适合做家具。树形高大美观、抗性强，是城市绿化的优良树种，适合作行道树或庭院绿化树种。

展新叶

雄花

嫩叶

植株

雄花序

雄花序

雄花花蕾

雄花

果

棒柄花属

Cleidion Bl., Bijdr. Fl. Ned. Ind. 612. 1826.

　　乔木或灌木；枝、叶无毛或被柔毛。叶互生，边缘通常具腺齿；羽状脉；托叶小，早落。花雌雄异株，稀同株，无花瓣，花盘缺；雄花序通常穗状，花序轴伸长的，雄花多朵于苞腋簇生或排成团伞花序，稀单生于苞腋；雌花序总状或仅1朵，腋生，花梗长，顶部通常增粗；雄花：花萼花蕾时球形或卵球形，花萼裂片3~4枚，镊合状排列；雄蕊25~80（~100）枚，密生于凸起或圆锥状的花托上，花丝离生，花药近中部背着，内向，4室，药隔稍突出，钻状；无不育雌蕊；雌花：单生于叶腋，萼片3~5枚，覆瓦状排列；子房2~3室，每室具胚珠1颗，花柱细长，线状，基部通常合生，各2深裂，柱头密生小乳头。蒴果具2~3个分果爿；果梗长且硬，棒槌状；种子近球形，无种阜，种皮具斑纹。

　　约25种，分布于全世界热带、亚热带地区。我国产3种，分布于广东、海南、广西、贵州、云南和西藏（墨脱）。引种栽培1种。

42
棒柄花

Cleidion brevipetiolatum Pax et K. Hoffm., Engl., Pflanzenr. 63(IV. 147. VII): 292. 1914.

植株   雌花

自然分布

广东、海南、广西、贵州西南部、云南东南部和南部。越南北部。生于海拔200～1500m石灰岩山地或常绿阔叶林中。

迁地栽培形态特征

常绿灌木或小乔木，高3～7m。

🌿 小枝皮褐色，表面具凸起皮孔，嫩枝绿色，无毛。

🍃 互生，常3～5片簇生枝顶或节上，叶片薄革质，倒卵形或倒卵状披针形，长6～20cm，宽2～7cm，顶端短渐尖，向基部渐狭，基部钝，具3～7枚斑状腺体，下面脉腋具髯毛，边缘具疏锯齿；叶柄长0.5～6cm；托叶三角状卵形，长2～3mm，早落。

🌸 单性，雌雄同株。雄花：2～5簇生于苞腋，排列成稀疏穗状花序，花序长6～20cm，花序轴被短柔毛，苞片阔三角形，长1.5～2mm，小苞片三角形，长约0.5mm；萼片3枚，椭圆形，长约3mm，被微柔毛；雄蕊50～60枚，花丝长约1mm，药隔突出呈钻形。雌花：单生叶腋，萼片5枚，不等大，其中3枚披针形，长5～7mm，宽2～3mm，2枚三角形，长2～4mm，宽0.5～1mm，花后会增大；子房球形，密被柔毛，花柱3，长5～10mm，各2深裂至近基部。

果 蒴果扁球形，直径约1.5cm，具3分果片；果梗棒状，长3～5cm，具5棱。

引种信息

西双版纳热带植物园 自广西田阳（登录号0020023321）引种苗。长势较差。

华南植物园 自广西夏石（登录号20011261）、广东连县（登录号20011456）、广西凭祥（登录号20050631）、海南（登录号20030683）引种苗。长势优。

物候

桂林植物园 12月下旬至翌年1月上旬现花蕾，2月上旬始花，3～6月盛花，7～12月末花；5月下旬现幼果，10月上旬果实成熟。

华南植物园 2月下旬萌芽，3月上旬开始展叶，3月下旬至4月中旬展叶盛期；11月上旬显花序，12月中旬始花，2月下旬至4月上旬盛花，4月中旬至5月上旬末花；2月下旬幼果初现，9月上旬果实成熟，10月中旬果实脱落。

嫩叶

果

叶片

迁地栽培要点

中性植物，在全光或半光条件均生长表现较好。喜土层深厚、肥沃土壤，生长期施肥1～2次，夏季高温补充水分，秋冬季节适当修剪徒长枝条。播种或扦插繁殖。

主要用途

树皮性味苦、寒，具有消炎解表、祛湿解毒、通便等功效；用于治疗感冒，急、慢性肝炎，疟疾，小便涩痛，脱肛，阴挺，月经过多，产后流血，疝气，便秘等症。树形美观、枝叶浓绿，具有一定的观赏性，可作石灰山绿化或园林栽培观赏。

雄花

雄花蕾

雄花序

叶正面

叶背面

闭花木属

Cleistanthus Hook. f. ex Planch., Hooker's Icon. Pl. 8: t. 779. 1848.

　　乔木或灌木。单叶互生，2列，叶片边缘通常全缘，稀具浅波状，具羽状脉，叶柄短；托叶宿存或早落。花小，单性，雌雄同株或异株，无梗或雌花具短梗，组成腋生的团伞花序或穗状花序；雄花：萼片4~6，镊合状排列；花瓣远较萼片小，鳞片状，与萼片同数；雄蕊5，花丝中部以下合生，基部着生于花盘的中央，而与退化雌蕊合生，花药背部着生，内向，药室2，纵裂；退化雄蕊顶端3裂；花盘杯状或垫状；雌花：萼片和花瓣与雄花的相同；子房3~4室，每室有2颗胚珠，花柱3至二回2裂；花盘环状或圆锥状，围绕子房的基部或到达顶部，稀无花盘。蒴果近圆球形，木质，成熟时开裂成2~3个分果爿，外果皮较薄，内果皮角质，中轴宿存，具短梗或无梗；种子在每分果爿内有2或1粒。

　　约140种，分布于东半球热带及亚热带地区，主产地为亚洲东南部。我国产7种，分布于广东、海南、广西和云南等地。引种栽培5种。

闭花木属分种检索表

1a. 叶片小，宽 0.3~1.5（~2.5）cm，先端钝或微凹；花紫红色 ························
　　·································· 44. **东方闭花木 *C. concinnus***
1b. 叶片大，宽 2cm 以上，先端渐尖或尾尖；花淡黄色或淡黄绿色。
　2a. 子房和蒴果均被短柔毛。
　　3a. 树皮灰白色，嫩枝无毛；苞片边缘被缘毛；花瓣边缘有不规则缺刻 ·········
　　·································· 43. **垂枝闭花木 *C. apodus***
　　3b. 树皮红褐色，嫩枝被短柔毛；苞片边缘无毛；花瓣边缘全缘 ················
　　·································· 45. **闭花木 *C. sumatranus***
　2b. 子房和蒴果均无毛。
　　4a. 叶片边缘浅波状，背面脉腋有簇生髯毛；雄花花瓣边缘有小齿或缺刻；雌花
　　　花盘环状，围绕子房基部 ·················· 46. **馒头果 *C. tonkinensis***
　　4b. 叶片边缘全缘，背面脉腋无毛；雄花花瓣边缘全缘；雌花花盘坛状或筒状，

43
垂枝闭花木

Cleistanthus apodus Benth., Fl. Austral. 6: 122. 1873.

自然分布

澳大利亚。

迁地栽培形态特征

灌木，高2~3m，呈圆球形。

🌿 树皮灰白色，小枝绿色，具皮孔，呈下垂状，全株无毛。

🍃 叶片近革质，卵形、卵状长圆形，长4~8.5cm，宽2~4.5cm，上面深绿色，下面灰绿色，顶端渐尖，基部圆形或宽楔形；中脉在两面凸起，侧脉每边5~7条，两面略不明显；叶柄长5~7mm；有托叶。

🌸 单性，雌雄同株，单生或2~3朵簇生或3~5朵组成穗状于叶腋，长1~3cm。苞片边缘有缘毛。雄花：萼片5，淡黄绿色，三角状卵状形或卵状披针形，长2.5~3.5mm，宽1~1.5mm，无毛；花瓣5，淡黄绿色，倒卵形，长约1mm，顶端平截，有不规则缺刻，无毛；雄蕊5，花丝中部以下合生，无毛；花梗极短。雌花：花萼5，卵披针形，长约3mm，宽约1mm，无毛；花瓣5，倒卵形，长约1mm，顶端急尖或圆钝，无毛；花盘筒状，包围整个子房；子房卵圆形，被短柔毛，3室，花柱3，近基部合生，顶端2裂；花梗极短。

🍊 蒴果，卵状3圆棱形，两棱之间凹槽明显深，直径8~12mm，被短柔毛，有宿存萼片；果梗长约1mm；种子长5~6mm。

引种信息

华南植物园 自澳大利亚（登录号20070617）引种苗。长势优，未发现病虫害。

物候

华南植物园 2月中旬萌芽，2月下旬展叶，3月中旬至4月上旬展叶盛期，嫩叶黄绿色；3月上旬现花蕾，3月中旬始花，3月下旬至4月上旬盛花；4月中旬至4月下旬末花；3月下旬现幼果，5月下旬至6月中旬成熟。

迁地栽培要点

喜光，也有一定的耐阴性，过荫蔽时则开花少或不开花。喜肥，宜种植于土层深厚、排水良好的坡地。每年施肥1~2次，春季适当修剪。播种或扦插繁殖。

主要用途

枝叶浓密、树冠呈卵球形、小枝下垂、嫩叶黄绿色，同时植株耐修剪，可修剪成球形，是一种较好的园林观赏植物。种子可榨油，为不干性油，可供点灯、制皂用。

果实

幼果

植株

枝背面

枝正面

雌花

花序

雄花

155

44
东方闭花木

别名： 海南闭花木、后生叶下珠

Cleistanthus concinnus Croiz., Journ. Arn. Arb. 23: 41. 1942.

自然分布

海南昌江、东方、乐东。生于海拔100~200m的山地稀树草坡、河边灌丛或港湾附近山地。

迁地栽培形态特征

常绿灌木，高1~3m。

🌲 树皮灰白色，密被突起皮孔；嫩枝被灰色短柔毛，小枝无毛。

🍃 叶片纸质，线状披针形或狭椭圆形，长0.8~7cm，宽0.3~1.5（~2.5）cm，顶端钝尖或微凹，基部微心形或钝圆，边缘全缘，两面无毛，嫩叶紫红色；中脉在上面凹陷，背面凸起，侧脉6~8对，网脉稍明显；叶柄长2~4mm；托叶三角形，长2~3mm。

🌸 单性，雌雄同株，紫红色，花5~7朵簇生成团伞花序，腋生或生于无叶花枝节上；苞片阔三角形，长约1mm，内被白色棉毛。雄花：萼片5，披针形，长3~4mm，无毛，深紫红色；花瓣5，近菱形，长0.4mm，无毛；花盘环状；雄蕊5，花丝长1~2mm，下部合生。雌花：萼片长三角形，长约3mm，无毛，宿存；花瓣5，匙形，常约1mm；花盘杯状；子房3室，卵形，无毛，花柱3枚，顶端2浅裂。

🍎 蒴果，具3圆棱，直径6~8mm，无毛；果梗长约1mm；种子长3mm。

引种信息

华南植物园 自海南（登录号20030589）引种苗。长势良好。

物候

华南植物园 3月中旬萌芽，3月下旬开始展叶，4月上旬至4月下旬展叶盛期，嫩叶紫红色；3月上旬现花蕾，3月上旬萌芽，3月下旬始花，3月下旬至4月上旬盛花，4月中旬末花。果未见。

迁地栽培要点

喜光，喜温暖湿润环境，耐瘠薄土壤；宜种植于阳光充足排水良好的地方。播种或扦插繁殖。

主要用途

树形美观、枝繁叶密、花紫红色，具有一定的观赏性，可用于园林栽培观赏。

植株

花枝正面

花枝背面

雄花

叶片

雄花

花蕾

157

45
闭花木

别名: 火炭木、尾叶木

Cleistanthus sumatranus (Miq.) Müll.Arg., DC. Prodr. 15(2): 504. 1866.

自然分布

广东、广西、云南、海南等。泰国、越南、马来西亚、柬埔寨、新加坡、菲律宾、印度尼西亚等。

迁地栽培形态特征

常绿灌木至小乔木，高3～5m。

🌳 树皮红褐色，平滑；幼枝被短柔毛，老枝无毛。

🍃 叶片纸质，卵形或卵状长圆形，长3～10cm，宽2～5cm，顶端急尖或渐尖，基部近圆形，嫩叶黄绿色；侧脉7～9条，不明显；叶柄长约5mm。

🌸 单性，雌雄同株，淡黄色；花单生或数朵簇生于叶腋内，苞片三角形，边缘无毛。雄花：萼片5，卵状披针形，长约2mm；花瓣5，倒卵形，边缘全缘；花盘环状。雌花：萼片5，卵状披针形，长3～4mm；花瓣5，倒卵形，长约1mm，边缘全缘；花盘筒状，包围整个子房；子房卵圆形，3室，花柱3，顶端2裂。

🍎 蒴果红色，卵状三棱形，长和直径约1cm；果皮薄而脆，外面被短柔毛，成熟时3片裂，具3粒种子；种子近球形，直径6～8mm。

引种信息

西双版纳热带植物园 自广西龙州（登录号0020022060、0020022089）、云南勐腊（登录号0020081033）引种苗。长势良好。

华南植物园 自海南（登录号20011036）、云南西双版纳绿石林森林公园（登录号20042612）引种苗。长势优。

武汉植物园 自广西大新（登录号058845）引种苗。长势差。

物候

西双版纳热带植物园 4月中旬萌芽，5月上旬至7月下旬展叶；4月下旬现蕾，5月上旬始花，5月上旬盛花，5月中旬开花末期；5月中旬幼果现，7月下旬果实成熟，8月上旬果实成熟末期。

华南植物园 3月上旬萌芽，3月中旬开始展叶，3月下旬至4月中旬展叶盛期。2月下旬现花蕾，3月下旬始花，4月上旬至4月中旬盛花；4月下旬至5月上旬末花；3下旬现幼果，6月中旬果实成熟。

迁地栽培要点

中性植物，喜阳光充足环境，也有一定的耐阴性，在半阴条件下生长较好，适应高温湿润的亚热带气候；适应性强，在酸性或微碱性土壤种植均生长较好。结实率高，一般采用播种繁殖，种子采收后即播或短期储藏后播种，也可扦插繁殖。未见病虫害。

主要用途

　　树形美观，枝叶浓密，花多而密集，果实亮绿，是花果兼具的园林观赏植物。种子含油率约35%，为不干性油，可以制作肥皂或其他工业使用。树皮可以提取栲胶。木材结构细致，材质重，有光泽，耐腐蚀，是优良的工业用材，可用于造船、桥梁、家具等。

植株

叶背面

叶正面

雄花

果实

雄花

雄花

46
馒头果

别名： 野茶叶、馒头闭花木

Cleistanthus tonkinensis Jabl., Engl. Pflanzenr. 65 (IV. 147. VIII): 16. 1915.

自然分布

广东、广西和云南。越南。生于海拔120～800m山地林中。

迁地栽培形态特征

常绿灌木或小乔木，高2～4m，全株除叶背脉腋和苞片外均无毛。

🌿 小枝绿色，具皮孔。

🍃 叶片纸质或近革质，长圆形或长椭圆形，长5～18cm，宽2.5～6.5cm，顶端长渐尖，基部钝圆，边缘具浅波状齿，叶面深绿色，有光泽，无毛，背面灰绿色，脉腋处具簇生髯毛；中脉干后两面稍凸起，侧脉每边9～10条；叶柄长4～8mm；托叶线状长圆形，长2～3mm。

🌸 单性，雌雄同株，穗状团伞花序，腋生，长1.5～5cm；苞片卵状三角形，边缘膜质，具缘毛和外面被短柔毛；花蕾顶端尖。雄花：长约5mm，萼片披针形，长约3～4mm，宽2～2.5mm，无毛；花瓣匙形，长1mm，边缘有小齿或缺刻；花盘杯状；雄蕊5～6枚，花丝合生成圆筒状，包围退化雌蕊。雌花：花梗极短或几无；萼片卵状三角形，长3mm；花瓣菱形或斜方形，长和宽约2mm；花盘环状，围绕子房基部；子房圆球形，花柱3，顶端2裂。

🍈 蒴果三棱形，偶见4棱状，浅紫红色，长0.8～1cm，成熟时开裂成3个分果爿；种子卵形，长6～7mm。

引种信息

华南植物园 自广西（登录号20100941）引种苗。长势良好。

物候

华南植物园 3月上旬萌芽，3月中旬开始展叶，3月下旬至4月上旬展叶盛期；2月下旬现花蕾，3月中旬始花，3月下旬至4月中旬盛花，4月下旬末花；3月下旬现幼果，6月下旬至7月上旬果实成熟。

迁地栽培要点

喜光，也具有一定的耐阴性。忌积水，宜种植于排水良好的壤土中。结实率高，一般采用播种繁殖，也可扦插繁殖。

主要用途

树形美观，枝叶浓密，花多而密集，果实亮绿，是花果兼具的园林观赏植物。种子可榨油，为不干性油，可供点灯、制皂用。

植株

叶正面

叶背面

雄花

叶片

果实

雄花和果实

雌花

47

假肥牛树

Cleistanthus petelotii Merr. ex Croiz., Journ. Arn. Arb. 23: 40. 1942.

植株

自然分布

广西西部。越南。生于海拔200~400m石灰岩山地林中。

迁地栽培形态特征

常绿乔木，高7~18m，全株均无毛。

叶片革质，卵形、椭圆形或长圆形，长8~19cm，宽3~8cm，顶端短渐尖，基部钝或圆，边缘全缘略反卷，背面脉腋无毛；侧脉每边6~7条，弯拱上升，未达叶缘而联结，网脉明显；叶柄长5~8mm，干后有横纹。

单性，雌雄同株，淡黄色，数朵组成腋生团伞花序。雄花：萼片5，卵状三角形，长约3mm，宽约1mm；花瓣5，倒卵形，长约0.5mm，边缘全缘；雄蕊5，长约2mm，花丝中部以下合生为圆筒状，包藏着退化雌蕊，花药卵状三角形，长约0.6mm；花盘腺体倒卵形，长约1mm；退化雌蕊顶端3裂。雌花：萼片和花瓣与雄花的相同；花盘坛状或筒状，高约2mm，包围着子房，顶端具微小的舌状裂片；子房圆球形，平滑，无毛，花柱3。

蒴果近圆球状，长1.1~1.5cm，直径约1.5cm，无毛，外果皮具网状皱纹；果梗长3~5mm；种子卵形。

叶正面

引种信息

桂林植物园 自广西龙州引种苗（登录号：无）。长势良好。

叶背面

物候

桂林植物园 该种植于林下，因光照不足，4~9月持续展叶，未见开花结果。

迁地栽培要点

阳性树种，也耐半阴。宜种植于排水透气良好的中性至微碱性壤土为好，种植于开阔、土壤肥沃地带生长状况更佳，过于荫蔽难以开花结实。一般采用种子繁殖。

主要用途

优良石灰山造林绿化树种，也可用于园林绿化。

叶柄

变叶木属

Codiaeum Rumph. ex A. Juss., Euphorb. Gen. 33. 1824.

灌木或小乔木。叶互生，叶片边缘全缘，稀分裂；具叶柄；托叶小或缺花雌雄同株稀异株，花序总状；雄花数朵簇生于苞腋，花萼（3~）5（~6）裂，裂片覆瓦状排列；花瓣细小，5~6枚，稀缺；花盘分裂为5~15个离生腺体；雄蕊15~100枚；无不育雌蕊；雌花：单生于苞腋，花萼5裂；无花瓣；花盘近全缘或分裂；子房3室，每室有1颗胚珠，花柱3枚，不分裂，稀2裂。蒴果；种子具种阜。

约15种，分布于亚洲东南部至大洋洲北部。我国栽培1种。植物园引种栽培1种，栽培品种较多。

48
变叶木

别名：洒金榕

Codiaeum variegatum (L.) Rumph. ex A. Juss., Euphorb. Gen. 80, 111., 1824.

叶

自然分布

亚洲马来半岛至大洋洲。

迁地栽培要点

常绿灌木，高1~2m，有白色乳汁。

🌿 小枝无毛，有明显叶痕，嫩枝微被短柔毛。

🍃 叶片革质，形状大小变异很大，线形、线状披针形、长圆形、椭圆形、披针形、卵形、匙形、提琴形至倒卵形，有时由长的中脉把叶片间断成上下两片。长5~30cm，宽1~9cm，顶端短尖、渐尖至圆钝，基部楔形、宽楔形、短尖至钝，边缘全缘、浅裂至深裂，两面无毛，绿色、淡绿色、紫红色、紫红与黄色相间、黄色与绿色相间或有时在绿色叶片上散生黄色或金黄色斑点或斑纹；叶柄长0.5~6cm，嫩时微被短毛，后脱落。

🌸 总状花序腋生，雌雄同株异序，长8~30cm。雄花：白色，萼片5枚，卵圆形，长4~5mm，宽约4mm；花瓣5枚，远较萼片小，卵圆形，长约2mm，宽约3mm，边缘撕裂状；腺体5枚；雄蕊20~40枚，花丝长约3mm；花梗纤细，长1~3cm。雌花：淡黄色，萼片卵状三角形；无花瓣；花盘环状；子房3室，花往外弯，不分裂；花梗稍粗。

🍈 蒴果近球形，稍扁，无毛，直径约1cm。

引种信息

西双版纳热带植物园　自海南海口（登录号0020013443）、泰国（登录号3820021121）引种插条，广东广州（登录号0020031344）引种苗。长势良好。

华南植物园　自厦门植物园处（登录号19750113～19750124）引种12个品种苗，后陆续自海南、西双版纳、广州花卉市场等引种品种苗，共引种保育变叶木品种约60个。长势良好。无病虫害。

物候

华南植物园　2月中旬现花蕾，3月上旬至3月中旬始花，3月下旬至4月上旬盛花，4月下旬至5月上旬末花；3月下旬现幼果，果期6～10月。

迁地栽培要点

喜高温、湿润和阳光充足的环境，不耐寒、不耐旱。喜肥沃湿润、排水良好的土壤，生长季节需充足水肥。生长适温为20～30℃，温度在4～5℃时，叶片受冻害，造成大量落叶，甚至全株冻死。播种、扦插或压条繁殖。高温干燥时容易发生介壳虫、红蜘蛛、蚜虫危害，红蜘蛛和蚜虫可喷乐果1000倍液防治，介壳虫可喷石油乳剂100～150倍液防治；煤烟病，用清水擦洗或用多菌灵500～1000倍液叶面喷杀。

主要用途

变叶木是一种珍贵的热带观叶植物。园艺品种多，其叶形、叶色变化多样，有着奇特的形态、绚丽斑斓的色彩，是公园、绿地和庭院绿化美化的好植物。也可盆栽，用于房间、厅堂、会议室等室内装饰。其枝叶可作插画搭配材料。

雌花序

花蕾

植株（品种）

雄花序

雄花

雄花序

植株（品种）

巴豆属

Croton L., Sp. Pl. 2: 1004. 1753.

乔木或灌木，稀亚灌木，通常被星状毛或鳞片，稀近无毛。叶互生，稀对生或近轮生；羽状脉或具掌状脉；叶柄顶端或叶片近基部常有2枚腺体，有时叶缘齿端或齿间有腺体；托叶早落。花雌雄同株或异株，花序顶生或腋生，总状或穗状；雄花：花萼通常具5裂片，覆瓦状或近镊合状排列；花瓣与萼片同数，较小或近等大；腺体通常与萼片同数且对生；雄蕊10~20枚，花丝离生，被毛或无毛，在花蕾时内弯，开花时直立；无不育雌蕊；雌花：花萼具5裂片，宿存，有时花后增大；花瓣细小或缺；花盘环状或腺体鳞片状；子房3室，每室有1颗胚珠，花柱3枚，通常2或4裂。蒴果具3个分果爿；种子平滑，种皮脆壳质，种阜小，胚乳肉质，子叶阔，扁平。

约1400种；广布于全世界热带、亚热带地区。我国约有23种，主要分布于南部各省区。植物园引种栽培10种。

巴豆属分种检索表

1a. 嫩枝、花序和果实密被紧贴的鳞片。
  2a. 叶片基生3出脉；花柱2裂 ·················· 53. **越南巴豆** *C. kongensis*
  2b. 叶片羽状脉；花柱4~8裂·············· 49. **银叶巴豆** *C. cascarilloides*
1b. 嫩枝被星状毛、星状鳞毛或近无毛。
  3a. 叶片具基出脉3~5（~7）条。
    4a. 基出脉（~3）5（~7）条 ·············· 52. **石山巴豆** *C. euryphyllus*
    4b. 基出脉3（~5）条。
      5a. 苞片边缘有线状撕裂齿；花柱4裂 ·············· 50. **鸡骨香** *C. crassifolius*
      5b. 苞片线状或钻形，边缘全缘；花柱2裂。
        6a. 叶柄顶端或叶片基部的腺体，有柄，杯状 ··· 54. **毛果巴豆** *C. lachnocarpus*
        6b. 叶柄顶端或叶片基部的腺体，无柄，盘状。
          7a. 叶片纸质，基部具腺体；雄花萼片顶端无毛 ······ 58. **巴豆** *C. tiglium*
          7b. 叶片薄革质，叶柄顶端具腺体；雄花萼片顶端被棉毛··················
                               51. **大麻叶巴豆** *C. damayeshu*
  3b. 叶具羽状脉。
    8a. 叶片薄革质；嫩枝被稀疏星状毛；雄花花丝被腺毛··················
                              ·57. **矮巴豆** *C. sublyratus*
    8b. 叶片纸质；嫩枝密被星状毛或腊质星状鳞毛；雄花花丝无毛。
      9a. 嫩枝和花序密被星状毛；叶片基部腺体杯状 ········ 56. **海南巴豆** *C. laui*
      9b. 嫩枝和花序密被蜡质星状毛，叶片基部腺体半圆形 ··················
                            55. **光叶巴豆** *C. laevigatus*

49
银叶巴豆

别名： 叶下白

Croton cascarilloides Raeusch., Nomencl. Bot.: 280. 1797.

自然分布

台湾、福建、广东、海南、广西和云南。日本、菲律宾和东南亚各地。

迁地栽培形态特征

常绿灌木，高80~120cm。

🌱 树皮灰色，具细纵裂纹，嫩枝密被银色鳞片。

🍃 互生，常密集枝条顶端，叶片纸质，椭圆形、倒卵状椭圆形，长7~13cm，宽2.5~6cm，顶端急尖、渐尖或圆钝至微凹，基部微心形，边缘波状，嫩叶片上面密被鳞片，成熟时逐渐脱落，下面银白色，密被褐色点状鳞片；羽状脉；叶片基部具2枚盘状腺体；叶柄长1~4cm，顶端和基部膨大，密被银色鳞片。

🌸 总状花序顶生，长0.5~3cm，密被银色鳞片；苞片卵形或卵状披针形，长约3mm，花开放时脱落；雄花：花萼裂片5，卵形，长约2mm，外被银色鳞片，具白色缘毛；花瓣倒卵形，长约2mm，顶端被棉毛；雄蕊15~20枚，花丝下半部被棉毛；雌花：萼片卵形，长约3mm；子房被鳞片；花柱3，长约3mm，外侧常2裂。

🍈 蒴果近球形，3片裂，密被褐色鳞片。

引种信息

西双版纳热带植物园 自云南勐腊（登录号0020130079）引种苗。长势良好。

华南植物园 自海南（登录号20011051）引种苗。长势良好。

物候

西双版纳热带植物园 10月上旬萌芽，10月下旬至12月下旬展叶；4月中旬现蕾，4月下旬始花，5月上旬盛花，7月中旬开花末期；6月中旬幼果现，1月上旬果实成熟，3月下旬果实成熟末期。

华南植物园 2月上旬开始萌芽，2月下旬至4月上旬展叶；3月上旬现蕾，3月中旬始花，4月上旬至下旬盛花，5于是上旬末花；果未见。

迁地栽培要点

阳性树种，幼苗期稍耐阴，宜种植于阳光充足、排水良好的壤土中。能耐干旱贫瘠的土壤，但土层深厚肥沃时长势更好。种子繁殖，种子含油率高，寿命短，宜随采随播。

主要用途

常绿灌木，叶背银色，可用作盆栽观赏或岩石园配置。种子含油率高，油可应用于工业。

雌花

雌花序

植株

花蕾

幼果

嫩叶

雄花序

雄花

叶正面

叶背面

169

50
鸡骨香

Croton crassifolius Geisel., Croton. Monogr. 19. 1807.

自然分布

福建、广东、广西和海南等。越南、老挝、泰国。生于沿海丘陵山地较干旱山坡灌木丛中。

迁地栽培形态特征

灌木，高20～100cm。

🌿 嫩枝密被星状毛。

🍃 叶片卵形、卵状椭圆形至长圆形，长4～10cm，宽2～6cm，顶端钝至短尖，基部近圆形至微心形，边缘有不明显的细齿，齿间有时具腺，成长叶上面的毛渐脱落，残存的毛基粗糙，干后色暗；基生3（～5）出脉，侧脉5～7对；叶柄长2～7cm；叶片基部中脉两侧或叶柄顶端有2枚具柄的杯状腺体；托叶钻状，长2～3mm，早落。

🌸 总状花序、顶生，长5～10cm；苞片线形，长3～5mm，边缘有线形撕裂齿，齿端有细小头状腺体。雄花：萼片外面被星状茸毛；花瓣长圆形，约与萼片等长，边缘被绵毛；雄蕊14～20枚。雌花：萼片外面被星状茸毛；子房密被黄色茸毛，花柱4深裂，线形。

🍒 近球形，直径约1cm；种子椭圆状，褐色，长约5mm。

引种信息

华南植物园 自广州龙洞笮箕窝水库（登录号19831298）、广东和平（登录号20030975）引种苗。长势良好。

物候

华南植物园 3月下旬萌芽，4月中旬展叶，4月下旬至5月上旬展叶盛期；4月上旬现花序，4月下旬始花，4月下旬至5月上旬盛花，5月中旬末花；5月上旬现幼果，6月果实成熟。

迁地栽培要点

阳性植物，喜温暖、湿润气候和阳光充足环境。对土壤要求不严，但土壤肥沃地长势旺盛。播种繁殖，种子不耐贮藏，采收后稍晾干即可播种。

主要用途

根入药，性温、味苦，有理气止痛、祛风除湿之疗效。

植株

枝

叶片

果

托叶

嫩叶

雄花序

雌花序

51

大麻叶巴豆

Croton damayeshu Y.T. Chang, Acta Phytotax. Sin. 24: 143. 1986.

自然分布

云南南部。

迁地栽培形态特征

小乔木，高5~7m。

🌳 树皮褐色，嫩枝有星状毛。

🍃 叶片薄革质，卵形，长9~17cm，宽6~12cm，顶端短尖或尾尖，基部阔楔形，边缘具细锯齿，齿端内弯，叶片两面无毛，基出脉3条，侧脉4~5对；叶柄长4~8cm，顶端有2枚无柄盘状腺体。

🌸 总状花序，顶生，倾斜，长35cm，有疏生星状柔毛；苞片狭卵形至线形，长1~3mm，早落；花序基部多数雌花，顶部为雄花。雄花：花梗纤细，长2~3mm，有毛；萼片5枚，长2mm，顶端被绵毛；花瓣5枚，与萼片等大，外面无毛，内面被绵毛；雄蕊多数。雌花：花梗长约2mm，褐色星状茸毛；花萼和花瓣与雄花同；子房密被黄色茸毛，花柱3枚，2裂，线形。

🍈 蒴果椭圆状，长约2cm，直径约1.8cm，疏生贴伏星状毛；种子椭圆状，长1.4~1.6cm，直径约1cm，光滑。

引种信息

西双版纳热带植物园 自云南景洪（登录号00,2007,0224）引种苗。长势良好。

物候

西双版纳热带植物园 3月上旬萌芽，4月上旬至5月上旬展叶；6月上旬始花，6月下旬盛花；7月上旬现幼果，9月下旬果实成熟。10月至翌年2月落叶。

迁地栽培要点

栽培土壤要求不严格，适应我国南亚热带地区栽培。种子播种或扦插繁殖。几无病虫害。

主要用途

枝叶乙醇提取物含有木脂素、香豆素及黄酮类等化合物。可作园林绿化。

枝叶

雄花序

雄花

果实

52
石山巴豆

Croton euryphyllus W. W. Sm., Not. Roy Bot. Gard. Edinb. 13: 159. 1921.

自然分布

广西、四川西南部、贵州南部和云南等。生于海拔200～2400m疏林中。

迁地栽培形态特征

落叶灌木或小乔木，高2～6m。

🌲 树皮灰色，平滑；嫩枝密被灰黄色星状毛。

🍃 互生，叶片纸质，近圆形或阔卵形，长7～12cm，宽6～10cm，顶端尾尖，基部心形或宽楔形，边缘具粗或细锯齿，嫩叶密被星状毛，老叶无毛；基生脉3～5（～7）条，叶脉两面均凸起；叶柄长3～10cm，顶端具2枚有柄的杯状腺体；托叶线形，长8～15mm，早落。

🌸 总状花序，有时基部具短分枝，顶生或腋生，长达15cm，密被星状毛；苞片线形，长约5mm，早落。雄花：1～4朵生于苞腋，萼片长圆形，长约2.5mm；花瓣比萼片小，边缘被绵毛；雄蕊约15枚，无毛；花托被绵毛。雌花：数朵生于花序轴下面，萼片披针形，长约3mm；花瓣细小，钻状；子房密被星状毛，花柱2裂，几无毛。

🍎 蒴果近球状，直径约1cm，密被短星状毛；种子椭圆状，暗灰褐色。

引种信息

西双版纳热带植物园 自广西龙州（登录号0020022098）、广西南宁（登录号0020022117）引种苗。长势良好。

华南植物园 自广西（登录号20011409）引种苗。长势一般。

物候

西双版纳热带植物园 1月下旬萌芽，2月上旬至5月下旬展叶；4月上旬现蕾，4月下旬始花，5月上旬盛花，8月下旬末花；未结果。

桂林植物园 3月上旬萌芽，3月中旬展叶，3月中旬至4月上旬展叶盛期；4月上旬现花蕾，4月中旬始花，4月下旬盛花，5月上旬末花；4月下旬现幼果，6月下旬成熟；1～2月落叶。

华南植物园 2月下旬萌芽，3月上旬开始展叶，4月上旬至4月中旬展叶盛期；未见开花。

迁地栽培要点

阳性植物，喜温暖湿润气候，宜种植于排水良好、疏松透气的微碱性土壤中。播种繁殖，种子不宜久藏，采收后即播发芽率较高。

主要用途

药用，根用于治疗风湿骨痛、跌打损伤。石灰岩地区及碱性土壤矿区绿化。

果正面

果背面

植株

花枝

果枝

雄花

53
越南巴豆

别名： 叶下白、银背巴豆、越北巴豆

Croton kongensis Gagnep., Bull. Soc. Bot. France 68: 555. 1921.

自然分布

海南和云南南部。越南、老挝和泰国。生于海拔40～2000m疏林中。

迁地栽培形态特征

常绿灌木。

🌿 嫩枝部分有灰棕色鳞片，老枝鳞片落灰色。

🍃 叶片纸质，卵形至椭圆状披针形，长6～20cm，宽3～8cm，顶端渐尖，基部楔形至阔楔形，边缘全缘，有鳞片，背面灰褐色；3～5基出脉，侧脉5～8对，离边缘弯拱连结；叶柄长3～5cm，密被鳞片，基部有2枚杯状腺体。

🌸 总状花序，顶生，长4～17cm，苞片卵状披针形，长2～3m。雄花：萼片卵形，长约2mm，有鳞片；花瓣长椭圆形，长约2mm，边缘有绵毛；雄蕊12～15枚，花丝下部有绵毛。雌花：萼片披针形，长约3mm，有鳞腺；子房近球形，有鳞腺，花柱3个，2次分叉。

🍎 蒴果近球形，长5～7mm；种子卵状，长约4mm。

引种信息

西双版纳热带植物园 自云南勐腊（登录号00,2008,1105）引种苗。生长良好，无病虫害。

物候

西双版纳热带植物园 3月中旬至下旬萌芽，3月下旬至4月上旬展叶；9月上旬始花，9月中旬至10月上旬盛花；9月下旬现幼果，翌年2月中旬成熟。

迁地栽培要点

喜阳树种，在中性环境下也能生长，对栽培土壤要求不严格，但排水好的坡地栽培时表现更好。播种繁殖，种子随采随播或短期储藏后播种，无病虫害。

主要用途

具有利尿消肿、理气、解毒等功效；全草用于治疗急性肠胃炎、头皮疹、口角疮等。

果枝

植株

小枝背面

小枝正面

叶片

果实

花序

54
毛果巴豆

Croton lachnocarpus Benth., Hooker's J. Bot. Kew Gard. Misc. 6: 5. 1854.

自然分布

江西、湖南南部、贵州南部、广东、广西和香港。生于海拔100～900m山地疏林或灌丛中。

迁地栽培形态特征

落叶灌木，高1.5～2m。

🌳 树皮灰色，具纵细裂纹，嫩枝密被灰黄色星状毛，枝条脆，小枝中空。

🍃 叶片纸质，椭圆形、长椭圆形，长4～10cm，宽2～3.5cm，顶端渐尖或急尖，基部圆钝至微心形，边缘具细锯齿，锯齿间弯缺处有1枚细小有柄杯状腺体，嫩叶上面密被褐色短柔毛，老叶上面仅叶脉被毛，下面密被密被灰黄色柔毛；叶片基部或叶柄顶端有2枚具柄杯状腺体，基生3出脉，叶脉在上面凹陷，下面明显凸起；叶柄长1～4cm，密被灰黄色星状毛。

🌸 总状花序顶生，长5～8cm，密被星状柔毛；苞片钻形，长约2mm。雄花：生于花序轴上部或整个花序为雄花，萼片卵状三角形，长约2mm，被星状毛；花瓣长圆形，长约2mm，顶端被绵毛；雄蕊10～12枚，无毛；花托密被绵毛。雌花：生于花序轴下部，萼片披针形，长2.5～3mm，被星状毛；花瓣细小，卵形；子房被黄色茸毛，花柱3，线形，2裂。

🍈 蒴果近球形，直径7～8mm，密被星状柔毛。

引种信息

西双版纳热带植物园 自广西南宁（登录号0020022227）、云南元江（登录号0020030621）、云南孟连（登录号0020070920）引种苗。长势一般。

武汉植物园 自广西龙胜（登录号049351）引种苗。长势一般。

华南植物园 自广西药用植物园（登录号19830419）、广东广宁（登录号19980628）引种种子，广东南昆山（登录号20030881）、广东翁源（登录号20060692）、广东天井山（登录号20111153）引种苗。长势一般。

物候

西双版纳热带植物园 1月上旬萌芽，1月中旬至6月上旬展叶；2月上旬现蕾，3月上旬始花，3月中旬盛花，4月上旬开花末期；4月上旬幼果现，7月中旬果实成熟，7月下旬果实成熟末期。

华南植物园 2月下旬至3月上旬萌芽，3月中旬开始展叶，4月上旬至4月中旬展叶盛期；3月下旬现花蕾，4月上旬始花，4月中旬至4月下旬盛花，5月上旬末花；4月下旬现幼果，6月下旬果实成熟。

迁地栽培要点

阳性树种，喜光照，也有一定的耐阴性。适应性强，耐干旱瘠薄土壤，根系浅，忌积水，宜种植于排水良好地方。萌发力弱，不宜过多修剪；每年施肥1～2次。病虫害少见。

主要用途

药用，根可散瘀活血，治跌打肿痛等，叶治带状疱疹。

花果枝

叶背面

果

雄花

果枝

花枝

雌花

花蕾

叶正面

55
光叶巴豆

别名： 保聋抱龙羊奶、浆叶白声花

Croton laevigatus Vahl, Symb. Bot. 2: 97. 1791.

自然分布

海南和云南南部。印度、斯里兰卡和中南半岛等。

迁地栽培形态特征

灌木和小乔木，高5～10m。

🌿 茎银白色，嫩枝部分密生蜡质贴伏星状毛。

🍃 着生于枝顶，叶片纸质，椭圆形、长圆状椭圆形，长5～26cm，宽4～10cm，顶端尖，基部楔形，边缘有细锯齿，齿间弯缺处有腺体1枚，嫩叶正面无毛，背面散生星状鳞毛很快脱落，老叶无毛；侧脉10～15对；背面基部中脉两侧各有1枚无柄的半圆形腺体；叶柄长1～6cm；托叶钻状，长约2mm，早落。

🌸 总状花序，簇生于枝顶，长15～30cm。雄花：萼片长约2mm，贴满伏星状鳞毛；花瓣长圆形，长约3mm，边缘有绵毛；雄蕊12～15枚。雌花：萼片与雄花相似；花瓣细小丝状，与萼齿互生；子房球形，布满蜡质贴伏星状鳞毛，花托2裂，花柱分枝6。

🍈 蒴果倒卵状，长约3cm，直径约2.5cm，散生贴伏星状鳞毛。

引种信息

华南植物园 自云南西双版纳热带植物园（登录号20090676）引种种子。长势良好。

西双版纳热带植物园 自云南勐腊（登录号00,1960,0583A、登录号00,200,12068、登录号00,2008,1051）引种苗。长势良好。

物候

西双版纳热带植物园 5月上旬至5月下旬萌芽，6月下旬至7月下旬展叶；2月下旬始花，3月中旬至下旬盛花；4月上旬现幼果，5月下旬至6月上旬果实成熟。11月中旬至翌年2月下旬落叶。

迁地栽培要点

中性树种，喜温暖的气候环境，对栽培土壤要求不严格，适应我国南亚热带栽培。播种或扦插繁殖。未见病虫害。

主要用途

具有活血散瘀、退热止痛功效；治跌打损伤、骨折、疟疾、胃痛。园林绿化。

植株

叶正面

雄花

叶片

花序

果

雄花序

56
海南巴豆

Croton laui Merr. et F. P. Metc., Lingnan Sci. Journ. 16: 389, f. 1. 1937.

自然分布

海南昌江、东方、乐东、三亚、陵水等和广西西部。生于海拔600m以下低山丘陵的灌丛或疏林中。

迁地栽培形态特征

常绿灌木，高3～5m。

❀ 树皮灰色，光滑，嫩枝密被星状柔毛，老枝无毛。

❀ 叶片纸质，鲜叶脆而易折断；倒卵形、长圆状倒卵形或倒披针形，长5～14cm，宽2～6cm，顶端钝或急尖，向基部渐狭，基部钝或微心形，边缘近全缘或疏生细齿，嫩叶密被星状茸毛，老叶上面无毛，下面被星状毛；羽状脉，侧脉5～8对，下面基部中脉两则或第一对侧脉基部各有1枚无柄杯状腺体；叶柄长1～3cm，被星状短柔毛；托叶钻形，长约2mm，早落。

❀ 总状花序顶生或腋生，长3～10cm，密被星状茸毛，雌花稀疏着生在花序轴的下部，雄花密集排列于上部，有时整个花序全为雄花；苞片卵状三角形，长约2mm；雄花：花萼裂片三角形，花瓣与花萼等长，长约2mm，长圆形，外被棉毛；雄蕊10枚，花丝被棉毛；雌花：萼片三角形，长约2mm，两面均被茸毛；子房近球形，密被星状茸毛，花柱3枚，自基部2裂。

❀ 蒴果近球形，被星状毛，直径约1cm；种子椭圆形，腹面略扁，长6～8mm。

引种信息

华南植物园 自海南（登录号20030532）引种苗。长势优，有自然更新苗。

物候

华南植物园 1月下旬萌芽，3月下旬至5月上旬抽新梢，4月下旬至5月中旬展叶盛期；2月上旬至2月中旬现花蕾，3月上旬始花，3月下旬至4月中旬盛花，4月下旬至5月上旬末花；4月上旬现幼果，4月下旬果实开始成熟，5月中旬至5月下旬果实成熟末期。

迁地栽培要点

阳性树种，幼苗期稍耐阴，长成后需要充足的阳光，能耐干旱贫瘠的生境；自然更新和萌芽力强。宜种植于阳光充足、排水良好的坡地或林缘。种子繁殖；种子含油率高，寿命短，采收后置于阴凉处，待自然开裂后立即播种。

主要用途

种子入药，有泻下冷积、逐水退肿、祛痰利咽的功效；根叶也可药用，叶治疟疾、疥癣、跌打损伤，根治痈疽、疔疮、风湿痹痛、胃痛。植株分枝多，树冠浓密，呈球形，可作园林绿化观赏。种子富含油脂。

叶正面

叶背面

雌花枝

雄花枝

幼果

果正面

果侧面

雌花

花蕾

盛花

雌雄同序

果侧面

雄花序

雌花和雄花

57
矮巴豆

Croton sublyratus Kurz, J. Asiat. Soc. Bengal, Pt. 2, Nat. Hist. 42(2): 243. 1873.

自然分布

泰国、老挝。

迁地栽培形态特征

常绿灌木或小乔木，高3~6m。

🌿 老枝灰白色，幼枝绿色，被稀疏星状柔毛。

🍃 互生；叶片薄革质，长圆状卵形，长5~24cm，宽2.5~8cm，上面深绿色，下面浅绿色，两面无毛，顶端渐尖，基部楔形，下面基部有两枚腺体；羽状脉，侧脉10~12条；叶柄长0.5~2cm，被短柔毛；

🌸 雌雄同株，总状花序，顶生，上部着生雄花，下部着生雌花；雄花：花萼5裂，卵形，被短柔毛，长约4mm；花瓣5枚，被软柔毛，长3~4mm；雄蕊11枚，花丝细长，长约4mm，密被腺毛；雌花：花萼5裂，无花瓣，子房圆形，密被短粗星状柔毛，花柱约16枚。

🍂 蒴果长圆形，具3钝棱，种子3枚，长圆形至卵形。

引种信息

西双版纳热带植物园 自老挝（登录号30,2002,0040）引种种子。长势良好。

物候

西双版纳热带植物园 2月上旬至2月下旬萌芽，2月中旬至4月下旬展叶；1月上旬始花，1月中旬至2月下旬盛花；3月下旬现幼果，10~12月果实成熟。

迁地栽培要点

全光照植物，喜温暖的气候环境，土壤肥沃排水性能好的地段生长良好，适应我国南亚热带及热带地区栽培。可利用种子播种或扦插繁殖。无病虫害。

主要用途

具有抗炎作用，叶片具有明显的阻止胃出血功效，茎和树皮具有止泻功效；产妇滋补药。

植株

幼果

果实

雌花

叶

雄花

雄花

58

巴豆

别名: 巴菽、刚子、老阳子、巴霜刚子、巴仁、猛子仁、双眼龙

Croton tiglium L., Sp. Pl. 1004. 1753.

成熟果实

果枝

幼果

自然分布

浙江南部、福建、江西、湖南、广东、海南、广西、贵州、四川和云南等。亚洲南部和东南部各国、菲律宾和日本南部。生于村旁或山地疏林中。

迁地栽培要点

灌木或小乔木,高3~6m。

🌿 嫩枝被稀疏星状柔毛,枝条无毛。

🍃 叶片纸质,卵形,稀椭圆形,长5~16cm,宽3~9cm,顶端渐尖,有时长渐尖,基部阔楔形至近圆形,稀微心形,边缘有细锯齿,嫩叶两面被疏伏毛,成长叶近无毛;基出脉3(~5)条,侧脉3~5对;基部两侧叶缘上各有1枚无柄盘状腺体;叶柄长2~6.5cm,无毛;托叶线形,长4~6mm,早落。

🌸 总状花序,顶生,长8~20cm,苞片钻状,长约2mm。雄花:花蕾近球形,疏生星状毛;花梗

纤细，长5~10mm，无毛；萼片5，卵形，长约3mm，宽约2mm，微被星状毛，顶端无毛，反卷；花瓣5，卵形，长1.5~2mm，宽约1mm，被白色柔毛；雄蕊16~20枚，花丝长3~4mm，无毛；花盘密被白色柔毛。雌花：萼片长圆状披针形，长约2.5mm，几无毛；子房密被星状柔毛，花柱2深裂。

🥭 蒴果椭圆状，长约2cm，直径1.4~2cm，近无毛；种子椭圆状，长约1cm，直径6~7mm。

引种信息

西双版纳热带植物园 引种信息不详。长势一般。

华南植物园 自广东乳源（登录号19811089）引种种子。长势优。

物候

西双版纳热带植物园 3月中旬萌芽，3月下旬至4月上旬展叶；3月下旬现蕾，4月上旬始花，5月上旬至6月上旬盛花，6月中旬末花；6月下旬幼果现，10月中旬果实成熟，12月果实成熟末期。

华南植物园 2月下旬萌芽，3月上旬开始展叶，3月下旬至4月中旬展叶盛期；3月上旬现花蕾，4月下旬始花，5月上旬至5月中旬盛花，5月下旬末花；5中旬现幼果，9月下旬成熟，10月中旬脱落。

桂林植物园 4月上旬萌芽，4月中旬展叶；5月中旬现花序，6月上旬始花，6月中旬盛花，6月下旬至7月上旬末花；6月下旬现幼果，8月上旬果实成熟；2月上旬至3月中旬落叶。

迁地栽培要点

阳性植物，喜温暖湿润气候，不耐寒，怕霜冻。喜阳光，在气温17~19℃、年降水量1000mm、全年日照1000小时、无霜期300天以上的地区适宜栽培，以阳光充足、土层深厚、疏松肥沃、排水良好的砂质壤土栽培为宜。种子繁殖。9~10月采收种子，高温地区随采随播，低温地区在翌年2月播种。

主要用途

种子俗称巴豆，其性味辛、热，有大毒，属于热性泻药；外用治恶疮、疥癣等；根、叶入药，治风湿骨痛等；巴豆油对皮肤黏膜有刺激，内服有峻泻作用，有很强的杀虫抗菌能力，民间用枝、叶作杀虫药或毒鱼。

雄花序

雄花序

花枝

叶片

雌花

植株

花蕾

东京桐属

Deutzianthus Gagnep., Bull. Soc. Bot. France 71: 139-141. 1924.

　　常绿乔木；嫩枝被星状毛，小枝有明显叶痕。叶互生，基出脉3条，侧脉明显；叶柄顶端有2枚腺体。花雌雄异株，伞房状圆锥花序，顶生，雌花序较雄花序短且狭。雄花：花萼钟状，5浅裂；花瓣5枚，与萼片互生，内向镊合状排列；花盘5深裂；雄蕊7枚,2轮，外轮5枚离生，内轮2枚通常合生达中部；无不育雌蕊。雌花：萼片三角形；花瓣与雄花同；花盘杯状，5裂；子房被毛，3室，每室有1颗胚珠，花柱3枚，仅基部合生。果近圆球状，外果皮壳质，内果皮木质；种子椭圆形，种皮硬壳质。

　　2种；分布于印度尼西亚（苏门答腊）、越南北部和我国南部，植物园引种栽

59
东京桐

Deutzianthus tonkinensis Gagnep., Bull. Soc. Bot. France 71: 139. 1924.

雄花序

雌花序

自然分布

云南和广西。越南。

迁地栽培形态特征

常绿小乔木，高5～7m。

🌿 嫩枝被星状毛至几无毛，老枝无毛，小枝有明显的叶痕和散生突起皮孔；中间具有白色髓心；枝条受伤有橙黄色油状黏稠汁液。

🍃 集生于枝端，椭圆形、卵形至椭圆状菱形；长8～20cm，宽9～18cm，顶端短尖至渐尖，基部宽楔形至近圆形，边缘稍波状；上面无毛，下面苍灰色，仅脉腋簇生毛；基生3出脉；叶柄长8～29cm，顶端具2盘状腺体。

🌸 花雌雄异株，顶生伞房状圆锥花序。雄花：花萼钟状，浅5裂，裂片三角形，花瓣5，白色，长圆形，舌状，长约7mm，宽约1mm，被白色柔毛，雄蕊7，无退化雌蕊。雌花：花序较短而狭，苞片线形，宿存；雌花的花瓣与雄花的相似；子房3室，被绢毛；花柱顶端2次分叉。花期4～6月。

果 蒴果近球形，直径4~6cm，被灰黄色短柔毛，顶端具短尖；外果皮厚壳质，内果皮木质；种子椭圆形，长2~2.5cm，平滑有光泽。果期7~9月。

引种信息

西双版纳热带植物园 自云南勐腊（登录号0020081145）引种苗。长势良好。

华南植物园 自广西壮族自治区林业科学研究院树木园（登录号19910369）引种种子，广西壮族自治区林业科学研究院（登录号19930067）、桂林植物园（登录号19940077）引种苗。长势良好。

物候

西双版纳热带植物园 3月中旬萌芽，3月下旬至5月下旬展叶；4月中旬现蕾，5月上旬始花，5月中旬盛花，5月下旬开花末期；6月上旬幼果现，8月中旬果实成熟。

华南植物园 3月上旬至3月中旬萌芽，3月下旬开始展叶，4月中旬至4月下旬展叶盛期；4月中旬现花蕾，4月下旬始花，5月上旬至5月中旬盛花，5月中旬末花；5月中旬现幼果，9月上旬果实成熟，10月上旬至10月中旬果实脱落。

桂林植物园 3月下旬开始萌芽，其后不断抽梢长叶，到11月上旬生长停止。雌雄异株，5月下旬开始现花蕾，6月上旬开花，雌雄花同时开放，虫媒传粉，6月中旬授粉结束并开始出现幼果，9月初果开始成熟，9月中旬果基本上都成熟脱落。

雄花枝

果实

种子

迁地栽培要点

喜光，也有一定耐阴性，耐干旱，喜石灰岩土壤，但在酸性红壤中栽培时也能适应；适合热带及中亚热带以南地区引种栽培。种子繁殖或扦插繁殖；种子寿命短，不宜干燥储藏，应采收后即播；扦插繁殖时，应将插穗用清水冲洗或浸泡1～2小时后再扦插。

主要用途

枝叶浓密、树形优美，是绿化石山的优良树种或园林绿化观赏树种。种仁含油率达49.7%；在脂肪酸中，棕榈酸占28.1%，硬脂酸占13.8%，油酸27.4%，亚油酸24.8%，为干性油，为重要油脂植物，优良能源植物。

植株

雄花

花蕾

叶片

雌花

丹麻杆属

Discocleidion (Müll. Arg.) Pax et K. Hoffm., Engler, Pflanzenr. 63(IV. 147. VII): 45. 1914.

　　落叶灌木或小乔木。叶互生，叶片近基部具1或2枚腺体，边缘有锯齿，基出脉3~5条；叶柄顶端具小托叶2枚。总状花序或圆锥花序，顶生或腋生；花雌雄异株，无花瓣，雄花3~5朵簇生于苞腋，花蕾球形，花萼裂片3~5，镊合状排列；雄蕊25~60枚，花丝离生，花药4室，成对地一端附着成水平状相对生，内向，纵裂，药隔不突出；花盘具腺体，腺体靠近雄蕊，小、呈棒状圆锥形；无不育雌蕊；雌花1~2朵生于苞腋；花萼裂片5，镊合状排列；花盘环状，具小圆齿；子房3室，每室有胚珠1颗，花柱3，2裂至中部或几达基部。蒴果具3个分果爿；种子球形，稍具疣状突起。

　　2种；分布于我国和日本。我国产2种，分布于福建、广东、江西、浙江、安徽、湖北、湖南、陕西、四川等地。植物园引种栽培1种。

60
毛丹麻杆

别名: 艾桐、老虎麻、假柔包叶

Discocleidion rufescens (Franch.) Pax et K. Hoffm., Engl. Pflanzenr. 63 (IV. 147. VII): 45. 1914.

植株

自然分布

甘肃、陕西、四川、湖北、湖南、贵州、广西、广东。生于海拔250~1000m林中或山坡灌丛中。

迁地栽培形态特征

落叶灌木,高1~3m。

🌿 老枝褐色,小枝密被淡黄色短柔毛。

🍃 叶片纸质,卵形或宽卵形,长5~9cm,宽3~7cm,顶端渐尖,基部圆形或近截平,稀浅心形,边缘具锯齿,上面被疏柔毛,下面被茸毛,叶脉上被白色长柔毛;基出脉3~5条,侧脉4~6对;叶柄长3~6cm,顶端具2枚线形小托叶,小托叶长约5mm,被毛。

🌸 单性,雌雄异株,总状花序或下部多分枝呈圆锥花序,长5~15cm,苞片卵形,长约2~4mm。雄花: 3~5朵簇生于苞腋,花梗长约3mm;花萼裂片3~5,卵形,长约2mm;雄蕊35~60枚,花丝纤细。雌花: 1~2朵生于苞腋,苞片披针形,长2~4mm,疏生长柔毛,花梗长约3mm;花萼裂片卵形,长约2mm;子房被黄色长柔毛,花柱长1~3mm,柱头3裂,外反,2深裂至近基部,密生羽毛状突起。

🍎 蒴果扁球形,直径6~8mm,被长柔毛。

引种信息

华南植物园 自湖北恩施（登录号20140407）引种苗。长势较良好。

武汉植物园 自重庆万州（登录号057041）引种苗。长势良好。

南京中山植物园 引种信息不详。

物候

华南植物园 2月中旬萌芽，3月下旬展叶，4月上旬至4月下旬展叶盛期；3月中旬现花蕾，4月上旬始花，4月中旬至4月下旬盛花，5月上旬末花；有时7~9月二次开花；5月上旬现幼果，9月上旬至9月中旬果实成熟；11月下旬至12月下旬落叶。

南京中山植物园 3月下旬萌芽，4月中旬展叶，5月上旬展叶盛期；5月下旬现花蕾，6月中旬始花，6月下旬盛花，7月上旬末花；6月下旬现幼果，7月下旬至8月上旬果实成熟；11月中旬至11月下旬落叶。

迁地栽培要点

中性植物，喜阳，也具有一定的耐阴性，宜种植于疏林下或林缘坡地。对土壤要求不严，每年施肥1~2次，适当中耕除草，夏季干旱时适当浇水。一般采用播种繁殖，种子采收后稍储藏即可播种或在3~4月播种。

主要用途

茎皮纤维可作编织物。根皮可入药，具有清热解毒、泄水消积功效，用于治疗水肿、食积、毒疮等。叶有毒，牲畜误食，导致肝、肾损害。

雄花序

托叶

雌花

雄花枝

雌花枝

茎

雌花

叶片

核果木属

Drypetes Vahl, Eclog. Amer. 3: 49. 1810.

常绿乔木或灌木。单叶互生，叶片边缘全缘或有锯齿，基部两侧常不等；羽状脉；叶柄短；托叶2枚。花雌雄异株；花梗有或无；无花瓣；雄花：簇生或组成团伞、总状或圆锥花序；萼片4~6，分离，覆瓦状排列，通常不等长；雄蕊1~25，排成1至数轮，围绕花盘着生或外轮的生于花盘的边缘或凹缺处，内轮的则着生于花盘上，花丝分离，花药2室，药室通常内向，稀为外向，纵裂；花盘扁平或中间稍凹缺，边缘浅至深裂；退化雌蕊极小或无；雌花：单生于叶腋内或侧生老枝上；萼片与雄花的相同；花盘环状；子房1~2室，稀3室，每室有2颗胚珠，花柱短，柱头1~2，稀3，常扩大呈盾状或肾形。核果，外果皮革质或近革质，中果皮肉质或木质，内果皮木质、纸质或脆壳质，1~2室，稀3室，每室有1颗种子；种子无种阜。

约200种，分布于亚洲、非洲和美洲的热带及亚热带地区。我国产12种，2变种，分布于台湾、广东、海南、广西、贵州和云南等地。植物园引种栽培4种。

核果木属分种检索表

1a. 叶片边缘具波状齿或钝齿 ………………………… **61. 青枣核果木 *D. cumingii***
1b. 叶片边全缘。
  2a. 叶片纸质，线状长圆形或狭椭圆形 ………………… **64. 柳叶核果木 *D. salicifolia***
  2b. 叶片近革质，长圆形、椭圆形或卵形。
    3a. 核果 2 室，圆球形，不具棱 ………………… **62. 海南核果木 *D. hainanensis***
    3b. 核果 1 室，近椭圆形，长有缺纹或具棱 …………… **63. 钝叶核果木 *D. obtusa***

61
青枣核果木

Drypetes cumingii (Baill.) Pax et K. Hoffm., Engl., Pflanzenr. 81(IV. 147. XV): 238.
1921.

自然分布

广东、海南、广西、云南。菲律宾。

迁地栽培形态特征

常绿乔木。

🌿 灰白色，树皮粗糙，有细纹。

🍃 叶片革质，长圆形，长10~14cm，宽3.5~5cm，顶端长渐尖，基部楔形，稍偏斜，边缘具不规则的波状齿或不明显钝齿，两面均无毛，叶面有光泽；侧脉每边7~9条，和网脉一样明显；叶柄长5mm。

🌸 单性，簇生于叶腋。雄花：花梗长5mm，被柔毛；花张开直径5~6mm；萼片4，宽卵形，开花后向外反折，外面和内面的基部均被短柔毛；雄蕊约10枚；花盘边缘隆起呈裂片状。雌花：花梗长5mm；萼片4，倒卵形，顶端钝，外面密被短柔毛；花盘边缘具细圆齿；子房卵圆形，2室，柱头倒三角形。

🍎 核果椭圆形，长约2cm，直径约1.5cm，有短柔毛，果梗长约5mm，成熟果实红色。

引种信息

西双版纳热带植物园 自云南河口（登录号0020013704）引种苗，云南勐腊（登录号0020011863）引种种子。长势一般。

华南植物园 自云南西双版纳（登录号20050510）引种苗。长势优。

物候

西双版纳热带植物园 4月上旬开始萌芽，4月中旬开始展叶；1月下旬始花，3月中旬盛花；3月下旬现幼果，5月中旬果实膨大期，7月上旬果实成熟；1月下旬至5月下旬落叶。

华南植物园 2月上旬萌芽，2月下旬展叶，3月上旬至4月上旬展叶盛期；植株高约4m，未开花。

迁地栽培要点

阳性植物，喜光照充足环境，宜种植阳光充足、排水良好的坡地；对栽培土壤要求不严格，土层深厚肥沃时长势更好；适应我国南亚热带及热带地区引种栽培。播种或扦插繁殖。几无病虫害。

主要用途

药用，茎叶含三萜活性成分。树形优美，新叶黄绿色，3月份展叶盛期时非常靓丽，可用于园林绿化观赏，可用丛植、孤植、列植等多种应用形式。

果枝

果实

雄花

雄花

雄花

雌花

62
海南核果木

别名: 白梨、九巴公

Drypetes hainanensis Merr., Journ. Arn. Arb. 6: 134. 1925.

自然分布

海南。越南、泰国。生于海拔200~900m山地林中。

迁地栽培形态特征

常绿乔木，高5~10m。

🌿 树皮灰色至灰褐色，小枝具棱，有明显的皮孔，无毛。

🍃 叶片革质，卵形、长圆形或卵状披针形，长5~10cm，宽2~4cm，顶端渐尖，尖头钝，基部楔形或宽楔形，两侧略不等，边缘全缘；侧脉每边8~10条，网脉密而明显；叶柄长8~10mm。

🌸 单性，雌雄异株。雄花：多朵簇生于叶腋；花梗长约4mm；萼片4，卵形或近圆形，长6~8mm，大小不等，外面被微柔毛；雄蕊约18枚，花丝宽而扁。雌花：萼片4，卵形或近圆形，长6~8mm，大小不等，外面被微柔毛；子房卵形，2室。

🍒 核果圆球形，直径2~2.5cm。

引种信息

华南植物园 自海南（登录号20011192、20030560）引种苗。长势良好。

物候

华南植物园 2月下旬萌芽，3月上旬展叶，3月中旬至4月上旬展叶盛期；未开花结果。

迁地栽培要点

阳性植物，喜光照充足环境。对土壤要求不严，但土层深厚肥沃，生长快速。播种或扦插繁殖。未发现病虫害。

主要用途

木材纹理通直、结构密，材质硬而重，干燥后少开裂、不变形，适于机械器具、运动器械、建筑、家具、农具等用料。园林绿化。

小枝

叶片

植株

小枝正面

小枝背面

茎

63
钝叶核果木

别名: 广西核果木

Drypetes obtusa Merr. et Chun, Sunyatsenia 5: 96. 1940.

自然分布

广东、海南、广西、云南。越南。生于山地阔叶林中。

迁地栽培形态特征

小乔木,高5~7m。

🌿 主干有枝刺,枝条灰白色,皮孔明显,幼嫩枝略被短柔毛。

🍃 叶片纸质或近革质,长圆形,长3~10cm,宽1.5~3cm,顶端短渐尖至钝,基部楔形,边缘全缘,叶面橄榄绿色,背面颜色较淡;侧脉每边9~10条,不明显;叶柄长6~8mm,略被短毛。

🌸 单性,雌雄异株,花梗长约2mm,无花瓣。雄花:3~5朵簇生于叶腋或侧生老枝上,萼片4~6,覆瓦状排列。雌花:单生于叶腋内或侧生老枝上;萼片4~6覆瓦状排列;花盘环状;子房1(~2)室,花柱短,柱头2。

🍈 核果单生于叶腋,近椭圆形,长约1.5cm,宽约1cm,常有皱纹或具棱,被柔毛,1室,内有1种子,外果皮革质,中果皮木质,内果皮硬壳质,宿存花柱极短,柱头2。

引种信息

华南植物园 自广西防城港(登录号19865003)引种苗。长势优,林下有自然更新苗。

物候

华南植物园 3月中旬萌芽,3月下旬展叶,4月上旬至中旬展叶盛期;4月中旬现花蕾,4月下旬始花,5月上旬盛花,5月中旬至5月下旬末花;未见果实。

迁地栽培要点

中性植物,喜半阴环境。对土壤要求不严,定植时浇透水,夏秋季节注意补充水分,生长季节每年施肥1~2次,适当中耕除草,秋冬季节可适当修剪徒长枝条。播种繁殖或扦插繁殖。

主要用途

树形美观,枝叶浓密,可用于园林绿化。

植株

小枝背面

小枝正面

雄花

雄花

嫩叶

叶片

64
柳叶核果木

Drypetes salicifolia Gagnep., Bull. Soc. Bot. France 71: 261. 1924.

自然分布

云南南部。越南、老挝。生于山地常绿阔叶林中。

植株

迁地栽培形态特征

乔木，高5~7m。

🌿 小枝具棱，无毛。

🍃 叶片纸质，线状长圆形或狭椭圆形，长8~16cm，宽1.5~3cm，顶端渐尖，基部楔形，边缘全缘，叶背常具有黑色小斑点；中脉和侧脉两面均凸起，侧脉8~14条，网脉略明显；叶柄长5~8mm；托叶2，长圆形，长约1mm，生于叶柄基部两侧。

雄花

🌸 单性，雌雄异株。雄花：2~3朵簇生叶腋，花梗短；萼片4，被短柔毛，倒卵形，2轮，内轮比外轮的狭；雄蕊12，花丝分离。雌花：单生叶腋；花梗极短；萼片4，被短柔毛，外轮的长圆形，长约5mm，内轮的椭圆形；花盘环状，4~5裂；子房卵圆形，2室，被短柔毛，花柱2，顶端扩大呈盾形或平凹。

雄花

🍈 蒴果圆球形，被短柔毛，直径1.5~2cm，黄褐色，常1室发育，内有1种子；果梗长2~4mm，被短柔毛。

引种信息

西双版纳热带植物园 自云南思茅（登录号0020010741）引种苗。长势良好。

叶片

物候

西双版纳热带植物园 2月上旬萌芽，2月下旬展叶，3月上旬至3月中旬展叶盛期；2下旬现花蕾，3月上旬始花，3月中旬至下旬盛花，3月下旬至4月上旬末花；4月上旬现幼果，果熟期6~8月。

迁地栽培要点

中性植物，宜种植于阴坡或疏林中。对土壤要求不严，苗期适当中耕除草，夏秋注意补充水分。播种繁殖。

主要用途

树形美观，花淡黄色，具有一定的观赏性，可用于栽培观赏或园林绿化配置。

果实

黄桐属

Endospermum Benth., Fl. Hongk. 304. 1861.

乔木或灌木；茎通常被星状短柔毛，枝条圆柱状，有明显髓部。叶互生，叶片基部与叶柄连接处有腺体；托叶2枚。花雌雄异株，无花瓣；雄花几无梗，组成圆锥花序，簇生于苞腋；花萼杯状，3~5浅裂；雄蕊5~12枚，2~3轮、生于突起的花托上，花丝短，分离，花药2室；花盘边缘浅裂；不育雌蕊缺；雌花排成总状花序或有时为少分枝圆锥花序；花萼杯状，4~5齿裂；花盘环状；子房2~3（~6）室，每室有胚珠1颗，花柱极短，柱头呈2~6浅裂的盘状体。果核果状，果皮干燥稍近肉质，无皱纹，成熟时分离成2~3个不开裂的分果爿。种子无种阜。

65
黄桐

别名： 黄虫树

Endospermum chinense Benth., Fl. Hongk. 304. 1861.

雄花枝　　小枝

自然分布

福建南部、广东、海南、广西和云南南部。印度东北部、缅甸、泰国、越南。生于海拔600m以下山地常绿林中。

迁地栽培形态特征

乔木，高6~20m。

🌿 树皮灰褐色，皮孔明显；嫩枝密被灰黄色星状短柔毛，有纵棱；小枝的毛渐脱落，叶痕明显，灰白色。

🍃 叶片薄革质，宽卵形至卵圆形，长5~20cm，宽4~14cm，顶端急尖至钝圆形，基部钝圆、截平至浅心形，边缘全缘。嫩叶两面被灰黄色星状毛，老叶上面近无毛，下面被微星状毛，基部有2枚球形杯状，长约2mm，具3～5枚波状浅裂，被毛，宿存；花盘环状，2～4齿裂；子房近球形，被微茸毛，2～3室，花柱短，柱头盘状。

🍑 近球形，直径约1cm，果皮稍肉质；种子椭圆形，长约7mm。

引种信息

华南植物园 自海南（登录号19750560）、香港（登录号19850995）引种种子，广州（登录号20081049）、广东从化（登录号20135018）、海南（登录号20140878）引种苗。长势优。

物候

华南植物园 3月下旬萌芽，4月上旬展叶，4月下旬至5月中旬展叶盛期；4月下旬现花蕾，5月中旬始花，5月下旬盛花，5月下旬至6月上旬末花；6月上旬现幼果，9月下旬成熟。

迁地栽培要点

阳性植物，喜温暖湿润、阳光充足环境。速生，对土壤要求不严，在土层深厚、肥沃时生长旺盛。扦插、播种或组培繁殖。播种繁殖时，8～9月采集种子阴干后即可播种。

主要用途

木材淡黄色，纹理通直而美观，木材软且轻，板材不翘不裂，广泛用于加工成胶合板。树皮具有治疗伤寒发狂、跌打损伤等功效，树叶可用于治疗手足肿浮、痈疽发背等。树干通直，冠形优美，是优良的观赏树种，可作园景树及庭园树。

果正面

叶基部腺体

种子

植株

小枝

叶片

果枝

果侧面

雄花序

风轮桐属

Epiprinus Griff., Not. Pl. Asiat. 4: 487-489. 1854.

乔木或灌木；嫩枝被糠秕状的短星状毛。叶互生，常聚生于枝顶，呈轮生状，叶片基部具2枚腺体，边缘全缘或微波状，具羽状脉；叶柄长或短；托叶小。圆锥状花序，顶生或腋生，花雌雄同株，无花瓣，花盘缺；雄花多朵在苞腋排成团伞花序，稍密地排列在花序轴上，雌花数朵生于花序基部，花梗短，花序轴和苞片均被短星状毛；雄花：花萼花蕾时球形，萼裂片2~6枚，镊合状排列；雄蕊4~15枚，花丝离生，花药近基着，纵裂，药隔突出呈细尖；不育雌蕊小，呈倒圆锥状或柱状；雌花：具长花梗；萼片5~6枚，外向镊合状排列，花后增大或不增大；副萼鳞片状，与萼片互生；无花瓣和花盘；子房3室，每室具胚珠1颗，花柱基部合生呈柱状，上部分离，平展，叉裂，具乳头状突起。蒴果具3个分果爿，近球形，被微茸毛，内果皮厚，近木质；种子近球形，种皮壳质，具斑纹。

约4~6种，分布于亚洲东南部各国和印度东部。我国产1种，分布于海南和云

66
风轮桐

Epiprinus siletianus (Baill.) Croiz., Journ. Arn. Arb. 23: 53. 1942.

自然分布

海南、云南。印度东部、缅甸、泰国、越南等。生于海拔120～1000m河边或山地常绿林中。

迁地栽培形态特征

常绿小乔木，高5～7m。

🌿 老枝灰色，无毛；嫩枝密被灰黄色短星状茸毛，后呈糠秕状脱落。

🍃 互生，常在枝顶端密生呈假轮生，叶片坚纸质，匙状披针形或琴状椭圆形，长8～25cm，宽2～7cm，顶端渐尖，中部以下渐狭，基部呈耳状心形，嫩叶紫红色，两面被灰黄色星状毛，老叶无毛，边缘微波状；中脉两面凸起，侧脉11～20对，在上面微凹，下面凸起；叶柄短，长3～5mm，密被短柔毛；托叶披针形，长3～4mm，脱落，基部具2腺体，嫩枝上呈绿色，老枝上呈黑色。

🌸 单性，雌雄同株，圆锥状花序，长3～12cm，花序轴密被茸毛。雄花：花蕾时近球形，长约1mm，排列成团伞花序，密集排列在花序轴上，无毛，花萼裂片4枚，卵形，长约1mm；雄蕊3～6枚，花丝长2mm；不育雄蕊呈柱状，长约0.5mm，花梗几无。雌花：1～3朵生于花序基部，萼片5～6枚，披针形，2.5～4mm，宽约1mm，具茸毛，先端浅紫色；副萼与萼片互生，小，鳞片状，有时呈腺体；子房长约2mm，密被茸毛；花柱3，长约3mm，基部合生，顶部各2浅裂或二回叉状裂，密生小乳头。

🍎 蒴果，直径1.2～1.8cm，被微茸毛；果梗短，长约4mm，被茸毛；种子近球形，具斑纹。

引种信息

西双版纳热带植物园 自云南景洪（登录号20080850）引种苗。长势良好。

华南植物园 自海南（登录号19840477）引种苗。长势好。

物候

西双版纳热带植物园 2月上旬萌芽，2月下旬至4月下旬展叶；1月中旬现蕾，1月下旬始花，3月上旬盛花，4月上旬开花末期；5月上旬幼果现，6月果实成熟。

华南植物园 2月下旬萌芽，3月上旬展叶，3月下旬至4月中旬展叶盛期；2月上旬现花蕾，3月上旬始花，3月中旬至4月上旬盛花，4月下旬末花；4月中旬现幼果，6月下旬果实成熟。

迁地栽培要点

中性，在半阴环境条件下生长良好，适合种植于疏林下或林缘。喜疏松透气土壤，土壤含腐殖质较高生长更佳。种子繁殖，种子采收后短期储藏即可播种。

雌花（左），雄花（右）

花枝

雄花序

嫩叶

果实

叶片

雌花

大戟属

Euphorbia L., Sp. Pl. 1: 450. 1753.

　　一年生、二年生或多年生草本，灌木，或乔木；植物体具乳状液汁。根圆柱状，或纤维状，或具不规则块根。叶常互生或对生，少轮生，叶片边缘常全缘，少分裂或具齿或不规则；叶常无叶柄，少数具叶柄；托叶常无，少数存在或呈钻状或呈刺状。杯状聚伞花序，单生或组成复花序，复花序呈单歧或二歧或多歧分枝，多生于枝顶或植株上部，少数腋生；总苞辐射对称，每个杯状聚伞花序由1枚位于中间的雌花和多枚位于周围的雄花同生于1个杯状总苞内而组成，为本属所特有，故又称大戟花序；雄花无花被，仅有1枚雄蕊，花丝与花梗间具不明显的关节；雌花常无花被，少数具退化的且不明显的花被；子房3室，每室1个胚株；花柱3，常分裂或基部合生；柱头2裂或不裂。蒴果，成熟时分裂为3个2裂的分果爿（极个别种成熟时不开裂）；种子每室1枚，常卵球状，种皮革质，深褐色或淡黄色，具纹饰或否；种阜存在或否。。

　　约2000种，分布世界各地，其中非洲和中南美洲较多。我国分布有77种，其中11个特有种，9个引种栽培种。植物园引种栽培约9种，其中一品红栽培品种较多。

大戟属分种检索表

1a. 茎枝均绿色；叶早落，常呈无叶状 ……………………………………75. **绿玉树 *E. tirucalli***
1b. 茎枝非均绿色；叶不早落。
　2a. 总苞的腺体具花瓣状附属物。
　　3a. 一年生草本；叶对生，叶片基部偏斜 …………………… 70. **地锦 *E. humifusa***
　　3b. 灌木或小乔木；叶轮生，叶片基部对称 ··· 67. **紫锦木 *E. cotinifolia* subsp. *cotinoides***
　2b. 总苞的腺体无附属物。
　　4a. 茎基部不木质化；总苞腺体 4 枚 …………………… 72. **续随子 *E. lathyris***
　　4b. 茎基部木质化；总苞腺体 1 枚，少数 2～3 枚。
　　　5a. 茎顶部叶片红色或至少一部分红色或白色。
　　　　6a. 茎顶部叶片完全红色 ………………… 74. **一品红 *E. pulcherrima***
　　　　6b. 茎顶部至少一部分叶片红色或白色 ………… 68. **猩猩草 *E. cyathophora***
　　　5b. 茎顶部叶完全绿色。
　　　　7a. 叶互生；总苞叶绿色 …………………… 69. **海南大戟 *E. hainanensis***
　　　　7b. 叶对生或轮生；总苞叶白色。
　　　　　8a. 叶对生或 3～4 枚轮生；总苞叶小，宽约 2mm，倒卵形 …………………
　　　　　…………………………………………… 71. **禾叶大戟 *E. graminea***
　　　　　8b. 叶片 5～8 枚轮生；总苞叶大，宽 3～7mm，倒卵状披针形 …………

67
紫锦木

别名： 肖黄栌、红叶乌桕、非洲红

Euphorbia cotinifolia L., Sp. Pl. 1: 453. 1753.

自然分布

热带美洲。

迁地栽培形态特征

落叶灌木或小乔木。

🌿 嫩茎紫红色，光滑无毛，具明显叶痕，有丰富白色乳汁。

🍃 纸质，3枚轮生，叶片卵形，长2～6cm，宽1.5～4cm，先端圆，基部偏斜稍呈盾状，无毛；叶脉两面凸起，中脉不达基部，侧脉近平行；边缘全缘；两面紫红色；叶柄长1～5cm，略带紫色。

🌸 单性，雌雄同序，顶生圆锥花序，松散，浅黄色；总苞阔钟状，边缘4～6裂，内具雄花多数和一朵雌花；雌花伸出总苞之外，子房三棱形。

🍒 蒴果，三棱状卵形，长约5mm，直径约6mm，无毛。

引种信息

西双版纳热带植物园 自广东广州（登录号0019890019）引种苗。

华南植物园 自广东陈村（登录号20082309）引种苗。生长良好。

物候

西双版纳热带植物园 2月上旬萌芽，2月下旬至4月下旬展叶；4月上旬现蕾，4月中旬始花，4月下旬盛花，5月下旬开花末期；5月下旬幼果现，果期5月至翌年1月。

华南植物园 3月上旬萌芽，3月中旬开始展叶，3月下旬至4月中旬展叶盛期；3月下旬现花蕾，4月中旬始花，5月上旬至5月下旬盛花，6月上旬末花；5月中旬现幼果，9月上旬成熟，10月下旬至11月中旬脱落；11月中旬至12月上旬落叶，幼苗落叶期延至翌年1月中下旬。

迁地栽培要点

喜温暖、湿润和阳光充足环境；耐干旱和贫瘠土壤，忌积水，宜种植于排水良好、肥沃的砂质壤土。不耐寒，冬季温度低于10℃时叶片变色脱落。播种或扦插繁殖。采种后即播，否则种子很快丧失发芽力，发芽适温为25～30℃，播后20～25天发芽。扦插时剪取健壮成熟枝条，插穗10～15cm，用清水冲洗枝条切口常流出白色乳液后再插入沙床中，20天左右生根。耐修剪，分枝能力较强；春季结合整形，剪除枝梢和枯枝、密枝，以便萌发新枝。常见有萎蔫病和白粉病，发病时用波尔多液喷洒防治；虫害有介壳虫和蚜虫危害，可用40%氧化乐果乳油1500倍液喷杀。

主要用途

树形优美，叶片常年紫褐色，是南方较好的观叶植物，可用作园林绿化观赏或盆栽。

果枝

花序

植株

茎

花序

小枝

叶片

雌花

68
猩猩草

别名： 草一品红

Euphorbia cyathophora Murray, Comment. Soc. Regiae Sci. Gott. 7: 81 1786.

自然分布
中南美洲热带地区。

迁地栽培形态特征
多年生草本植物。

🌿 茎直立，基部木质化，上部多分枝，圆柱形，光滑无毛，嫩茎稍具棱；中空；有白色乳汁。

🍃 互生，叶片纸质，卵形或卵状椭圆形，先端尖或圆，基部渐狭至下延，长4～11cm，宽2～5cm，边缘波状分裂或具疏细锯齿，叶片下面被贴疏毛；叶脉在下面凸起；叶柄1～2cm，微被柔毛；总苞叶与茎叶同形，较小，长2～5cm，宽1～2cm；淡红色，基部红色或白色。

🌼 聚伞花序，单生于枝顶，雌雄异花同株。总苞钟状，高3～4mm，顶端5浅裂，裂口流苏状；腺体1枚，稀2枚。横椭圆形，黄色，裂口唇形。雄花：雄蕊多数，伸出总苞之外，无花被。雌花：单生于花序的中央，无花被，子房3棱状球形，无毛；花柱3、分离，柱头2浅裂。

🍒 蒴果，三棱状球形，长4～5mm，直径约5mm，成熟时3片裂；种子黑色，表面具不规则小突起。

引种信息
华南植物园 自桂林植物园（登录号19801052）、海南三亚（登录号19960111）、广西药用植物园（登录号20041019）引种苗。生长良好。

物候
华南植物园 3月下旬萌芽，4月上旬展叶，4月下旬至5月上旬展叶盛期；8月上旬始花，8月下旬至10月上旬，10月下旬至11月中旬末花；8月下旬现幼果，9月下旬至11月中旬成熟脱落。

迁地栽培要点
喜光，也具有一定耐阴性，在全光或半光条件下种植；根系对水分、温度、氧气、肥料浓度等比较敏感，喜肥沃疏松壤土。盆栽一般用0.5％的B₉浇灌盆土、1500～3000mg/L的矮壮素（CCC）或200～300mg/L多效唑（PP$_{333}$）进行叶面喷洒，都能使猩猩草节间缩短，使植株矮化。播种或扦插繁殖。常见褐斑病和炭疽病危害，用65％代森锌可湿性粉剂500倍液喷洒。虫害有粉虱和介壳虫危害，用40％氧化乐果乳油1000倍液喷杀。

主要用途
总苞片淡红色，基部白色，具有较好的观赏性，可作园林绿化观赏或盆栽。花或叶具调经止血、接骨消肿之功效。

花果枝

植株

花果枝

片植效果

69
海南大戟

Euphorbia hainanensis Croiz., Jour. Arn. Arb. 21: 505. 1940.

自然分布
海南。生于石灰岩山的石隙或疏林下。

迁地栽培形态特征
常绿亚灌木，高30~80cm，植株有白色乳汁。

🌿 小枝绿色，光滑无毛，茎中空，具白色乳汁。

🍃 互生，叶片纸质，椭圆形或长椭圆形，长2~5cm，宽1.5~2.5cm，顶端圆钝，基部楔形或钝圆，边缘全缘，两面均无毛；叶柄1~2cm；托叶小，腺点状。

🌸 聚伞花序单生枝顶或叶腋，具1~2mm短梗；总苞叶绿色，总苞钟状，直径3~4mm，顶端4浅裂；腺体3~4枚，宽2mm，无附属物；雄花：多朵；苞片上部撕裂呈茸毛状；雌花：子房无毛，花柱基部合生；柱头3裂。花期12月至翌年2月。

🍎 蒴果卵状三棱形，直径5~6mm，果梗长5~7mm，弯曲；种子近球形，直径约3mm，平滑。

引种信息
华南植物园 自海南昌江（登录号20052137）引种苗。长势良好。

物候
华南植物园 全年可见花果，没有集中开花期。

迁地栽培要点
喜光，也具有一定耐阴性；在砂质土壤中栽培时生长表现较好；病虫害少见。播种繁殖或扦插繁殖，种子采收即播，或短期储藏后播种；扦插时，枝条需用清水侵泡或流水冲洗插穗切口白色乳汁。

主要用途
种子富含油脂，可供工业用。盆栽观赏或岩石园景观配置。

幼果

植株

花枝

雌花

幼果

雌花

小枝

70
地锦

别名: 红丝草、奶疳草、斑鸠窝、斑雀草

Euphorbia humifusa Willd., Enum. Pl., Suppl. 27. 1814.

自然分布

我国除海南外。欧亚大陆温带。

迁地栽培形态特征

一年生草本。

茎 匍匐，柔细，基部以上多分枝，先端偶尔斜向上伸展，基部常红色或淡红色，长达15～30cm，有柔毛。

叶 对生，叶片圆形或椭圆形，长6～11mm，宽4～6mm，先端钝圆，基部偏斜，边缘于中部以上具细锯齿；正面绿色，背面淡绿色，两面有疏柔毛；叶柄长1～2mm。

花 花序单生于叶腋，有1～3mm的短柄；总苞陀螺状，长宽各约1mm，边缘4裂，裂片三角形；腺体4，圆形，边缘有白色或淡红色花瓣状附属物。雄花数枚，与总苞边缘等长；雌花1枚，子房柄伸出总苞边缘；子房三棱状卵形，光滑无毛；花柱3分离成2裂。

果 蒴果三棱状球形，长约2mm，直径约2.2mm，成熟时分裂为3个分果爿，花柱宿存。

引种信息

西双版纳热带植物园 园内野生。

物候

西双版纳热带植物园 3月上旬至下旬萌芽，3月下旬至4月中旬展叶，4月上旬始花，4月中旬至5月下旬盛花，果期6月上旬至11月上旬；落叶期11月中旬至12月下旬。

迁地栽培要点

喜阳性，砂质土壤为佳。可利用种子播种、繁殖。几无病虫害。

主要用途

全草入药，有清热解毒、利尿、通乳、止血及杀虫作用。

片植效果

花序

托叶

雄花

果实

71
禾叶大戟

Euphorbia graminea Jacq., Select. Stirp. Amer. Hist. 151. 1763.

自然分布

古巴、墨西哥及美国南部等。

迁地栽培形态特征

多年生草本植物，植株披散，株高60~80cm，具白色乳汁。

🌿 直立或斜升，节部肿大，表面光滑，无毛。

🍃 对生，稀3~4枚轮生，叶片纸质，卵形至椭圆形。长2~5.2cm，宽0.8~2cm，上面无毛，下面被短柔毛，顶端急尖，基部楔形，边缘全缘；叶柄长0.5~3cm，被稀疏柔毛；无托叶。

🌸 单性，雌雄同株同序，二歧聚伞花序，顶生或腋生，花白色。总苞叶2枚，小，白色，倒卵形，长5~9mm，宽约2mm，顶端急尖或圆形，基部楔形，柄长2~3mm；总苞近钟状，绿色，高约2mm，直径约1.5mm，无毛，边缘5裂，裂片白色，肾圆形，长约1mm，宽约1mm。雄花：数枚，位于雌花周围，花丝长约1mm，常伸出总苞之外，苞片丝状。雌花：1枚，位于花序中间，子房柄长1~1.5mm，常伸出总苞之外；花柱3，基部合生，柱头2深裂。

🍈 蒴果，种子卵圆形，具棱。

引种信息

华南植物园 自四川玛利亚色彩园艺工程有限公司（登录号20181158）引种苗。长势良好。

物候

华南植物园 花几全年，果未见。

迁地栽培要点

喜阳植物，喜光照充足、温暖湿润环境，生长适温度为12~15℃、pH6~7.8，能耐3~5℃低温；宜栽培于排水良好的土壤中，苗期适当增施氮肥，花后及时修剪；光照不足时，花量少。播种繁殖。

主要用途

植株呈披散状、分枝多而密集，植株萌发力强、耐修剪，花多而密集、花期长，可用于花境、切花、盆栽、吊篮或岩石园、屋顶绿化等。

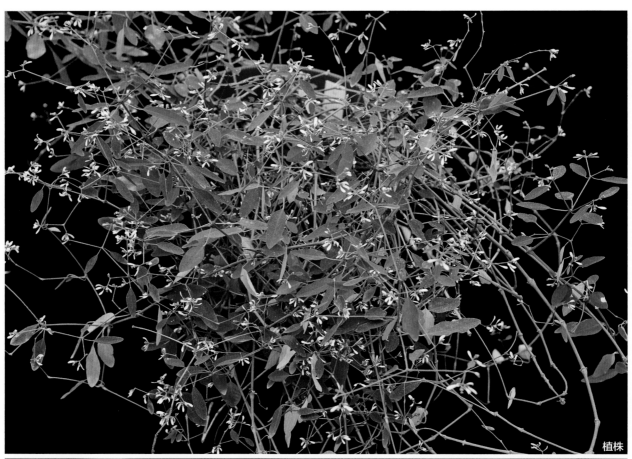

植株

花序

72
续随子

别名：千金子

Euphorbia lathyris L., Sp. Pl. 1: 457. 1753.

自然分布

欧洲。我国栽培已久，现南北各地均有栽培或逸为野生。

迁地栽培形态特征

一二年生草本。

🌱 直立，粗壮，基部单一，上端二歧分枝，无毛；微被白粉；主茎具白色髓心，小枝中空；受伤后流出乳白色汁液。

🍃 交互对生；下部叶密生，条状披针形，叶片纸质，无毛，边缘全缘，基部无柄；上部叶片宽披针形；长5~10cm，宽8~15mm，顶端渐尖，基部抱茎；受伤后沿叶脉流出乳白色汁液。

🌸 单性，雌雄同株同序，花序单生，近钟形，花淡黄绿色，雌雄花均无花被，同生在一杯状总苞内；总苞2枚，卵状长三角形，长3~8cm，宽2~4cm，杯缘顶端4裂，裂片基环生有4个黄色无附属物腺体，椭圆形。雄花：每1朵雄花只有1枚雄蕊，花药黄色。雌花：只有1枚，居雄花的中央，花柱3枚，雌花梗受粉后伸出杯状总苞外而侧垂，子房3室，三角形，花柱3裂。

🍈 蒴果三棱状球形，长、宽近相等，0.8~1.2cm，幼时浓绿色，熟时变为淡褐色；3室，每室一粒种子；种子椭圆形，灰黑色，有褐色斑点，长4~6mm，宽约4mm。

引种信息

华南植物园 自云南省林业和草原科学院树木园（登录号19750641）、中国医学科学院药物研究所（登录号19780553）、广西南宁（登录号19801119）、武汉植物园（登录号20100125）、广西（登录号20101016）引种种子。生长良好。

物候

华南植物园 9月下旬播种，约18天开始出芽，2月份中旬开始分枝，3~4月为植株快速生长时期；3月上旬现花蕾，3月中旬始花，4月上旬至4月下旬为盛花期，4月下旬至5月上旬末花；4月下旬现幼果，6月上旬果实成熟，6月下旬植株死亡，全年生育期约240天。

迁地栽培要点

性喜温暖、光照充足环境。较耐干旱，喜土壤肥沃的砂质壤土；抗寒性强，一般不易发生病虫害，但在高温高湿的环境下易发生立枯病、褐斑病等。适应性广，我国南北均可栽培，一般用播种繁殖。秋季播种。

主要用途

种子入药，具有利尿、泻下与通经作用，外用治癣疮类、晚期血吸虫病、肝脾肿大等。种子含油率45%~50%，其脂肪酸富含巨大戟二萜醇3-十六烷酸酯，是优质工业原料。

苗期

植株

花序

幼苗

花序

幼果

果期

果实

73
白雪木

别名： 白雪公主、圣诞初雪、大戟合欢

Euphorbia leucocephala Lotsy, Bot. Gaz. 20(8): 350–351, t. 24. 1895

自然分布

墨西哥。

迁地栽培形态特征

灌木，高2~3m，植株具白色乳汁。

🌿 老枝灰白色，嫩枝绿色，光滑无毛，茎节部肿大，小枝在节上轮生。

🍃 5~8片轮生，叶片椭圆形或披针状卵形，长3~11.5cm，宽0.8~5cm，先端钝或圆形，基部楔形，上面无毛，背面密被白色短柔毛，边缘全缘；中脉上面凹陷，下面凸起，侧脉每边16~24条，上面平，下面凸起，于叶缘处联合；叶柄长2~7cm，疏被短柔毛。

🌸 单性，雌雄同株同序；白色，二歧杯状聚伞花序顶生，花密集，具芳香。总苞叶大，白色，倒卵状披针形，长0.8~2cm，宽3~7mm，顶端钝或圆形，顶端具小突尖，基部楔形，总苞叶柄长3~5mm；总苞钟状，绿色，高约2mm，直径约2mm，外面密被白色伏毛，顶端5裂，裂片白色，卵状披针形，长4~5mm，宽1~1.5mm，基部具1枚肾圆形附属物，无毛。雄花：数枚，位于雌花周围，不伸出总苞之外，苞片丝状。雌花：1枚，位于花序中间，子房柄近无，雌花不伸出总苞之外；花柱3，基部合生，柱头2深裂。

🍎 蒴果三棱扁球形，长约6mm，宽5~7mm，无毛，熟时深褐色；种子长圆形，长约4mm，表面有浅穴。

引种信息

西双版纳热带植物园 自云南景洪（登录号0020010239）引种苗。长势良好。

华南植物园 自广州陈村花卉世界（登录号20082310）、厦门市园林植物园（登录号20111493）引种苗。长势良好。

物候

西双版纳热带植物园 3月下旬萌芽，4月上旬至5月下旬展叶；10月中旬现花蕾，11月上旬始花，11月中旬盛花，12月下旬开花末期；1月中旬现幼果，4月上旬至5月中旬果实成熟。

华南植物园 3月下旬萌芽，4月上旬开始展叶，4月下旬至5月中旬展叶盛期；10月下旬现花蕾，11月上旬始花，11月中旬至翌年1月上旬盛花，1月中旬至2月上旬末花；12月下旬现幼果，第二年3月下旬果实成熟。

迁地栽培要点

喜高温，耐寒性差，生长适温20~30℃。需全日照环境，半阴条件下植株徒长、株形松散，花量少；花后会有短暂的落叶期，及时修剪有利重新萌发。栽培宜用疏松肥沃、排水良好的砂质土壤。播

种或扦插繁殖。种子采收后即播或短期存放后播种。2019年4月5日采收种子，4月22日播于河沙基质中，于4月29日开始发芽，发芽率达98%以上。

主要用途

　　白雪木的花期与圣诞节相近，花色清雅芳香，是一种很喜庆的树种，在美国佛罗里达州，有"小圣诞花"之美称，因为它总在当地的圣诞节开放。可作庭院种植或大型盆栽欣赏，既可美化庭院还能营造出冬季时节的氛围，很受民众的喜爱，是一种值得推荐的观赏植物。

盛花　　盛花　　花序　　果枝　　花枝

74

一品红

别名： 猩猩木、老来娇、圣诞花、象牙红

Euphorbia pulcherrima Willd. ex Klotzsch, Allg. Gartenz. 2: 27. 1834.

自然分布

中美洲。

迁地栽培形态特征

灌木，植物有白色乳汁。

🌿 茎直立，小枝无毛。

🍃 互生，叶片卵状椭圆形、长椭圆形或披针形，长6~25cm，宽4~10cm，先端渐尖或急尖，基部楔形或渐狭，边缘全缘、浅裂或波状浅裂，两面被短柔毛；着生在茎顶部的叶片完全红色；叶柄长2~5cm，无毛；无托叶。

🌸 苞片叶状，5~7枚，狭椭圆形，长3~7cm，宽1~2cm，全缘，极少边缘浅波状分裂，朱红色；苞叶柄长2~6cm。聚伞花序，数个排列于枝顶；花序柄长3~4mm；总苞坛状，淡绿色，高7~9mm，直径6~8mm，边缘齿状5裂，裂片三角形，无毛；腺体常1枚，黄色，常压扁，呈两唇状。雄花：多数，常伸出总苞之外；苞片丝状，具柔毛。雌花：1枚，子房柄明显伸出总苞之外，无毛；子房光滑；花柱3，中部以下合生；柱头2深裂。

🍎 蒴果，三棱状圆形，长1.5~2cm，直径约1.5cm，无毛。

引种信息

华南植物园 自香港（登录号19790303）引种重瓣一品红品种苗，香港嘉道理农场暨植物园引种卷苞一品红品种插条（登录号19840214）、紫红一品红品种插条（登录号19840215），广州缤纷花卉市场引种矮生一品红品种苗（登录号20031982）、芬茅一品红品种苗（登录号20031983）。长势良好。

物候

西双版纳热带植物园 4月中旬萌芽，4月下旬至7月上旬展叶；12月下旬现蕾，1月上旬始花，1月中旬盛花，1月下旬开花末期；果期1~5月。

桂林植物园 3月上旬萌芽，3月中旬展叶；10月中旬现花蕾，11月上旬始花，11月下旬至翌年1月中旬盛花，1月下旬至2月中旬末花。

华南植物园 3月上旬萌芽，3月下旬展叶，4月中旬至5月上旬展叶盛期；11月上旬现花蕾，11月下旬始花，12月中旬至翌年2月上旬盛花，2月中旬至3月上旬末花。

迁地栽培要点

喜温暖，生长适温为18~25℃，冬季温度不低于10℃。喜湿润环境，既不耐干旱，又不耐水湿，浇水要适当。喜阳光，向光性强，属短日照植物。如光照不足，枝条易徒长、易感病害、花色暗淡，长期放置阴暗处，则不开花。宜种植于疏松透气、排水良好的壤土。主要病害有立枯病、疫腐病、菌

核病、灰霉病、白粉病、褐斑病等，发病后可喷75%百菌清可湿性粉剂800倍液，或50%福美双可湿性粉剂500倍液，或65%代森锌可湿性粉剂600倍液，或72.2%普力。主要虫害有粉虱、斜纹夜蛾、蚜虫、蓟马、介壳虫等。

主要用途

茎叶可入药，有消肿的功效，可治跌打损伤。一品红花色鲜艳，花期长，可盆栽布置室内环境；南方暖地可露地栽培于公园、庭院、植物园等供观赏，也可作切花。

盛花

花序　　　　　叶正面　　　　　叶背面

苞片白色品种　　　　　苞片红色品种

75
绿玉树

别名： 光棍树、绿珊瑚、青珊瑚

Euphorbia tirucalli L., Sp. Pl. 1: 452. 1753.

自然分布

非洲东部。

迁地栽培形态特征

灌木，高1~3m。

🌿 老茎皮灰色或淡灰色，茎枝绿色，光滑；小枝肉质，具丰富白色乳汁。

🍃 互生，叶片长圆状线形，长7~15mm，宽0.7~1.5mm，边缘全缘，无柄或近无柄；生于当年嫩枝上，早落，常呈无叶状。

🌸 单性，雌雄异株；杯状聚伞花序，具短梗，簇生于叉状分枝处或小枝顶端，雄花4朵，雌花1朵；花柱3枚，中部以下合生，柱头2裂。

🔴 蒴果棱状三角形，长与直径约8mm；种子卵形，平滑。

引种信息

华南植物园 自海南东阁（登录号 20053048）、中国热带农业科学院和海南大学（登录号 20053185）、福建厦门（登录号20082153）引种苗。长势良好。

物候

华南植物园 3月中旬萌芽，3月下旬至4月展退化叶。未见花果。

迁地栽培要点

绿玉树喜温暖、阳光充足，也耐半阴；年均温度21~28℃，最高温度为37℃，最低温度9℃；土壤pH6~8.5；生长在海拔0~1500m、年降水量250~1000mm 的地区。对土壤要求不严，在排水良好的砂质壤土生长良好。南方温暖地区引种时可露地栽培，长江流域以北需在温室栽培。扦插或组培繁殖。

主要用途

茎枝光滑无叶，新颖奇特，具有一定的驱蚊效果，可用于公园、庭园种植。根、嫩枝煎剂对皮肤癌、肉瘤、各种肿瘤和疣有缓解和治疗作用；发酵后的乳胶可治哮喘、咳嗽、耳痛、风湿病；乳汁用水稀释内服可治蛇伤、良性和恶性肿瘤。茎枝乳汁富含烯、萜、醇、异大戟二烯醇($C_{30}H_{50}O$）、天然橡胶、三十一烷和三十一烷醇等12种烃类物质，可提炼生物能源。

植株

叶片

嫩枝

海漆属

Excoecaria L., Syst. Nat. (ed. 10) 2: 1288. 1759.

乔木或灌木，树干和枝无刺，具乳状汁液。叶互生或对生，具柄，全缘或有锯齿，具羽状脉。花单性，雌雄异株或同株异序，极少雌雄同序者，无花瓣，聚集成腋生或顶生的总状花序或穗状花序。雄花萼片3，稀为2，分离，细小，彼此近相等，覆瓦状排列；雄蕊3枚，花丝分离，花药纵裂，无退化雌蕊。雌花花萼3裂、3深裂或为3萼片；子房3室，每室具1胚珠，花柱粗，开展或外弯，基部多少合生。蒴果2室，自中轴开裂而成具2瓣裂的分果爿，分果爿常坚硬而稍扭曲，中轴宿存，具翅；种子球形，无种阜，种皮硬壳质。

约35种，分布于亚洲、非洲和大洋洲热带地区。我国有6种和1变种，产西南部经南部至台湾。植物园引种栽培3种。

海漆属分种检索表

1a. 叶对生，稀兼具互生或 3 片轮生。
  2a. 花雌雄异株；叶背紫红色或血红色 ············ **77. 红背桂花 *E. cochinchinensis***
  2b. 花雌雄同株，异序或同序；除幼叶外，背面均为绿色。
    3a. 叶较宽，长约为宽的 3 倍，先端渐尖，不为镰刀状；叶柄长 5～13mm ······
    ············ **78. 绿背桂花 *E. cochinchinensis* var. *viridis***
    3b. 叶较狭，长约为宽的 5 倍，先端渐尖，呈镰刀状；叶柄长 3～5mm ······
    ············ **79. 鸡尾木 *E. venenata***
  1b. 叶全部互生．．．．．．．．．．76. 云南土沉香 *E. acerifolia*

76
云南土沉香

Excoecaria acerifolia Didr., Vidensk. Meddel. Naturhist. Foren. Kjøbenhavn 1857: 129. 1857.

自然分布

云南和四川。印度和尼泊尔。生于山坡、溪边或灌丛中，海拔1200～3000m。

迁地栽培形态特征

灌木至小乔木，高1～3m，全株无毛。

🌿 枝具纵棱，疏生皮孔。

🍃 互生，叶片纸质，卵形或卵状披针形，稀椭圆形，长6～13cm，宽2～5.5cm，顶端渐尖，基部渐狭，边缘有尖的腺状密锯齿；中脉两面均凸起，侧脉6～10对，弧形上升，网脉明显；叶柄长2～5mm，无腺体；托叶小，腺体状，长约0.5mm。

🌸 单性，雌雄同株同序，花序顶生和腋生，长2.5～6cm，雌花生于花序轴下部，雄花生于花序轴上部。雄花：花梗极短；苞片阔卵形或三角形，长约1.3mm，宽约1.5mm，顶端凸尖，基部两侧各具一近圆形腺体，每一苞片内有花2～3朵；萼片3，披针形，长约1.2mm，宽0.6～0.8mm；雄蕊3枚。雌花：花梗极短或不明显；苞片卵形，长约2.5mm，宽近1.5mm，顶端芒尖，基部两侧各具一正圆形腺体；小苞片2，长圆形，长约1.5mm，顶端具不规则的3齿；萼片3，基部稍联合，卵形，长约1.5mm，宽约1.2mm，顶端尖，边缘有不明显的小齿；子房球形。

🍎 蒴果近球形，具3棱，直径约1cm；种子卵球形，平滑。

引种信息

武汉植物园 自广西大新（登录号20050313）引种苗。长势良好。

物候

武汉植物园 7月上旬始花，7月下旬盛花，11月上旬末花；9月下旬至11月上旬果实持续成熟。

迁地栽培要点

喜温暖、湿润、半阴环境，畏强光直射；喜肥沃、排水良好的微酸性土壤，忌积水。耐寒性较好，耐修剪。抗性强，病虫害少见。播种或扦插繁殖。

主要用途

药用，具有治疗骨折、跌打损伤、祛风散寒、健脾、解毒等功效，其种子油可以用来制作肥皂。枝叶茂密，耐修剪，可用于园林绿化或盆栽观赏。

花枝

植株

雄花

叶背面

幼果

果

果实

233

77

红背桂花

别名： 红背桂、红紫木，紫背桂、青紫木、叶背红、金锁玉、箭毒木、天青地红

Excoecaria cochinchinensis Lour., Fl. Cochinch. 2: 612. 1790.

自然分布

亚洲东南部。

迁地栽培形态特征

常绿灌木，高1~2m，具白色乳汁。

🌿 分枝多而呈丛生，无毛，嫩枝翠绿色或上面浅紫色，老枝黑褐色，具多数皮孔。

🍃 对生，稀兼互生或轮生，叶片纸质，长圆形、狭椭圆形或倒披针形，长7~15cm，宽2.5~4cm，顶端渐尖，基部渐狭，两侧稍不等，边缘具疏细锯齿，两面无毛，上面绿色，背面紫红色或血红色；中脉两面凸起，侧脉8~12对；叶柄长5~8mm，基部无腺体；托叶卵形，长约1mm。

🌸 单性，雌雄异株，稀雌雄同株，异序或同序而雄花生于花序轴上部，雌花2~3朵生于花序轴下部，总状花序顶生或腋生。雄花：雄花序总状，有时基部有1~2雌花，1~2腋生或顶生，长1.5~4cm，苞片阔卵形，长约1.5mm，基部两侧各具1腺体；雄花单朵生于苞腋内，花梗长约1.5mm，萼片3，披针形，长约1mm；雄蕊3枚，花丝伸出萼片之外，花药球形。雌花：花梗粗壮，长1.5~2mm，具2~5朵花；子房球形，花柱3，长约2mm，向外反卷，分离或基部稍合生。

🍎 蒴果近球形，顶部凹陷，基部截平，直径8~10mm，具3纵棱，幼果紫红色。

引种信息

西双版纳热带植物园 自海南海口（登录号0019620148）、泰国（登录号3820030117）引种苗。长势良好。

华南植物园 引种信息不详。长势优。

物候

西双版纳热带植物园 花果期几全年。

华南植物园 花果期几全年，4~10月盛花。

迁地栽培要点

喜温暖湿润环境，耐半阴，忌阳光暴晒；不耐干旱，忌积水，宜种植于肥沃、排水好的砂壤土中。不耐寒，生长适温15~25℃，冬季温度不低于5℃。常见有炭疽病、叶枯病和根结线虫病危害。炭疽病、叶枯病用65%代森锌可湿性粉剂500倍液喷洒，根结线虫病可施用3%呋喃丹颗粒剂进行防治。播种或扦插繁殖。

主要用途

植株成丛、枝叶茂密、叶背深红色，是南方常见的观叶植物，适合盆栽、绿篱及庭院种植。茎叶含二萜原酸酯，具有祛风湿、通经络、活血止痛功效。种子富含油脂。

雌花

果实

雄花

叶正面

叶背面

果实

78

绿背桂花

别名： 毒箭木、绿背桂、小坝王

Excoecaria cochinchinensis Lour. var. *viridis* (Pax et K. Hoffm.) Merr., Philipp. Jour. Sci. Bot. 15: 244. 1919.

自然分布

广西、广东、海南及台湾。缅甸、老挝、越南、马来西亚。生于海拔100~400m山谷或溪谷常绿林中或灌丛中。

迁地栽培形态特征

常绿灌木，高1~2m。

🌿 分枝多而呈丛生状，高1~2m，嫩枝翠绿色，无毛。

🍃 对生，叶片纸质，长圆形或狭椭圆形，长5~13cm，宽1.3~3.8cm，顶端渐尖，基部渐狭，两侧稍不等，边缘具疏细锯齿，两面无毛，上面绿色，背面灰绿色，中脉两面凸起，侧脉8~12对；叶柄长5~13mm，基部无腺体；托叶卵形，长约1mm。

🌸 单性，雌雄异株或同株，异序或同序而雄花生于花序轴上部，雌花2~3朵生于花序轴下部，聚集成腋生聚集成腋生或顶生的总状花序。雄花：雄花序总状，长2~3.5cm，苞片阔卵形，长约1.8mm，基部两侧各具1腺体；雄花单朵生于苞腋内，花梗极短或近无；萼片3，长圆状披针形，长约1.5mm，边缘有撕裂状疏细齿；雄蕊3枚，伸出萼片之外，花药近圆形。雌花：花梗长约2mm，具2~5朵花；苞片宽卵形，基部有2不等大腺体；子房球形，花柱3，长约2mm，向外反卷，分离或基部稍合生。

🍎 蒴果近球形，顶部凹陷，基部截平，直径8~10mm，具3纵棱，幼果绿色。

引种信息

西双版纳热带植物园 自广西桂林（登录号0020011721）引种插条，云南元江（登录号0020030533、0020091697）引种苗。长势良好。

华南植物园 自海南（登录号20030541）引种苗。长势优。

武汉植物园 自广西龙州（登录号057891）引种苗。长势良好。

物候

西双版纳热带植物园 花果期几全年。

华南植物园 全年可见花果，4~10月盛花。

武汉植物园 5月上旬展叶盛期；5月下旬始花，9月上旬盛花，9月下旬末花；5月下旬现幼果，6~9月期间陆续成熟脱落。

迁地栽培要点

喜温暖、湿润、半阴环境，畏强光直射；喜肥沃、排水良好的微酸性土壤，忌积水；不耐寒，生长适温为20~28℃，越冬温度宜15℃以上。耐修剪。播种或扦插繁殖。

主要用途

　　枝叶茂密，耐修剪，可用于盆栽、绿篱及庭院绿化观赏。茎叶含二萜原酸酯，具有祛风湿、通经络、活血止痛功效。种子富含油脂。

植株

小枝正面

小枝背面

雄花序

雄花序

叶片

果

雌花

79
鸡尾木

Excoecaria venenata S. K. Lee et F. N. Wei, Guihaia 2(3): 129-130. 1982.

自然分布

广西西南部。石灰岩地区特有植物，生于山地林下或灌丛中。

迁地栽培形态特征

常绿灌木，高1～2m。

🌿 小枝绿色，有时带紫红色，有纵棱，无毛。

🍃 对生或兼有互生，叶片薄革质，狭披针形或狭椭圆形，长9～15cm，宽1.5～3cm，顶端渐尖，尖头呈镰刀状，基部渐狭或楔形，边缘有疏细齿，齿间距2～5mm，嫩时带红色或仅于背面的脉呈红紫色，老时两面均绿色，无毛；中脉两面均凸起，侧脉10～13对；叶柄长3～5mm，无腺体；托叶卵形，长1～1.5mm，顶端略尖。

🌸 单性，雌雄同株，通常异序或同序而雌花1～3朵生于花序轴的下部，聚集成腋生、长8～30mm的总状花序。雄花：苞片阔三角形，长和宽近相等约1.2mm，顶端凸尖，基部于腹面两侧各具1腺体，每一苞片内通常有花1朵；小苞片2，线形，顶端略尖，基部具2腺体；萼片3，线状披针形，开展，边缘具疏细齿；雄蕊3枚，稀2枚，伸出于萼片之上，花药近球形，略短于花丝。雌花：苞片与雄花相同，子房球形，花柱3，有时2，反卷。

🍎 蒴果球形，具3棱，直径约7mm，顶端有宿存的花柱；种子近球形，直径约4mm，表面有雅致的斑纹；果柄长约2mm。

引种信息

华南植物园 自广西桂林植物园（登录号19930127，19940082）引种苗。未见苗。

武汉植物园 自广西桂林（登录号20030629，20040101）引种苗。长势良好。

物候

桂林植物园 花果期6～11月，6～9月花果相对较多。

迁地栽培要点

喜温暖、湿润、半阴环境，畏强光直射；喜肥沃、排水良好的微酸性土壤，忌积水；不耐寒，生长适温为20～30℃，越冬温度宜15℃以上。耐修剪。播种或扦插繁殖。

主要用途

药用，鲜叶捣烂外敷，可治牛皮癣，并有良好的疗效。枝叶茂密，耐修剪，可用于绿篱及庭院绿化，也可盆栽观赏。

叶正面

雄花序

花果枝

花果枝

植株

幼果

雄花花蕾

白饭树属

Flueggea Willd., Sp. Pl. 4: 637, 757. 1805.

直立灌木或小乔木，通常无刺。单叶互生，常排成2列，叶片边缘全缘或有细钝齿；羽状脉；叶柄短；具有托叶。花小，雌雄异株，稀同株，单生、簇生或组成密集聚伞花序；苞片不明显；无花瓣。雄花：花梗纤细；萼片4~7，覆瓦状排列，边缘全缘或有锯齿；雄蕊4~7，着生在花盘基部，且与花盘腺体互生，顶端长过萼片，花丝分离；花盘腺体4~7，分离或靠合，稀为合生；退化雌蕊小，2~3裂，裂片伸长。雌花：花梗圆柱形或具棱；萼片与雄花的相同；花盘碟状或盘状，全缘或分裂；子房3（稀2或4）室，分离，花柱3，分离，顶端2裂或全缘。蒴果，圆球形或三棱形，基部有宿存的萼片，果皮革质或肉质，3爿裂或不裂而呈浆果状；中轴宿存；种子通常三棱形，种皮脆壳质，平滑或有疣状凸起。

约13种，广布于热带至暖温带地区。我国有4种。植物园引种栽培2种。

白饭树属分种检索表

1a. 叶下面浅绿色；蒴果三棱状扁球形，淡红褐色，果皮开裂 ……………………………………………………………… 80. **一叶荻** ***F. suffruticosa***

1b. 叶下面白绿色；蒴果浆果状，近圆球形，淡白色，果皮不开裂 ……………………………………………………………… 81. **白饭树** ***F. virosa***

80

一叶萩

别名： 山嵩树、狗梢条、白几木、叶底珠

Flueggea suffruticosa (Pall.) Baill., Etud. Gen. Euphorb. 502. 1858.

自然分布

除西北外，全国各地都有。蒙古、俄罗斯、日本、朝鲜等。生于山坡灌丛中或山沟、路边，海拔800～2500m。

迁地栽培形态特征

灌木，高1～3m，全株无毛。

🌿 分枝多；小枝浅绿色，近圆柱形，有棱槽，皮孔不明显。

🍃 叶片纸质，椭圆形或长椭圆形，长1.5～8cm，宽1～3cm，顶端急尖至钝，基部钝至楔形，边缘全缘或中间有不整齐的波状齿或细锯齿，下面浅绿色；侧脉每边5～8条，两面凸起，网脉略明显；叶柄长2～8mm；托叶卵状披针形，长1mm，宿存。

🌸 雌雄异株，簇生于叶腋。雄花：3～18朵簇生；花梗长3～6mm；萼片5，椭圆形或卵形，长1～1.5mm，宽0.5～1.5mm，全缘或具不明显的细齿；雄蕊5，花丝长1～2mm。雌花：花梗长2～15mm，萼片5，椭圆形至卵形，长1～1.5mm，近全缘；子房卵圆形，2（～3）室，花柱3，分离或基部合生，直立或外弯。

🍒 蒴果三棱状扁球形，直径约5mm，成熟时淡红褐色，有网纹，3片裂；果梗长2～15mm，基部常有宿存的萼片。

引种信息

西双版纳热带植物园 自立陶宛（登录号6520100002）、保加利亚（登录号6920100011）引种种子。长势一般。

南京中山植物园 园内野生。

物候

桂林植物园 3月上旬萌芽，3月下旬展叶；5月下旬现花蕾，6月上旬始花，6月中旬盛花，6月下旬至7月上旬末花；7月上旬现幼果，10月成熟，12月果实脱落；11月至翌年2月落叶。

南京中山植物园 5月下旬现花蕾，6月上旬始花，6月中旬盛花，6月下旬末花；果期7～9月；11月中旬至11月下旬落叶。

迁地栽培要点

阳性植物，喜光照充足环境；适应性强，对土壤要求不严，管理粗放。主要以种子繁殖。病害主要有白粉病，可用牛粪液喷2～3次防治，用0.3～0.5波美度的石硫合剂喷洒亦有效。虫害有象鼻虫、卷叶虫、潜叶虫、金龟子等为害叶部。

主要用途

    茎皮纤维坚韧，可供纺织原料，枝条可编制用具。叶含一叶萩碱；叶、花和果均可入药，对中枢神经及心脏有兴奋作用，能加强心脏收缩，可治面部神经麻痹、小儿麻痹后遗症、神经衰弱、嗜睡症等；根皮煮水，外洗可治牛、马虱子为害。根含鞣质。种子油可供工业用。

果枝

雄花

果实

雄花

果实

81
白饭树

别名: 金柑藤、密花叶底珠、白倍子

Flueggea virosa (Roxb. ex Willd.) Hort. Suburb. Calcutt. 152. 1845.

自然分布

华东、华南及西南各地。非洲、大洋洲和亚洲的东部及东南部。生于海拔 100～2000m山地灌木丛中。

迁地栽培形态特征

灌木，高3～5m，全株无毛。

🌿 小枝具纵棱槽，有皮孔。

🍃 叶片纸质，椭圆形、长圆形、倒卵形或近圆形，长2～5cm，宽1～3cm，顶端圆至急尖，有小尖头，基部钝至楔形，边缘全缘，下面白绿色；侧脉每边5～8条；叶柄长2～10mm；托叶披针形，长1.5～3mm，边缘全缘或微撕裂。

🌸 花小，淡黄色，雌雄异株，多朵簇生于叶腋；苞片鳞片状，长不及1mm。雄花：花梗纤细，长3～6mm；萼片5，卵形，长0.8～1.5mm，宽0.6～1.2mm，全缘或有不明显的细齿；雄蕊5，花丝长1～3mm，伸出萼片之外；花盘腺体5，与雄蕊互生；退化雌蕊通常3深裂，顶端弯曲。雌花：3～10朵簇生，有时单生；花梗长1.5～12mm；萼片与雄花的相同；花盘环状，顶端全缘，围绕子房基部；子房卵圆形，3室，花柱3，基部合生，顶部2裂，裂片外弯。

🍒 蒴果浆果状，近圆球形，直径3～5mm，成熟时果皮淡白色，不开裂；种子栗褐色，具光泽，有小疣状凸起及网纹。

引种信息

西双版纳热带植物园 园内野生。

华南植物园 1964年来源不详（登录号19640139）引种种子，重庆市巫溪县白鹿镇（20103052）引种苗。

物候

西双版纳热带植物园 4月上旬始花，4月下旬盛花，5月下旬至6月中旬末花；10月下旬果实成熟。

迁地栽培要点

适应性强，抗旱耐瘠性好，水肥充足时则生长表现更佳。对土壤要求不严，可用塘泥、园土、泥炭土等基质栽培；管理粗放，萌发性强，极耐修剪。抗病虫力强，仅偶见少量介壳虫发生。

主要用途

全株供药用，味苦、微涩，凉，有清热解毒、止血、止痒等功效，也可治风湿关节炎、湿疹、脓泡疮等。结实率高，果熟时犹如一个个白色的小馒头聚满枝头，是一种值得开发利用的观果植物，可用于公园、庭院绿化，也可盆栽观赏或修剪成盆景。

植株

果枝

叶片正反面

雄花

雄花

果实

小枝

嘎西木属

Garcia Rohr, Skr. Naturhist.-Selsk. 2(1): 217. 1792.

　　小乔木，高3~5m。小枝皮褐紫无毛。叶片革质，长圆形或长圆状椭圆形，长8~14cm，宽3~5.5cm，顶端突尖，基部近圆形或阔楔形，边缘全缘，叶片上面无毛，下面被稀疏短毛，边缘具白色短柔毛，基部有2腺体；侧脉每边7~10条，主脉和侧脉两面均凸起；叶柄长1.5~4.5cm，无毛。花单性，雌雄同株，1~3朵生于枝顶端。雄花：萼片5枚，卵形，长约1cm，背面密被银白色伏毛；花瓣9枚，红色或淡黄色，倒卵形或狭椭圆形，两面密被白色长柔毛，雄蕊40~50枚，花丝分离，花药红色或黄色。雌花：花萼5，花瓣9，红色，与雄花相同，花柱3枚，2/3以上合生，顶端2浅裂，反卷。蒴果近圆球形，具3深纵棱，表面被短柔毛，直径约1.5cm；果柄被银白色短柔毛。

　　约有8种，主要分布于中美洲巴拿马、尼加拉瓜等。植物园引种栽培1种。

82
嘎西木

Garcia nutans Vahl ex Rohr, Skr. Naturhist.-Selsk. 2: 217. 1792.

嫩叶和花蕾　　　　　　　　　　　　　　　　果实

自然分布

哥伦比亚。

迁地栽培形态特征

常绿小乔木，高3～5m。

🌿 小枝皮褐紫色无毛。

🍃 叶片革质，长圆形或长圆状椭圆形，长8～14cm，宽3～5.5cm，顶端突尖，基部近圆形或阔楔形，边缘全缘，叶上面无毛，下面被稀疏短毛，边缘具白色短柔毛，基部有2腺体；侧脉每边7～10条，主脉和侧脉两面均凸起；叶柄长1.5～4.5cm，无毛。

🌸 单性，雌雄同株，1～3朵生于枝顶端。雄花：萼片5枚，卵形，长约1cm，背面密被银白色伏毛；花瓣9枚，红色或淡黄色，倒卵形或狭椭圆形，两面密被白色长柔毛，雄蕊40～50枚，花丝分离，花药红色或黄色。雌花：花萼5，花瓣9，红色，与雄花相同，花柱3枚，2/3以上合生，顶端2浅裂，反卷。

果 蒴果具3深纵沟，表面被短柔毛，直径约1.5cm；果柄长1～1.5cm，被银白色短柔毛。

引种信息

　　西双版纳热带植物园　自古巴（登录号1219620034）、斯里兰卡（登录号1619970040）、美国（登录号2920140054）引种种子。长势良好。

　　华南植物园　自古巴（登录号19950117）、自斯里兰卡康提皇家植物园（登录号19970592）引种种子。生长良好。

物候

　　西双版纳热带植物园　3月中旬萌芽，4月上旬至7月上旬展叶；4月上旬现蕾，4月下旬始花，5月上旬至9月上旬盛花，9月中旬开花末期；6月上旬现幼果，果期6～10月。

　　华南植物园　3月上旬萌芽，3月中旬展叶，3月下旬至4月中旬展叶盛期；3月下旬现花蕾，4月下旬至5月上旬始花，花期持续到11月下旬，没有集中花期；5月中旬现幼果，10月果实成熟，12月成熟末期；1～2月落叶。华南植物园的嘎西木开红花，西双版纳热带植物园的嘎西木开白色至淡黄色花，其他形态特征相似。

迁地栽培要点

　　喜温暖、湿润和光照充足环境。喜土层深厚、肥沃的中性至微酸性土壤，宜种植于排水良好的砂质壤土，适当水肥管理，春季进行适当修剪。不耐寒，冬季气温低于5℃会叶片产生轻度冻害，叶片脱落。播种繁殖或扦插繁殖。无病虫害。

雄花正面

幼果

种子

主要用途

树形美观，叶片表面具光泽，花红色或淡黄色，花期长，具有较好的观赏性，可用于公园、庭院栽培观赏。

植株

果枝

雄花（版纳园）

叶片

雌花

雄花（版纳园）

雄花

算盘子属

Glochidion J. R. Forst. et G. Forst., Char. Gen. Pl. 57. 1776.

乔木或灌木。单叶互生，二列，叶片边缘全缘，羽状脉，具短柄。花单性，雌雄同株，稀异株，组成短小的聚伞花序或簇生成花束；雌花束常位于雄花束之上部或雌雄花束分生于不同的小枝叶腋内；无花瓣；通常无花盘。雄花：花梗通常纤细；萼片5~6，分离，覆瓦状排列；雄蕊3~8，合生呈圆柱状，顶端稍分离，花药2室，药室外向，线形，纵裂，药隔突起呈圆锥状；无退化雌蕊。雌花：花梗粗短或几无梗；萼片与雄花的相同但稍厚；子房圆球状，3~15室，每室有胚珠2颗，花柱合生呈圆柱状或其他形状，顶端具裂缝或小裂齿，稀3裂分离。蒴果圆球形或扁球形，具多条明显或不明显的纵沟，成熟时开裂为3~15个2瓣裂的分果爿，分果爿背裂，外果皮革质或纸质，内果皮硬壳质，花柱常宿存；种子无种阜。

约200种：主要分布在热带亚洲、太平洋岛屿和马来西亚，少数分布在热带美洲和非洲。我国有28种（7种特有，1种引种）。植物园引种栽培13种。

算盘子属分种检索表

1a. 雄蕊 4~8 枚。
  2a. 小枝、叶片下面均被短柔毛或短茸毛。
    3a. 花在叶腋内簇生 ················· 83. **红算盘子 G. coccineum**
    3b. 花组成腋上聚伞花序 ················· 87. **厚叶算盘子 G. hirsutum**
  2b. 小枝、叶片均无毛。
    4a. 叶片基部急尖或宽楔形；花在叶腋内簇生；子房密被短柔毛 ·················
      ················· 88. **艾胶算盘子 G. lanceolarium**
    4b. 叶片基部心形、近心形、截形或圆；花组成腋上生聚伞花序；子房无毛
      ················· 95. **香港算盘子 G. zeylanicum**
1b. 雄蕊 3 枚。
  5a. 叶片或叶脉被短柔毛。
    6a. 叶片和蒴果均被扩展的长柔毛；叶片基部钝、截形或圆；花柱比子房长 3 倍
      ················· 85. **毛果算盘子 G. eriocarpum**
    6b. 叶片和蒴果被短柔毛或茸毛；叶片基部楔形、急尖或钝；花柱比子房短或等长。
      7a. 花柱与子房等长；萼片内面无毛 ················· 90. **算盘子 G. puberum**
      7b. 花柱比子房短；萼片内面被柔毛 ················· 86. **绒毛算盘子 G. heyneanum**
  5b. 叶片无毛。
    8a. 叶片基部两侧不对称。
      9a. 幼枝、子房和蒴果均被柔毛 ················· 89. **甜叶算盘子 G. philippicum**
      9b. 幼枝、子房和蒴果均无毛。
        10a. 叶片下面浅绿色，干后灰褐色；花柱合生呈扁球状 ·················
        ················· 92. **圆果算盘子 G. sphaerogynum**
        10b. 叶片下面粉绿色，干后苍白色；花柱合生呈圆柱状 ·················
        ················· 94. **白背算盘子 G. wrightii**
    8b. 叶片两侧对称。
      11a. 雄花花梗长 13~20mm，全部被短柔毛 ······ 84. **四裂算盘子 G. ellipticum**
      11b. 雄花花梗长 9mm 以下，无毛。
        12a. 小枝具棱；叶柄被短柔毛；叶片顶端短渐尖或急尖，下面灰白色······
        ················· 93. **湖北算盘子 G. wilsonii**
        12b. 小枝圆柱状；叶柄无毛；叶片顶端尾状渐尖，下面浅绿色·················
        ················· 91. **茎花算盘子 G. ramiflorum**

83

红算盘子

别名：斜基算盘子

Glochidion coccineum (Buch.-Ham.) Müll. Arg., Linnaea 32: 60.1863.

自然分布

福建、广东、海南、广西、贵州和云南等。印度、缅甸、泰国、老挝、越南和柬埔寨。生于海拔450～1000m山地疏林中或山坡、山谷灌木丛中。

迁地栽培形态特征

常绿灌木或小乔木，高3～5m。

🌿 小枝灰白色，嫩枝具棱，被短柔毛。

🍃 叶片革质，长椭圆形、卵状披针形或长圆形，长5～12cm，宽2.5～4.5cm，顶端短渐尖，基部楔形，上面绿色，下面粉绿色，两面叶脉被短柔毛，后变无毛；侧脉每边6～8条；叶柄长3～5mm，无毛；托叶三角状披针形，长约1mm，被柔毛。

🌸 2～6朵簇生于叶腋内，雌花束生于小枝上部，雄花束生于小枝下部。雄花：花梗长5～15mm，被柔毛；萼片6，倒卵形或长卵形，3片较大，长3～4mm，另3片较小，长2.5～3mm，黄色，外面被疏柔毛；雄蕊4～6。雌花：花梗极短或几无；萼片6，倒卵形或倒卵状披针形，稍短于雄花的，外面均被柔毛；子房卵圆形，10室，密被绢毛，花柱合生呈近圆锥状，长约1mm。

🍑 蒴果扁球状，直径约1.5cm，有10条纵沟，被微毛，果梗几无。

引种信息

华南植物园 自广西（登录号20053140）引种苗。长势良好。

物候

华南植物园 3月下旬萌芽，4月上旬开始展叶，4月中旬至5月下旬展叶盛期。4月上旬现花蕾，4月下旬至5月中旬盛花，5月下旬至6月下旬末花，花量少。未见结果。

武汉植物园 3月中旬展叶，4月下旬展叶盛期；4月上旬始花，6月中旬盛花，8月下旬末花；6月下旬至10月下旬果实持续成熟脱落。

迁地栽培要点

喜光，苗期在半阴环境生长更好。适应性强，对栽培土壤要求不严，耐干旱、耐贫瘠，宜种植于阳光充足、排水良好的壤土或砂质壤土中。全年施肥1～2次，春季适当修剪。播种繁殖。

主要用途

株形紧凑、枝叶浓密、果实形如算珠，具有一定的园林观赏价值，可用于庭院种植及岩石园配置或边坡绿化。

植株

雌花

果

花枝

幼果

251

84
四裂算盘子

别名： 阿萨姆算盘子

Glochidion ellipticum Wight, Icon. Pl. Ind. Orient. 5: t. 1906. 1852.

自然分布

台湾、广东、海南、广西、贵州和云南等。印度、缅甸、泰国和越南等。生于海拔130～1700m山地常绿阔叶林中或河旁灌木丛中。

迁地栽培形态特征

乔木，高4～10m。

🌿 树皮平滑，小枝无毛。

🍃 叶片纸质或近革质，宽椭圆形至披针形，长8～14cm，宽4～6cm，无毛，顶端渐尖或短渐尖，基部楔形，两侧对称，边缘全缘；侧脉6～8对，上面凹陷，下面凸起，中脉在两面均凸起；叶柄长2～3mm；托叶三角形，长2mm；秋冬季节叶片紫红色。

🌸 多朵雄花与少数几朵雌花同时簇生于叶腋内。雄花：花径约3mm；花梗纤细，长13～20mm，被短柔毛；萼片6，长圆形或倒卵状长圆形，外面被短柔毛；雄蕊3，合生，花药长卵形，药隔突尖。雌花：花梗极短；萼片与雄花的相同；子房圆球状，3～4室，初时被短柔毛，后变无毛，花柱合生呈圆锥状，无毛。

🍒 蒴果扁球状，直径6～8mm，果皮薄；种子半圆球形，红色。

引种信息

西双版纳热带植物园 园内原生。

华南植物园 自云南勐腊（登录号20111885）引种苗。长势良好。

物候

西双版纳热带植物园 2月上旬萌芽，2月下旬至4月下旬展叶；3月下旬现蕾，4月上旬始花，4月中旬盛花，5月中旬开花末期；5月中旬幼果现，8月中旬果实成熟，9月下旬果实成熟末期。

华南植物园 2月上旬萌芽，3月中旬开始展叶，3月下旬至4月中旬展叶盛期，嫩叶紫红色；3月中旬现花蕾，3月下旬始花，4月中旬至5月上旬盛花，5月中旬至6月上旬末花；5月中旬现幼果，9月果实成熟。11月下旬叶片变紫红色，1～2月落叶。

迁地栽培要点

喜温暖、湿润和光照充足环境，适合南亚热带地区引种栽培。对栽培土壤要求不严，耐干旱、耐贫瘠，但土层深厚肥沃时生长表现更好。播种繁殖，种子随采随播或采收后短期储藏再播。

主要用途

嫩叶紫红色，秋冬季节叶片变紫红色，可作园林栽培观赏。

果熟开裂

植株　　果实　　花蕾

小枝　　种子

叶片　　秋叶　　托叶　　雄花

253

85
毛果算盘子

别名： 漆大姑、磨子果

Glochidion eriocarpum Champ. ex Benth., Hooker's Jour. Bot. Kew Gard. Misc. 6: 6. 1854.

自然分布

广东、海南、贵州、广西、湖南、云南、福建、香港、台湾等。越南。生于海拔30~1600m山坡、山谷灌木林中或林缘。

迁地栽培形态特征

常绿灌木，高0.5~3m。

🌿 小枝圆柱形，密被淡黄色长柔毛。

🍃 纸质，卵形或长卵形，长4~11cm，宽2~4cm，边缘全缘，顶端渐尖或急尖，基部钝、截形或圆，两面均被长柔毛；叶柄长1~2mm，被柔毛；托叶钻形，长3~5mm，被毛。

🌸 雌雄同株，2~4朵簇生于叶腋；雌花生于小枝上部，雄花生于小枝下部；雄花：花梗长4~8mm，被毛；萼片6，长圆形，长2.5~4mm，两面被毛；雄蕊3；雌花：花梗几无；萼片6，长圆形，长2.5~4mm，其中3片较狭，两面均被长柔毛；子房扁球形，密被柔毛，4~5室，花柱合生呈柱状，比子房长3倍，顶端4~5裂。

🍇 蒴果扁球形，直径约1cm，具4~5条纵沟，密被长柔毛，顶端具宿存花柱。

引种信息

西双版纳热带植物园 自云南江城（登录号0020021181）引种苗。长势一般。

华南植物园 自广东南昆山国家森林公园（登录号20030881）引种苗。长势良好，逸为野生状。

物候

西双版纳热带植物园 2月上旬萌芽，2月下旬至4月下旬展叶；2月上旬现蕾，3月上旬始花，3月下旬盛花，4月下旬开花末期；4月下旬幼果现，4~6月果期。全年有间花间果。

华南植物园 花果期几全年。

迁地栽培要点

喜光、耐干旱瘠薄土壤、适应性强，宜种植于阳光充足、排水良好的壤土或砂质壤土中。播种繁殖。

主要用途

株形低矮紧凑、枝叶浓密、果实形如算珠，具有一定的观赏性，适合庭院种植或岩石园配置。全株入药，外用有止痒、解漆毒之功效。

叶背面

果

植株

嫩叶

果枝

雄花

86
绒毛算盘子

Glochidion heyneanum (Wight et Arn.) Wight, Icon.Pl. Ind. Orient. 5(2): t. 1908. 1852.

自然分布

云南。印度、尼泊尔、缅甸、泰国、老挝、柬埔寨和越南等。生于海拔1000~2500m山地疏林中。

迁地栽培要点

常绿小乔木。

🌿 茎干有细小纵裂条纹,小枝具棱。

🍃 互生,叶片纸质,边缘全缘,卵形或椭圆形,顶端急尖或钝,具小尖头,基部钝;叶上深绿色,叶下绿色较浅,两面被白色茸毛;叶长2~9cm,叶宽2.5~5.5cm;叶柄较短,约长0.5cm,被柔毛;网状脉,侧脉5~6对。

🌸 雌雄同株,雌花和雄花生于叶腋内。雄花:花梗3~10mm,被短柔毛;花萼6,外轮3枚,内轮3枚,外轮花萼两面均被短柔毛;雄蕊3合生,呈圆锥状,每枚一纵裂。雌花:花梗长1mm;萼片与雄花相同;子房圆球状,花柱圆柱状,比子房短,顶端4小裂。

🍒 蒴果扁球状,直径约1cm,高约5mm,被茸毛,4~7室,花柱宿存;果梗长约2mm,种子三棱形,红色。

引种信息

西双版纳热带植物园 自云南石屏(登录号0020091219)引种苗。长势良好。

物候

西双版纳热带植物园 2月上旬萌芽,2月下旬至4月下旬展叶;3月上旬始花,3月中旬至4月下旬盛花;5月上旬现幼果,6月下旬果实成熟。11中旬至翌年1月下旬落叶期。

迁地栽培要点

阳性或中性环境均生长较好,适应亚热带引种栽培。适应性强,对土壤要求不严,忌积水,宜栽培于排水好的土壤中。枝条容易伸长散乱,秋季应修剪1次老化枝条和徒长枝。播种或扦插繁殖。

主要用途

用于治疗感冒发热、咽喉痛、疟疾、急性胃肠炎、消化不良、痢疾、风湿性关节炎、跌打损伤、白带、痛经。园林绿化。

果　　　　种子　　　　果　　　　花蕾

果枝　　　　盛花

257

87
厚叶算盘子

别名： 丹药良、赤血仔、大云药、朱口沙

Glochidion hirsutum (Roxb.) Voigt, Hort. Suburb. Calcutt. 153. 1845.

自然分布

福建、台湾、广东、海南、广西、云南和西藏等。印度。生于海拔120~1800m山地林下或河边、沼泽地灌木丛中。

迁地栽培形态特征

常绿灌木，高1~3m。

🌿 小枝密被浅黄色柔毛，中空或稍具白色髓心。

🍃 叶片革质，长圆形、阔卵形，长5~15cm，宽3.5~9cm，顶端钝或短钝尖，基部浅心形、截形或圆形，两侧偏斜，上面疏被柔毛，脉上毛较密，下面密被柔毛；侧脉6~8条，侧脉在上面稍凹陷，下面凸起，中脉两面凸起；叶柄长约5mm，被柔毛；托叶披针形。

🌸 单性，雌雄同株，聚伞花序腋生或腋上生，总花梗长5~7mm。雄花：花梗细长，长1~1.5cm，无毛；萼片6，长圆形，长约3mm，外被短柔毛；雄蕊5~8枚。雌花：花梗长3~5mm，被柔毛；萼片6，阔三角形，长约2~2.5mm，外被短柔毛；子房圆球状，5~6室，密被柔毛；花柱合生呈短圆锥状，顶端浅裂。

🍎 蒴果扁球形，直径约1cm，被短柔毛，5~6室，具5~6条浅纵沟。

引种信息

西双版纳热带植物园 园内野生。长势良好。

华南植物园 自广东博罗县小金村（登录号20010186）引种苗。长势良好。

物候

西双版纳热带植物园 4月中旬萌芽，5月上旬至7月中旬展叶；4月中旬现蕾，5月上旬始花，5月中旬盛花，8月下旬开花末期；5月下旬幼果现，8月果实成熟。

华南植物园 5月中旬现花蕾，5月下旬始花，6~10月持续开花，10月中旬末花；6月上旬现幼果，9月至翌年2月成熟。

迁地栽培要点

中性植物，喜光，也有一定的耐阴性；对栽培土壤要求不严，在砂土、壤土、砂壤土及黏土中均可种植，土层深厚、肥沃时生长表现更好。每年需喷洒1~2次低浓度乐果用于防虫子食叶片。播种或扦插繁殖。

主要用途

根、叶入药，有祛风、消肿之功效。果实形如算珠，秋冬果皮稍紫色，可用于园林绿化观赏。

果

果枝

花枝背面

茎

叶柄

花枝正面

花序

雄花正面

259

88
艾胶算盘子

别名： 大叶算盘子、艾胶树、泡果算盘子、胀膨果

Glochidion lanceolarium (Roxb.) Voigt, Hort. Suburb. Calcutt. 153. 1845.

自然分布

福建、广东、广西、海南和云南等。印度、泰国、老挝、柬埔寨和越南等。生于海拔500～1200m山地疏林或溪旁灌木丛中。

迁地栽培形态特征

常绿灌木或小乔木，高3～7m；全株无毛。

🌿 树皮灰色，平滑，具细纵裂纹，小枝稍具棱。

🍃 叶片革质，椭圆形、长圆形或卵状长圆状，长10～16cm，宽3～6cm，顶端钝或急尖，基部急尖或宽楔形，两侧近相等，上面深绿色，有光泽，下面淡绿色，干后黄绿色；侧脉每边5～7条，侧脉和中脉两面明显凸起；叶柄长约5mm；托叶长三角形，长2.5～3mm，干后刺状。

🌼 单性，雌雄同株，簇生于叶腋内，雌雄花分别着生于不同小枝上或雌花1～3朵生于雄花束内。雄花：花梗长8～10mm；萼片6，倒卵形，长2.5～3mm，黄色；雄蕊5～6枚。雌花：花梗长3～6mm；萼片6，卵形，长约3mm；子房圆球形，6～8室，密被短柔毛，花柱合生，常约1mm。花期4～9月。

🍎 蒴果扁球形，直径约1.5cm，具6～8条浅纵沟，顶端常凹陷，微被柔毛，果皮膨大成囊泡状，黄白色。

引种信息

西双版纳热带植物园 自云南勐腊（登录号0019770135）、云南西南（登录号0020031124）、云南潞西（登录号0020090987）引种苗。长势良好。

华南植物园 园内野生（登录号19635005）。长势较好，胸径约28cm。

物候

华南植物园 4月到5月展叶；5月上旬现花蕾，5月下旬始花，6月中旬至8月上旬盛花，8月中旬至9月中下旬末花；8月现幼果，12月至翌年3月成熟。

迁地栽培要点

中性植物，喜光、温暖湿润环境，也耐半阴，在光照充足或半阴环境下生长表现均较好；宜种植于土层深厚肥沃、排水良好的土壤。播种或扦插繁殖。

主要用途

树形美观、叶片浓绿，果实膨大成囊泡状簇生于小枝上，幼时黄白色、成熟时变红色，具有较好的观赏性，可用作庭园、公园等栽培观赏。树皮富含单宁，汁液可作黑色染料，用于黑色布料染料。

植株

雄花

雄花正面

果枝正面

嫩枝

雄花

果枝背面

果

种子

89
甜叶算盘子

别名： 菲岛算盘子、甜叶木、菲岛馒头果

Glochidion philippicum (Cav.) C. B. Rob., Philipp. Jour. Sci. 4(1): 103. 1909.

自然分布

福建、台湾、广东、海南、广西、四川和云南等。菲律宾、马来西亚和印度尼西亚等。生于山地阔叶林中。

迁地栽培形态特征

常绿乔木，高3~7m。

🌲 树皮平滑，小枝褐色，幼时被短柔毛，后变无毛。

🍃 叶片纸质或近革质，卵状披针形或长圆形，长5~12cm，宽3~4.5cm，顶端渐尖至钝尖，基部楔形或宽楔形，通常偏斜，两侧不对称，两面均无毛；侧脉每边6~8条，上面微凹陷，下面凸起，中脉在两面均凸起；叶柄长4~6mm；托叶卵状三角形，长2~3mm。

🌸 雌雄花4~10朵簇生于叶腋内。雄花：花梗长6~7mm；萼片6，长圆形或倒卵状长圆形，长1.5~2.5mm，无毛，雄蕊3枚，合生呈圆柱状。雌花：花梗长2~4mm；萼片与雄花的相同；子房圆球状，被柔毛，4~7室，花柱合生呈粗而短的圆锥状。

🍒 蒴果扁球状，直径8~12mm，顶端中央凹陷，被稀疏白色柔毛，边缘具8~10条纵沟；花柱宿存；果梗长5~10mm。

引种信息

华南植物园 自广东深圳（登录号20010530）引种苗。长势良好。

物候

华南植物园 4月下旬现花蕾，5月上旬始花，5~10月持续开放，无明显集中期；7月上旬现幼果，9~12月成熟。

迁地栽培要点

中性植物，喜光照充足环境，也有一定的耐阴性，喜温暖湿润气候；宜种植于排水良好的壤土或砂质壤土中。播种或扦插繁殖。

主要用途

树形美观，枝叶浓密，可用作园林绿化。

叶背面

植株

雌花

植株

花枝

90
算盘子

别名: 红毛馒头果、野南瓜、柿子椒、百家桔、矮子郎

Glochidion puberum (L.) Hutch., Sarg., Pl. Wilson. 2: 518. 1916.

自然分布

陕西、甘肃、江苏、安徽、浙江、江西、福建、台湾、河南、湖北、湖南、广东、海南、广西、四川、贵州、云南和西藏等。生于海拔300~2200m的山坡、溪旁灌木丛中或林缘。

迁地栽培形态特征

直立灌木,高1~3m。

🌿 分枝多;小枝灰褐色,密被短柔毛。

🍃 叶片纸质或近革质,长圆形、长卵形或倒卵状长圆形,稀披针形,长3~8cm,宽1~2.5cm,顶端钝、急尖、短渐尖或圆,基部楔形至钝,上面灰绿色,仅中脉被疏短柔毛或几无毛,下面粉绿色,密被短柔毛;侧脉每边5~7条,下面凸起,网脉明显;叶柄长1~3mm;托叶三角形,长约1mm。

🌸 花小,雌雄同株或异株,2~5朵簇生于叶腋内,雄花束常着生于小枝下部,雌花束则在上部,或有时雌花和雄花同生于一叶腋内。雄花:花梗长4~15mm;萼片6,狭长圆形或长圆状倒卵形,长2.5~3.5mm,外面密被短柔毛,内面无毛;雄蕊3,合生呈圆柱状。雌花:花梗长约1mm;萼片6,与雄花的相似,但较短而厚;子房圆球状,5~10室,密被短柔毛,花柱合生呈环状,与子房等长,与子房接连处缢缩。

🍎 蒴果扁球状,密被短柔毛,直径8~15mm,边缘有8~10条纵沟,成熟时带红色,顶端具有环状而稍伸长的宿存花柱;种子近肾形,具3棱,长约4mm,朱红色。

引种信息

华南植物园 自福建建宁(登录号20120616)、广东天井山国家森林公园(登录号20000492)引种苗。长势良好。

武汉植物园 自江西上饶(登录号20041023)引种苗。长势良好。

物候

武汉植物园 3月中旬展叶,4月下旬展叶盛期;4月上旬始花,5月下旬盛花,8月下旬末花;6月上旬现幼果,9月上旬果实成熟,10月中旬果实脱落;11月中旬落叶。

迁地栽培要点

喜光,苗期在半阴环境生长更好。适应性强,对栽培土壤要求不严,耐干旱、耐贫瘠,宜种植于阳光充足、排水良好的壤土或砂质壤土中。萌发性强,耐修剪。播种繁殖。

主要用途

种子可榨油,含油量20%,供制肥皂或作润滑油。根、茎、叶和果实均可药用,有活血散瘀、消

肿解毒之效，治痢疾、腹泻、感冒发热、咳嗽、食滞腹痛、湿热腰痛、跌打损伤、疝气（果）等；也可作农药。全株可提制栲胶；也可用于园林绿化。

果枝

雌花

雄花

果

果

91

茎花算盘子

别名：劳莫

Glochidion ramiflorum J. R. Forst. et G. Forst., Char. Gen. Pl. 114. 1776.

自然分布

太平洋群岛（斐济塔维乌尼岛）及邻近各岛屿也有分布。

迁地栽培形态特征

常绿灌木或小乔木，高3~5m。

🌿 枝条圆柱状，灰色，嫩枝绿色，新枝下段稍呈淡紫色；小枝无毛，密被突起皮孔。

🍃 单叶互生，二列，叶片纸质，椭圆形或长卵形，长6~12cm，宽2~4cm，边缘全缘，顶端尾状渐尖，基部钝或楔形，两侧对称，上面深绿色，下面浅绿色，两面无毛，具斑状腺点；中脉两面均凸起，侧脉6~9条；叶柄长3~5mm；无毛；托叶宽三角形，长约1mm。

🌸 单性，雌雄同株，花4~9朵簇生于叶腋内，花梗长4~6mm，雌花生于树冠上层枝上部，雄花常生于树冠下层枝上，有时雌花和雄花同生于小枝上；雄花：萼片6，2轮，宽卵形，长约2mm，宽约1.2mm，淡黄色，无毛；雄蕊3，合生呈圆柱状，药室2，纵裂；雌花：萼片与雄花的相似，但较小，长约1mm，宽约0.7mm；子房卵圆形，5~6室，无毛，每室有胚珠2。

🍎 蒴果近圆球状，直径约6mm。

引种信息

华南植物园 1956年(来源不详，登录号19560598)引种苗。长势良好。

物候

华南植物园 2月下旬萌芽，3月上旬展叶，3月下旬至4月中旬展叶盛期；4月上旬现花蕾，5~12月持续开花。未见结果。

迁地栽培要点

喜光，亦具一定的耐阴性；适生于温暖气候，宜种植于土层深厚、肥沃、湿润、排水良好的立地环境。播种或扦插繁殖。

主要用途

树形美观，花期长，具有一定的观赏价值，适合庭院种植。其叶药用，可作避孕药。

花枝正面

花枝背面

植株

茎

嫩枝

92

圆果算盘子

别名： 山柑树、山柑算盘子、栗叶算盘子

Glochidion sphaerogynum (Müll. Arg.) Kurz, For. Fl. Brit. Burma 2: 346. 1877.

自然分布

广东、海南、广西和云南等。印度、缅甸、泰国、越南等。

迁地栽培形态特征

常绿乔木，高5～10m。

🌿 树皮灰白色，小枝具棱，绿色，无毛。

🍃 叶片近革质，卵状披针形，披针形或长圆状披针形，长6～11cm，宽2～3.5cm，顶端渐尖，基部楔形，两侧略不相等，两面无毛，上面绿色，下面浅绿色；中脉两面凸起，侧脉每边6～8条；叶柄长5～8mm；托叶三角形，长约1.5mm。

🌸 单性，雌雄同株，花10～20朵簇生于叶腋内，雌花生于小枝上部，雄花则在下部，或雌花和雄花同生于小枝中部的叶腋内。雄花：花梗纤细，长6～8mm；萼片6，稀5，2轮，外轮较内轮稍大而厚，倒卵形或椭圆形，长约2mm，淡黄色；雄蕊3，合生。雌花：花梗长2～3mm；萼片6，卵形或卵状三角形，外轮3片较大而厚，长约1mm；子房4～6室，无毛，花柱合生呈扁珠状。

🍎 蒴果扁球状，直径8～10mm，无毛，顶端凹陷，边缘有8～12条纵沟，顶端具有扁球状的花柱宿存。

引种信息

华南植物园 自广西南宁（登录号20050510）引种苗。长势良好。

物候

华南植物园 2月上旬萌芽，2月下旬展叶，3月上旬至3月下旬展叶盛期；2月下旬现花蕾，3月下旬始花，4月中旬至5月下旬盛花，6月上旬至7月上旬末花。未见结果。

迁地栽培要点

阳性植物，喜光照充足环境。耐干旱，在排水好、肥沃土壤生长良好，秋冬适当修剪。播种或扦插繁殖。无病虫害，冬季叶尖稍受冻。

主要用途

树皮含鞣质14.31%。枝叶供药用，有清热解毒之效，可治感冒发热、暑热口渴、口腔炎等；外治刀伤出血、骨折；外洗治湿疹、疮疡溃烂等。树形美观，可作园林绿化。

植株

雄花

茎

叶正面

雄花

叶片

93
湖北算盘子

Glochidion wilsonii Hutch., Sarg. Pl. Wilson. 2: 518. 1916.

自然分布

安徽、浙江、江西、福建、湖北、广西、四川、贵州等。生于海拔600~1600m山地灌木丛中。

迁地栽培形态特征

灌木或小乔木，1~5m，除叶柄外，全株均无毛。

🌿 灰褐色，小枝直而开展，具棱。

🍃 叶片纸质，披针形或斜披针形，长3~10cm，宽1.5~4cm，顶端短渐尖或急尖，基部钝或宽楔形，两侧对称，上面绿色，下面灰白色；中脉两面凸起，侧脉每边5~6条，下面凸起；叶柄长3~5mm，被短柔毛；托叶卵状披针形，长2~2.5mm。

🌸 单性，雌雄同株，花绿色，簇生于叶腋内，雌花生于小枝上部，雄花生于小枝下部。雄花：花梗长约8mm；萼片6，长圆形或倒卵形，长2.5~3mm，宽约1mm，顶端钝，边缘薄膜质；雄蕊3，合生。雌花：花梗短；萼片6；子房圆球状，6~8室，花柱合生呈圆柱状，顶端多裂。

🍎 蒴果扁球状，直径约1.5cm，边缘有6~8条纵沟。

引种信息

庐山植物园 园内野生。

武汉植物园 引种信息不详。

物候

庐山植物园 4月中旬萌芽，4月下旬开始展叶，5月上旬至5月中下旬展叶盛期；6月上旬现花蕾，6月下旬始花，7月上旬至中旬盛花，7月下旬末花；7月下旬现幼果，10月上旬至10月中旬果实成熟；11月上旬落叶。

武汉植物园 3月下旬萌芽，5月中旬展叶盛期；5月下旬始花，6月中旬盛花，9月下旬果实成熟；9月上旬叶片开始变色，11月中旬落叶。

迁地栽培要点

阳性、中性环境均能生长，对土壤要求不严，耐干旱、耐贫瘠，宜栽培于排水良好的壤土或砂质壤土中。播种繁殖。

主要用途

叶、茎及果含鞣质，可提取栲胶。可用于边坡绿化或园林绿化观赏。

叶背面

果枝

茎

幼果

花果枝背面

花果枝正面

94
白背算盘子

Glochidion wrightii Benth., Fl. Hongkong. 313. 1861.

自然分布

福建、广东、海南、广西、贵州和云南等。越南。生于海拔240～1000m山地林缘中或灌木丛中。

迁地栽培形态特征

常绿灌木或乔木，高3～6m；全株无毛。

🌲 树皮灰褐色，表皮密被突起皮孔；小枝绿色，细长，呈"之"字形弯曲。

🍃 叶片纸质，长圆形或长圆状披针形，常呈镰刀状弯斜，长2.5～8cm，宽1.5～3cm，顶端渐尖，基部楔形，偏斜，两侧不对称，上面绿色，下面粉绿色，干后灰白色；侧脉每边5～7条；叶柄长3～5mm；托叶三角状，长1～1.5mm。

🌸 单性，花数朵簇生于叶腋内，雌花和雄花通常生于不同小枝上。雄花：花梗长2～4mm；萼片6，两轮，长圆形，外轮长约2.5mm，内轮长约2mm，黄色；雄蕊3枚，合生。雌花：几无花梗；萼片6，两轮，卵形、长圆形，长约1mm；子房圆球形，3～4室，花柱合生，呈圆柱状。

🍒 蒴果扁球形，直径约6mm，顶端凹陷，具3～4条浅纵沟，顶端有短宿存花柱，红色。

引种信息

西双版纳热带植物园 自云南澜沧（登录号0020022503）、云南勐腊（登录号0020100583）引种苗。生长良好。

华南植物园 自广东罗浮山（登录号20060234）引种苗。生长良好。

物候

华南植物园 2月下旬萌芽，3月上旬至3月中旬开始展叶，3月下旬至4月中旬展叶盛期；3月下旬现花蕾，4月上旬始花，4月中旬至5月上旬盛花，5月中旬至5月下旬末花；5月中旬现幼果，7月果实成熟。

迁地栽培要点

喜光，喜温暖湿润环境；宜种植于土壤肥沃的壤土或砂质壤土中，肥水管理适中。病虫害少见。播种或扦插繁殖。

主要用途

枝叶浓密，小枝"之"字形，纤细而微下垂，树形美观，可用于园林栽培观赏。

花枝正面

花枝背面

植株

嫩叶

花序

叶片

雄花

果

花枝

95
香港算盘子

别名： 金龟树

Glochidion zeylanicum (Gaertn.) A. Juss., Euphorb. Gen. 107. 1824.

嫩叶

自然分布

福建、台湾、广东、海南、广西、云南等地。印度东部、斯里兰卡、越南、日本、印度尼西亚等。生于海拔30～300m的山谷或山地疏林中。

迁地栽培形态特征

常绿灌木或小乔木，高1～3m，全株无毛。

🌿 小枝绿色，茎具明显叶痕。

🍃 叶片革质，卵形、卵状长圆形或长圆形，长5～13cm，宽3.5～8cm，全缘，顶端急尖或钝尖，基部心形、近心形、截形或圆，两侧稍偏斜；侧脉明显，中脉和侧脉在下面凸起；叶柄粗壮，长约5mm；托叶卵状三角形，长约2mm。

🌸 雌雄同株，聚伞花序，腋上生，雄花和雌花常分别生于不同的小枝上。雄花：花梗长约1cm，萼片6，卵形，长3～5mm；雄蕊6枚，花药合生呈球形。雌花：萼片6，与雄花相同；子房圆球形，无毛，6室，花柱合生呈圆锥状。

🍒 蒴果扁球形，直径约1cm，6室，边缘具12条纵沟。

引种信息

华南植物园 自深圳（登录号20010573）引种苗。生长良好。

物候

华南植物园 3月下旬萌芽，4月中旬展叶，4月下旬至5月上旬展叶盛期；3月下旬现花蕾，没有明显集中的花期，4～9月开花相对较多，10月末花；10月下旬叶片变色。

迁地栽培要点

性喜温暖湿润环境，在全光或半光条件下均生长较好；适应性强，耐干旱、耐瘠薄土壤。每年施肥1～2次，春季结合整形适当修剪，去除枯枝和徒长枝条。播种或扦插繁殖。病虫害主要有飞虱类危害叶片。

主要用途

根皮用于治疗咳嗽、肝炎；茎、叶用于治疗腹痛、衄血、跌打损伤。茎皮含鞣质6.43%，可提取栲胶。花果期长，秋季叶片微红色，花果叶兼具观赏性，适宜林缘、路边或岩石园配置。

托叶

果

植株

花枝正面

果枝背面

花蕾

雌花

橡胶树属

Hevea Aubl., Hist. Pl. Guiane. 2: 871. 1775.

乔木；有丰富乳汁。叶为掌状复叶，互生或生于枝条顶部的近对生，非盾状着生，具长叶柄，叶柄顶端有腺体，具小叶3（～5）片，全缘，有小叶柄。花雌雄同株，同序，无花瓣，由多个聚伞花序组成圆锥花序，雌花生于聚伞花序的中央，其余为雄花，雄花花蕾时近球形或卵球形，花萼5齿裂或5深裂；花盘分裂为5枚腺体或浅裂或不裂；雄蕊5～10枚，花丝合生成一超出花药的柱状物，花药排成整齐或不整齐的1～2轮；雌花的花萼与雄花同；子房3室，稀较少或较多，每室有1颗胚珠，通常无花柱，柱头粗壮。蒴果大，通常具3个分果爿，外果皮近肉质，内果皮木质；种子长圆状椭圆形，具斑纹。

约10种；分布于美洲热带地区。其中橡胶树，在我国南部有栽培。植物园引种栽培1种。

96
三叶橡胶

别名： 巴西橡树、三叶胶树橡胶

Hevea brasiliensis (Willd. ex A. Juss.) Müll. Arg., Linnaea.34: 204. 1865.

花枝

自然分布

巴西。

迁地栽培形态特征

落叶高大乔木。

🌿 直立有灰色皮孔，茎杆受伤流出白色汁液。

🍃 掌状复叶，具小叶3片；叶柄长2～15cm，顶端有2～3枚腺体；小叶片革质，椭圆形，长5～18cm，宽1.7～7cm，顶端渐尖，基部楔形，边缘全缘，两面无毛，侧脉14～25对，网状脉；小叶柄长1～2cm。

🌸 圆锥状花序腋生，长达18～33cm，有灰白色短柔毛。雄花：花萼裂片卵状披针形，长约3mm；雄蕊10枚，排成2轮，花药2室，纵裂。雌花：花萼与雄花同，但较大；子房3室，稀2或6室；花柱短，柱头3枚。

🍈 蒴果椭圆状，直径4～7cm，有纵沟3，顶端有喙尖，基部凹，外果皮薄，内果皮厚、木质；种子椭圆状，褐色，有斑纹。

引种信息

西双版纳热带植物园 1960年引种（引种地不详，登录号00,1960,0303）。长势良好。目前该种在海南、广东、广西、福建、云南、台湾有引种，其中海南和云南为主要种植区。主要分布于南北纬10°内，分布北界为中国云南盈江县，达到24°24'～25°20'。

物候

西双版纳热带植物园 1月上旬至2月上旬萌芽，3月下旬至6月中旬展叶；3月中旬始花，3月中旬至4月中旬盛花；果期5月上旬至11月下旬；1月上旬至2月上旬落叶。

迁地栽培要点

喜阳树种，肥沃土壤能使它速生生长、高产。适应我国热带地区栽培。可利用种子播种、嫁接、组培快繁等繁殖。病害主要有叶部病害白粉病、季风性落叶病、橡胶炭疽病，危害幼树的麻点病、危害根部的红根病等。虫害有橡胶盔蚧、六点始叶螨、白蚁类和小蠹虫等。

植株　雄花　花序

主要用途

　　天然橡胶原料。种子油为半干性油，是油漆和肥皂的原料。橡胶果壳可制优质纤维，果壳是活性炭、糠醛等的化工原料；木材可制树脂粘合板。

秋叶

花枝

果实和种子

种子

水柳属

Homonoia Lour., Fl. Cochinch. 2: 636. 1790.

　　灌木或小乔木；全株被柔毛或鳞片。叶互生，叶片线状长圆形或狭披针形，下面具鳞片；羽状脉；托叶2枚。雌雄异株，花无花瓣，花盘缺，雄花排成狭的总状花序，腋生；雌花排成穗状花序，腋生。雄花：花萼花蕾时球形，开花时3深裂，裂片镊合状排列；雄蕊多数，花丝合生成多个雄蕊束，各雄蕊束基部依次合生成柱状，花药2室，药室近球形，多少分离；无不育雌蕊。雌花：萼片5~8枚，覆瓦状排列，花后几不增大；子房3室，每室具胚珠1颗，花柱3枚，离生或基部合生，不叉裂，柱头密生羽毛状突起。蒴果具3个分果爿，果皮无小瘤，被短柔毛；种子卵球形，无种阜，外种皮肉质或膜质，内种皮厚壳质。

　　约2种，分布于亚洲东南部和南部。我国产1种，分布于南部和西南部各地。植物园引种栽培1种。

97

水柳

别名： 水麻、水柳子、水杨梅

Homonoia riparia Lour., Fl. Cochinch. 2: 637. 1790.

花蕾

自然分布

台湾、海南、广西、贵州、云南、四川。印度、缅甸、泰国、老挝、越南、马来西亚、印度尼西亚、菲律宾等。生于海拔20～1000m河流两岸冲积地或沙砾滩，河岸两岸灌木林中或溪流两岸石隙。

迁地栽培形态特征

常绿灌木，高3～4m。

🌿 树皮灰褐色，小枝有明显叶痕，嫩枝被短柔毛，有棱。

🍃 叶片纸质，狭披针形或线状长圆形，长5～10cm，宽1～1.5cm，顶端渐尖，具尖头，基部渐狭或钝，边缘全缘，无毛，下面具疏鳞片；侧脉9～12对；叶柄长约5mm；托叶钻性，长约2mm，早落。

🌸 雌雄异株，花序腋生，长5～12cm；苞片近卵形，长1.5～2mm，小苞片2枚，三角形，长约1mm，花单生于苞腋。雄花：花萼裂片3枚，长3～4mm，被短柔毛，雄蕊众多，花丝合生成约10个雄蕊束；花梗极短。雌花：萼片5枚，长圆形，顶端渐尖，长1～2mm，被短柔毛；子房球形，密被紧贴的柔毛，花柱3枚，基部合生，柱头密生羽毛状突起。

果 蒴果近球形，直径3～4mm，果皮无小瘤，被灰色短柔毛。

引种信息

西双版纳热带植物园 园内野生。长势良好。

华南植物园 自海南（登录号19840477，20030588）、广东广州（登录号20081051）引种苗。长势良好。

物候

西双版纳热带植物园 2月下旬萌芽，3月上旬至5月下旬展叶；2月中旬现蕾，3月中旬始花，3月下旬盛花，4月下旬开花末期；4月下旬幼果现，10月上旬果实成熟。

华南植物园 2月下旬萌芽，3月中旬展叶，4月上旬至5月上旬展叶盛期；未见开花。

迁地栽培要点

中性植物，喜温暖、湿润环境。对栽培土壤要求不严，以疏松透气、排水良好的砂质壤土为好。播种或扦插繁殖。

主要用途

根入药，具有清热解毒、利尿的功效，用于肝炎、关节肿痛、腹痛、烫伤等的治疗。枝叶密集，开花较多，可作公园、庭院栽培观赏。

雌花

283

植株

雄花序

花枝

雄花

响盒子属

Hura L., Sp. Pl. 2: 1008. 1753.

　　乔木。树干和枝具刺。叶互生，叶片边缘近全缘或有波状粗齿，羽状脉；叶柄长，顶端具2腺体；托叶存在，早落。花单性，雌雄同株，无花瓣和花盘。雄花：多数，密集成顶生、具长花序梗的穗状花序；苞片膜质，于蕾期内卷而完全闭合，开花期则不规则破裂；花萼膜质，浅杯状，顶端截平或略具细齿，雄蕊8～20枚，排成2～3轮或近于不规则的多轮，花药合生，花丝和药隔连合成一粗的柱状体，药室分离，外向，纵裂，无退化雌蕊。雌花：于枝顶的叶腋内单生，且与雄花序毗邻；花萼革质，阔杯状，顶端截平，全缘，紧密地包围着子房；子房5～20室，每室具1胚珠，花柱长，肉质，柱头深紫色，开展，放射状。蒴果大，扁圆盒状，顶端凹陷具5～20室分果，直径8～9cm，分果爿木质，轮生状；种子侧向压扁，无种阜；胚乳肉质，子叶圆而平坦。

　　2种，产美洲热带地区。我国引入栽培1种。植物园引种栽培1种。

98

响盒子

别名： 胡拉木、洋红

Hura crepitans L., Sp. Pl. 2: 1008. 1753.

花蕾

自然分布

美洲。

迁地栽培形态特征

乔木，高7～10m。

🌿 茎密被基部粗肿的硬刺，枝粗壮，有密皮孔，无毛。

🍃 叶片纸质，卵形或卵圆形，长6～30cm，宽5～17cm，顶端尾状渐尖或骤然紧缩具小的尖头，基部心形，边缘波状锯齿或近全缘，腹面无毛，背面沿中脉下部被长柔毛；中脉和侧脉在两面均凸起，网脉明显；叶柄长7～25cm，顶端具2腺体；托叶线状披针形，被短柔毛，长10～15mm，早落。

🌸 单性，雌雄同株。雄花：红色，总花梗长7～10cm；穗状花序卵状圆锥形，花长4～5cm，宽1.5～2cm；萼管长2～3mm，雄蕊排成2轮，偶有3轮，极少排成1轮者。雌花：花梗长10～17mm，果期延长可达6cm；萼管长4～6mm；子房全部被包藏于萼管内；柱头11～15，深紫色，开展，放射状，直径1.5～2.5cm。

🍎 蒴果扁圆盒状，倒垂，长4～5cm，直径8～9cm，顶端和基部均凹陷。

引种信息

西双版纳热带植物园 自古巴（登录号1219620096）、越南（登录号1320010066）、泰国（登录号3820020989）、新加坡（登录号5220010035）引种种子。长势良好。

华南植物园 自云南西双版纳（登录号20040061）、深圳仙湖植物园（登录号20041637）引种苗。长势一般。

物候

西双版纳热带植物园 3月下旬萌芽，4月中旬至6月下旬展叶；5月上旬现蕾，5月中旬始花，5月下旬盛花，8月中旬开花末期；6月中旬幼果现，3月上旬果实成熟，4月上旬果实成熟末期。

华南植物园 3月中旬萌芽，3月下旬开始展叶，4月中旬至5月上旬展叶盛期；6月中旬现花蕾，7月上旬始花，7月中旬至8月上旬盛花，8月中旬末花；7月下旬现幼果，10月中旬至11月上旬果实成熟；11下旬至12月中旬落叶。不耐寒，冬季枝梢枯死。

迁地栽培要点

喜阳植物，不耐寒，稍耐旱，宜种植在阳光充足、肥沃的向阳坡地。在广州露地栽培时，越冬会受轻度冻害，苗期冬季需要采取防寒措施。

主要用途

树形美观，花形奇特、花色艳丽，是优良的园林观赏植物，适合公园、庭院或温室配置。

幼果

花

雄花序

植株

茎干

雌花

果

叶正面

雄花

麻风树属

Jatropha L., Sp. Pl. 2: 1006. 1753.

乔木、灌木、亚灌木或为具根状茎的多年生草本。叶互生，掌状或羽状分裂，稀不分裂，被毛或无毛；具叶柄或无柄；托叶全缘或分裂为刚毛状或为有柄的一列腺体，或托叶小。花雌雄同株，稀异株，聚伞花序或伞房状聚伞圆锥花序，顶生或腋生，在二歧聚伞花序中央的花为雌花。其余花为雄花；萼片5枚，覆瓦状排列，基部多少连合；花瓣5枚，覆瓦状排列，离生或基部合生；腺体5枚，离生或合生成环状花盘。雄花：雄蕊8~12枚，有时较多，排成2~6轮，花丝多少合生，有时最内轮花丝合生成柱状，不育雄蕊丝状或缺；不育雌蕊缺。雌花：子房2~3（~4~5）室，每室有1颗胚珠，花柱3枚，基部合生，不分裂或2裂。蒴果；种子有种阜，种皮脆壳质。

约175种；分布于美洲热带、亚热带地区及非洲。我国有引入5种。植物园引种栽培5种。

麻风树属分种检索表

1a. 叶片掌状，边缘全缘或 2~6 浅裂。
　2a. 叶片盾状着生 ························· 103. 佛肚树 *J. podagrica*
　2b. 叶片非盾状着生。
　　3a. 叶片边缘全缘或掌状 3~5 裂。
　　　4a. 叶片边缘全缘或 3~5 浅裂；花黄绿色，花瓣内面密被短柔毛··········· ························· 99. 麻风树 *J. curcas*
　　　4b. 叶片边缘 3~5 深裂；花白色或红色，花瓣无毛。
　　　　5a. 嫩叶紫红色；叶柄密被簇生腺毛；叶缘腺状细锯齿；花红色·········· ························· 100. 棉叶珊瑚花 *J. gossypifolia* var. *elegans*
　　　　5b. 嫩叶绿色；叶柄被短硬刺毛；叶缘具硬刺毛；花白色 ·················· ························· 101. 珊瑚花 *J. multifida*
1b. 叶片卵形、倒卵形、长圆形或提琴形，边缘全缘 ·················· ························· 102. 琴叶珊瑚 *J. integerrima*

99
麻风树

别名：小桐子、木花生、膏桐、黄肿树

Jatropha curcas L., Sp. Pl. 2: 1006. 1753.

自然分布

美洲热带。福建、台湾、广东、广西、云南、海南、四川等地有栽培或逸为野生。

迁地栽培形态特征

落叶灌木或小乔木，高2~5m。

🌲 树干基部肿大，树皮平滑；枝条苍灰色，无毛，疏生突起皮孔；小枝具黄绿色髓，受伤时流出汁液。

🍃 叶非盾状着生，叶片纸质，近圆形至卵圆形；长8~20cm，宽9~16cm，顶端短尖，基部深心形，边缘全缘或3~5浅裂；叶上面深绿色，无毛，下面灰绿色，嫩叶下面沿叶脉微被柔毛，后渐变无毛；掌状脉5~7裂，叶柄长10~18cm；叶片撕裂具有白色丝状物。

🌼 聚伞花序，长6~10cm，腋生或顶生；3~4级分支，每分支3~7朵花；雌雄异花同株；雄花：萼片5，基部合生；花瓣长圆形，黄绿色，中部以下合生，内被短柔毛；雄蕊10枚，排列成两轮，外轮5枚离生，内轮基部合生；腺体5枚，近圆柱形。雌花：萼片5，离生；花瓣和腺体与雄花同；子房3室，无毛，柱头2裂；花梗花后伸长。

🍒 椭圆形或球形，长2.5~3cm，宽1.5~1.8cm，黄绿色，表面微被柔毛；种子椭圆形，长1.5~2cm，宽1~1.5cm，黑色；种子千粒重500~800g。

引种信息

西双版纳热带植物园 园内野生。长势良好。

华南植物园 自广西靖西（登录号20051137）、广西大新（登录号20051168）引种苗。长势优。

物候

西双版纳热带植物园 4月上旬萌芽，4月下旬至6月下旬展叶；5月下旬现蕾，6月上旬始花，6月上旬盛花，6月中旬开花末期；6月上旬幼果现，6月下旬果实成熟，8月上旬果实成熟末期。

华南植物园 3月上旬至3月中旬萌芽，3月下旬至4月上旬开始展叶，4月中旬至4月下旬展叶盛期；4月上旬现花蕾，4月下旬始花，5月上旬至5月中旬盛花，5月下旬至6月下旬末花；5月中旬现幼果，7月上旬至7月下旬成熟；8月上旬第二次显蕾，8月下旬至9月上旬二次开花，9月下旬至10月中旬盛花，10月下旬末花；11月中旬果实成熟，11月下旬至12月上旬脱落；11月上旬至12月下旬落叶。

迁地栽培要点

喜阳，性喜温暖湿润的气候环境，对栽培土壤要求不严格，但土层深厚肥沃时生长更旺盛。适应我国南亚热带及干热河谷地区栽培。播种、扦插或组培繁殖。几无病虫害，偶见白蚁蛀树干而致植株死亡。

主要用途

　　种子油富油酸、亚油酸、棕榈油酸等不饱和脂肪酸，种仁含油率在40%～60%，为重要的能源植物。药用，可治疗跌打瘀肿、外伤出血；茎皮性味苦、温，有消肿散瘀、止血、杀虫、疥癣、湿疹、止痒等功效。树形美观，花黄绿色，花期长，是一种优良的园林观赏植物。

植株

萌芽

果

雌花

展叶

花蕾

盛花

茎

雄花侧面

雄花正面

100
棉叶珊瑚花

别名: 棉叶麻疯树、棉叶羔桐

Jatropha gossypiifolia L., Sp. Pl. 2: 1006. 1753.

自然分布

美洲热带和亚热带地区。

迁地栽培形态特征

落叶灌木,高1~2m。

🌲 树皮平滑;枝条苍灰色,无毛,疏生突起皮孔;嫩枝上端红色,小枝具黄绿色髓,枝条受伤会流出汁液。

🍃 叶非盾状着生,叶片纸质,近圆形;嫩叶紫红色,渐变绿色;长10~15cm,宽12~16cm,掌状,3~5深裂,两面无毛,叶缘具腺状细锯齿;叶柄长8~20cm,紫红色,具簇生腺毛;掌状脉3~5;叶片撕破可见白色丝状,并沿叶脉流出汁液。

🌸 聚伞花序,长3~7cm,顶生或腋生;雌雄同株。雄花:萼片5,长2~3mm,基部合生;花瓣匙形,长约4mm,红色,基部联合,无毛;雄蕊8枚,花丝联合成管状。雌花:萼片5,长5~10mm,离生,边缘具腺毛;花瓣长约6~7mm,红色;子房3室,花柱3枚,无毛;花梗花后无明显伸长。

🍈 蒴果,椭圆状至倒卵状,长1~1.5cm,无毛;3室,每室1粒种子,种子长8~10mm,成熟时开裂,种子散布周围。

引种信息

华南植物园 自云南(登录号19801832)引种种子。长势优。

物候

华南植物园 3月中旬萌芽,4月上旬开始展叶,4月下旬至5月中旬展叶盛期;3月下旬至4月上旬现花蕾,4月下旬始花,持续开放到10月下旬;4月下旬现幼果,果实6~11月成熟。11月下旬至翌年1月中旬落叶。

迁地栽培要点

喜光,也耐半阴,喜温暖、湿润的气候环境。水肥适中,适应热带、南亚热带地区栽培。用播种、扦插或组培等方法繁殖。病虫害较少发生。

主要用途

根、茎皮、种子用于调经,催吐,泻下,杀虫解毒,治疗疖疮、疥癣、湿疹等。种子含油率约55%,油可供工业使用。叶紫红色,花红色,花期长,花和叶均具有一定的观赏价值,可用于公园、庭院栽培或盆栽观赏。

植株

枝叶

展叶

叶柄

雄花

雄花

雌花

果正面

果侧面

101
珊瑚花

别名： 裂叶珊瑚花

Jatropha multifida L., Sp. Pl. 2: 1006-1007. 1753.

自然分布

美洲热带、亚热带地区。现世界各地广泛栽培。

迁地栽培形态特征

落叶灌木或小乔木，高2~4m。

🌿 茎表皮具白点状皮孔，叶痕明显，具白色髓心，嫩枝密被硬刺毛，有白色乳汁。

🍃 叶非盾状着生，叶片纸质，轮廓近圆形或宽卵形，宽10~30cm，叶面绿色，叶背淡绿色，两面无毛，边缘掌状9~11深裂，裂片披针形，长8~18cm，宽1~5cm，边缘全缘，掌状脉9~11条，各自伸至掌状裂片的顶端；叶柄长6~18cm，被短硬刺毛；托叶2，着生在叶柄两侧基部，刺状。

🌸 伞房状聚伞圆锥花序，顶生或腋生，白色；总花梗长6~15cm，密被刺毛；雄花：花萼5，长约0.5mm，花瓣5裂，基部合生，长8~10mm，雄蕊10，二强雄蕊，基部连合；雌花：着生在一级歧状分枝处或二歧分叉处，花萼、花瓣与雄花相同。

🍈 蒴果，3片裂，光滑，三棱状椭圆形，长6~8mm，直径5~6mm。

引种信息

华南植物园 自美国（登录号19630703）引种种子，云南西双版纳（登录号20113171）引种苗。长势良好，未见病虫害。

物候

华南植物园 2月下旬萌芽，3月上旬至4月下旬展叶，8月下旬始花，9月中旬至10月中旬盛花，10月下旬至11月上旬末花；9月下旬至11月中旬果实成熟。

迁地栽培要点

喜阳树种，性喜温暖的气候环境，水肥适中，不耐干旱，宜种植在排水、透气良好的壤土中。几无病虫害。播种或扦插繁殖。

主要用途

植株为小灌木状，叶片掌状深裂，花白色，非常醒目，果实表面具花纹，可用于公园或庭院栽培观赏。种植富含油脂。

植株

花果枝

花枝

托叶

植株

叶正面

花蕾

果

102
琴叶珊瑚

别名: 日日樱、变叶珊瑚花、琴叶樱、南洋樱

Jatropha integerrima Jacq., Enum. Syst. Pl. 32. 1763.

自然分布

西印度群岛。我国南方有栽培。

迁地栽培形态特征

常绿灌木,高1~2m,植株有乳汁。

🌿 灰褐色,具明显皮孔,1~2年生枝被短毛,老枝无毛。

🍃 叶非盾状着生,叶片纸质,卵形、倒卵形、长圆形或提琴形,长7~16cm,宽2.5~7.5cm,顶端渐尖,基部钝,边缘全缘,近基部叶缘常具2~4枚疏生尖齿,两面无毛,嫩叶背面紫红色;侧脉每边8~9条,中脉和侧脉在上面扁平,背面凸起;托叶钻形,长约1mm,早落;叶柄长3~7.5mm,被疏短柔毛。

🌸 花单性,雌雄同株异序,聚伞花序,顶生,花序长7~18cm。雄花:花梗长0.5~1cm,苞片卵形,长1~1.5mm,宽约0.5mm;花萼5裂,基部合生,裂片卵形,长约2mm,宽约1.5mm;花瓣5,红色,长圆形,长1.3~1.5cm,宽6~7mm,顶端圆钝或急尖,基部有白色柔毛;雄蕊10,两轮,外轮花丝长约7mm,合生至中部以上,内轮花丝长约10mm,中部以下合生。雌花:花梗长0.3~0.5cm,苞片披针形,长5~6mm,宽约1.5mm;花萼基部合生,5裂,裂片卵形,长2~3.5mm,宽约1.5mm;花瓣5,红色,长圆形,长1~1.3cm,宽5~7mm,顶端圆钝或急尖,基部被白色短柔毛;子房3室,无毛,花柱3,柱头2深裂至中部。

🍒 蒴果,椭圆状至倒卵状,长1~1.5cm,无毛,成熟时呈黑褐色。

引种信息

华南植物园 自广东中山市小榄镇(登录号20052187)、广州陈村花卉世界(登录号20082311、20081052)引种苗。长势良好,病虫害少见。

物候

华南植物园 2月下旬萌芽,3月上旬开始展叶,3月中旬至4月上旬展叶盛期;3月上旬现花蕾,3月中旬始花,4月上旬盛花至9月下旬,10~11月末花;9~12月果实持续成熟。

迁地栽培要点

喜阳光充足、温暖、湿润环境,也稍耐半阴。栽培基质以疏松肥沃的砂质壤土为宜,应种植在排水良好的地方,忌积水。病虫害少见。播种或扦插繁殖。

主要用途

常绿灌木,株型紧凑,花红色、花朵清新艳丽、花期长,为优良园林观赏植物。可用于庭院、水池边、花坛边、路边、林下的植物配置。

植株

花蕾

花枝

小枝

雌花被面

雌花

雄花

果

叶片

103
佛肚树

别名：珊瑚油桐、玉树珊瑚

Jatropha podagrica Hook., Curtis, Bot. Mag. 74: t. 4376. 1848.

植株

自然分布

中美洲或南美洲热带地区。

迁地栽培形态特征

灌木，高1～2m。

🌿 基部或下部膨大，枝粗壮，具明显叶痕；受伤时，流出白色乳汁。

🍃 叶片盾状着生，近圆形至阔椭圆形，长8～26cm，宽10～30cm，顶端圆钝，基部截形或钝圆，边缘全缘或3～6浅裂，无毛；掌状脉6～8条；叶柄长10～28cm，无毛；托叶分裂成刺状，宿存。

🌸 单性，雌雄同株；伞房状聚伞圆锥花序，顶生，红色。雄花：雄蕊6～8枚，花丝基部合生，花药与花丝等长。雌花：子房3室，无毛，花柱3，顶端2裂。

🍈 蒴果椭圆形，具3棱，长10～15mm，直径约10mm，种子长8～12mm。

引种信息

华南植物园 自广东省林业科学研究院（登录号19730610）、海南乐东尖峰岭（登录号20053164）引种苗，越南（登录号19980644）、美国（登录号20114458）引种种子。生长良好。

物候

华南植物园 花果期几全年。12月上旬至翌年1月下旬落叶。

迁地栽培要点

喜光，全光或半阴条件皆可，喜高温干爽气候；忌积水，耐旱性强，宜栽培于疏松透气、排水良好砂质壤土中。播种或嫩枝扦插繁殖。

主要用途

茎下部膨大成瓶状，花红色、花序鲜红夺目，具有较好的观赏价值，适合盆栽及庭园栽培观赏。茎、叶治毒蛇咬伤、淋巴结核、跌打损伤。

植株

花蕾

茎干

果侧面

花果枝

安达树属

Joannesia Vell., Alogr. Alkalis 199. 1798.

　　常绿乔木。树皮紫褐色，小枝无毛，表面被凸起皮孔，小枝受伤会流出淡黄色透明液体。叶片纸质，掌状复叶，宽卵形，基部具2枚腺体；具3~5小叶，多为5小叶，偶见3或4小叶，小叶椭圆形、卵形或卵状披针形，顶端长渐尖，基部钝圆或平截，无毛；羽状脉。花单性，雌雄同株，顶生圆锥花序，花梗被短柔毛。雄花：未见。雌花：苞片卵状披针形，萼片5，倒卵形。蒴果长卵球形，表面密被颗粒状凸起，具4棱，成熟时4片裂。

　　4种，主要分布于中美洲。我国引入1种，植物园引种栽培1种。

104
安达树

Joannesia princeps Vell., Alogr. Alkalis: 199. 1798.

自然分布

南美。

迁地栽培形态特征

常绿高大乔木，高达20m，胸径40～50cm。

🌿 紫褐色，小枝无毛，表面被凸起皮孔，小枝受伤会流出淡黄色透明液体。

🍃 叶片纸质，掌状复叶，宽卵形，长8～18cm，宽10～20cm，叶片基部具2枚腺体；具3～5小叶，多为5小叶，偶见3或4小叶，小叶椭圆形、卵形或卵状披针形，长7～14cm，宽3～5.5cm，顶端长渐尖，基部钝圆或平截，无毛；羽状脉，12～16对，中脉及侧脉在上面凹陷，下面凸起；叶柄长6～12cm，小叶柄长1～3cm。

🌸 单性，雌雄同株，圆锥花序顶生，长10～15cm，花梗被短柔毛；雄花：未见。雌花：苞片卵状披针形，长5～6mm，宽1.5～2mm；萼片5，倒卵形，长5～7mm，宽2～3mm。

🍂 蒴果长卵球形，表面密被颗粒状凸起，具4棱，长10～12cm，直径6～8cm，果皮厚1～1.5cm，成熟时4片裂。

引种信息

华南植物园 自巴西（登录号19641083）引种种子。长势优。

物候

华南植物园 3月中旬萌芽，3月下旬开始展叶，4月上旬至4月中旬展叶盛期；3月下旬现花蕾，4月上旬始花，4月中旬盛花，4月下旬末花；4月下旬现幼果，10月上旬成熟，10月下旬至11月上旬脱落。

迁地栽培要点

阳性植物，喜温暖、湿润环境，不耐寒。对土壤要求不严，但土层深厚肥沃时生长旺盛。播种或扦插繁殖。

主要用途

树干通直，冠形优美，是优良的园林绿化树种，可作行道树、园景树或庭园树。

植株

枝叶

果

嫩枝

叶正面

叶背面

幼果

幼果

白茶树属

Koilodepas Hassk., Verslagen Meded. Afd. Natuurk. Kon. Akad.
Wetensch. 4: 139. 1856.

乔木或灌木；嫩枝被星状短柔毛。叶互生，叶片边缘全缘或具锯齿；羽状脉；叶柄短；托叶宿存。花序穗状，腋生，花雌雄同株或异株，无花瓣，花盘缺；雄花多朵在苞腋排成团伞花序，稀疏排列在花序轴上，雌花数朵，生于花序的基部，花梗短。雄花：花萼花蕾时球形，开花时3~4浅裂，裂片镊合状排列；雄蕊3~8枚，花丝厚，钻状，基部合生，花药小，药室稍叉开，内向，纵裂；不育雌蕊小。雌花：花萼杯状，萼裂片4~10枚，花后增大或不增大；子房3室，每室具胚珠1颗，花柱短，粗，基部合生，上部2至多裂具羽毛状突起。蒴果具3个分果爿，被星状短柔毛；种子近球形，种皮壳质，具斑纹。

10种，分布于印度、印度尼西亚、马来西亚、泰国、越南。我国产1种，分布于海南。植物园引种栽培1种。

105
白茶树

Koilodepas hainanense (Merr.) Airy Shaw, Kew Bull. 14: 384. 1960.

花序

自然分布

海南。越南北部。

迁地栽培形态特征

常绿灌木或小乔木。

🌿 树皮平滑，嫩枝密生灰黄色短柔毛，老枝无毛。

🍃 叶片纸质或薄革质，长椭圆形或长圆状披针形，长10～25cm，宽3～6cm，顶端渐尖，基部宽楔形、圆钝或微心形，边缘具细疏锯齿，两面无毛；中脉及侧脉明显，两面凸起；叶柄长约1cm，密被茸毛。

🌸 单性，雌雄同株；穗状花序腋生，长5～8cm，被茸毛；苞片阔卵形，红色；雄花：数朵在苞腋内排成团伞花序，稀疏排列于花序轴上端；萼片3～4枚，长约1mm，具短星状毛，镊合状排列；雄蕊3～8枚，基部合生；雌花：花萼杯状，长3～4mm，萼裂片5～6枚，卵形或披针形，被茸毛；子房陀螺状，3（～4）室，密被短星状毛；花柱长约3mm，顶端多裂，密生羽毛状突起。花期3～4月。

🍎 蒴果三棱状扁球形，褐色，直径约1.5cm，密被短茸毛，基部具扩大的宿存萼片，内果皮木质；果梗长约5mm，被白色茸毛；每果具种子3粒，种子近球形，直径约8mm，表面具斑纹。

引种信息

华南植物园 自海南（登录号20030542）引种苗。长势优。

物候

华南植物园 2月中旬萌芽，2月下旬开始展叶，3月中旬至4月中旬展叶盛期；2月下旬现花蕾，3月中旬始花，3月下旬至4月中旬盛花，4月下旬至5月上旬末花；4月下旬现幼果，5月下旬至6月上旬成熟，成熟时果皮开裂。

迁地栽培要点

喜光，也具有一定的耐阴性，宜种植于排水良好的中性或微酸性土壤中，适当水肥管理，耐修剪。病虫害少见。种子繁殖。

果　　花枝　　嫩叶　　叶片

主要用途

树形美观，嫩叶紫红色，总苞鲜红色，具有较好的观赏性，可用于公园、庭院等栽培观赏。种子富含油脂，可制作肥皂。

植株

花序

雌花

果枝

花枝

轮叶戟属

Lasiococca Hook. f., Hooker's Icon. Pl. 16: t. 1587. 1887.

小乔木或灌木；嫩枝被短柔毛，小枝无毛。叶互生或在小枝顶部近轮生，叶片革质，长圆状倒披针形、椭圆形、倒卵形或近琴形，顶端渐尖，基部狭心形或心状耳形，无鳞片；羽状脉；叶柄短；托叶小，早落。花雌雄同株，无花瓣，花盘缺；雄花单生在苞腋，排成总状花序，花序腋生；雌花单朵腋生，有时在无叶的短枝上排成近伞房花序，花梗长；雄花：花萼花蕾时球形，开花时3深裂，萼片镊合状排列；雄蕊多数，花丝合生成多个雄蕊束，花药2室，药室稍叉开，药隔突出呈弓形；无不育雌蕊；花梗短，具关节；雌花：萼片5~7枚，不等大，覆瓦状排列，花后稍增大，宿存；子房3室；花柱3枚，线形，基部合生，顶部不叉裂。蒴果具3个分果爿，果皮密生具刚毛的小瘤或鳞片；种子近球形，无种阜，种皮薄壳质。

3种，分布于印度东部、马来西亚、越南。我国产1变种，分布于海南和云南。植物园引种栽培1变种。

106
轮叶戟

别名：假轮叶水柳、肋巴木

Lasiococca comberi Haimes var. *pseudoverticillata* (Merr.) H. S. Kiu, Acta Phytotax. Sin. 20: 108. 1982.

果枝 花枝

自然分布

海南、云南。越南、老挝。生于海拔350～950m沟谷热带雨林或山地湿润常绿林或石灰岩山季雨林中。

迁地栽培形态特征

常绿小乔木，高3～10m。

🌿 嫩枝被灰黄色短柔毛，小枝灰白色，无毛，树皮散生突起皮孔。

🍃 互生、对生或在枝的顶部近轮生或对生，叶片革质，长圆状倒披针形或长圆状椭圆形，长5～16cm，宽2～5cm，顶端渐尖，钝头，中部以下渐狭，基部心状耳形，无毛；中脉在两面均明显凸起，侧脉8～15对，在两面稍凸起；叶柄长5～10mm，被褐色短柔毛；托叶长卵形，长约1.5mm，早落。

🌸 单性，雌雄同株，无花瓣，花盘缺。雄花：总状花序腋生或生于已落叶腋部，长2～5cm；苞片卵圆形，内凹，长约1.5cm，小苞片2枚，长约1mm；萼片3，长3～4mm；雄蕊多数，花丝合生成10个雄蕊束，药室稍叉开；花梗长约0.5mm。雌花：单生或3～6朵在无叶短枝上排列成伞房花序；花梗长2～3cm，被短柔毛；苞片1～3枚，阔披针形，常1.5～2mm，具缘毛；萼片5枚，不等大，卵形或狭卵形，常3～4mm，顶端急尖或渐尖，花后反折；子房密生圆锥状小瘤；花柱线状，长2.5～3mm，柱头密生乳突状突起。

果 蒴果近球形，直径约1.2cm，果皮具突起小瘤；种子近球形，直径约6mm，淡褐色，平滑。

引种信息

西双版纳热带植物园 自云南勐腊（登录号0019750063）、云南景洪（登录号0020071063）引种苗。长势良好。

华南植物园 自海南（登录号20030545）引种苗。长势优。

物候

西双版纳热带植物园 2月下旬萌芽，3月上旬至4月中旬展叶；3月下旬现蕾，4月上旬始花，4月中

雌花　　　　　　雌花背面

雌花侧面　　　　嫩枝　　　　　　雄花序

旬盛花；4月中旬幼果现，7月下旬果实成熟，8月上旬果实成熟末期。

华南植物园 2月下旬萌芽，3月上旬展叶，3月中旬至4月上旬展叶盛期；3月上旬现花蕾，3月下旬始花，4月上旬盛花，4月中旬至4月下旬盛花；4月中旬现幼果，6月下旬成熟，7月下旬脱落。

迁地栽培要点

喜光，喜温暖湿润环境，在半阴环境生长表现较差。对土壤要求不严，但土层深厚肥沃时生长表现更佳，宜种植于土壤疏松、排水良好的地方。播种或扦插繁殖。无病虫害。

主要用途

树形美观，枝叶浓密、嫩叶紫红色，具有较好的观赏性，可用于园林绿化配置。

植株

叶片

幼果

果侧面

果正面

雀舌木属

Leptopus Decne., Jacquem., Voy. Inde. Bot. 4: 155. 1835.

灌木，稀多年生草本；茎直立，有时茎和枝具棱。单叶互生，边缘全缘，羽状脉；叶柄通常较短；托叶2，小，通常膜质，着生于叶柄基部的两侧。花雌雄同株，稀异株，单生或簇生于叶腋；花梗纤细，稍长；花瓣通常比萼片短小，并与之互生，多数膜质；萼片、花瓣、雄蕊和花盘腺体均为5，稀6。雄花：萼片覆瓦状排列，离生或基部合生；花盘腺体扁平，离生或与花瓣贴生，顶端全缘或2裂；花丝离生，花药内向，纵裂；退化雌蕊小或无。雌花：萼片较雄花的大，花瓣小，有时不明显；花盘腺体与雄花的相同；子房3室，每室有胚珠2颗，花柱3，2裂，顶端常呈头状。蒴果，外果皮与内果皮不分裂，成熟时开裂为3个2裂的分果爿；种子无种阜，表面光滑或有斑点。

9种，中国、印度、印度尼西亚、马来西亚、缅甸、巴基斯坦、菲律宾、泰国、越南；亚洲西南部。我国产6种，其中3特有种，植物园引种栽培1种。

107
雀儿舌头

别名: 黑钩叶、断肠草

Leptopus chinensis (Bunge) Pojark., Bot. Mater. Gerb. Bot. Inst. Komarova Akad.
Nauk S. S. S. R. 20: 274. 1960.

植株

自然分布

除黑龙江、新疆、福建、海南和广东外,全国各地都有。生于海拔500~1000m的山地灌丛、林缘、路旁、岩崖或石缝中。

迁地栽培形态特征

直立灌木,高约3m。

🌿 树皮灰白色,具明显纵裂纹;小枝条具棱,幼时被短柔毛。

🍃 叶片膜质至薄纸质,卵形、近圆形、椭圆形或披针形,长1~5cm,宽0.5~2.5cm,顶端钝或急尖,基部圆或宽楔形,叶面深绿色,背面浅绿色;侧脉每边4~6条,在叶面扁平,在叶背微凸起;叶柄长约5mm;托叶小,卵状三角形。

🌸 单性,雌雄同株,单生或2~4朵簇生于叶腋;萼片、花瓣和雄蕊均为5。雄花:花梗丝状,长5~10mm;萼片卵形或宽卵形,长3~5mm,宽1~3mm,浅绿色,膜质,具有脉纹;花瓣白色,匙形,长1~1.5mm,膜质;花盘腺体5,分离,顶端2深裂;雄蕊花丝丝状,长约5mm。雌花:花梗长

1.5～2.5cm；花瓣倒卵形，长1.5mm，宽0.5～0.7mm；萼片卵形或宽卵形；花盘环状，10裂至中部，裂片长圆形；子房近球形，3室，花柱3，2深裂。

🍎 蒴果圆球形或扁球形，直径6～8mm，基部有宿存的萼片；果梗长2～3cm。

引种信息

武汉植物园 自湖北利川（登录号20030451）、陕西岚皋（登录号20040803）、河南内乡（登录号20050307）引种苗。长势良好。

物候

武汉植物园 3月上旬萌芽，3月下旬展叶，3月下旬至4月上旬展叶盛期；4月下旬现花蕾，5月中旬始花，5月下旬至6月中旬盛花，6月下旬末花；6月下旬现幼果，8月下旬至9月上旬果实成熟；10月至11月中旬落叶。

迁地栽培要点

喜光，耐干旱和瘠薄土壤，在水分少的石灰岩山地亦能生长。栽培土壤肥沃时，则长势更好。播种或扦插繁殖。病虫害少见。

花枝

主要用途

耐旱性能好，适应性强，为优良的水土保持植物，也可做庭园绿化灌木。叶可供杀虫农药，嫩枝叶有毒。

雄花正面　　　　雄花侧面

果枝正面　　　　果枝背面

雄花　　　　果

血桐属

Macaranga Du Petit-Thouars, Gen. Nov. Madagasc. 26. 1806.

乔木或灌木；植株无白色肉质，幼嫩枝、叶通常被柔毛。单叶互生，叶片不分裂或分裂，下面具颗粒状腺体，具掌状脉或羽状脉，盾状着生或非盾状着生，近基部具斑状腺体；托叶小或大，离生或合生。雌雄异株，稀同株，花序总状或圆锥状，腋生或生于已落叶腋部，花无花瓣，无花盘；雄花序的苞片小或叶状，苞腋具花数朵至多朵，簇生或排成团伞花序。雄花：花萼花蕾时球形或近棒状，开花时2～4裂或萼片2～4枚，镊合状排列；雄蕊1～3枚或5～15枚，稀20～30枚，花丝离生或在基部合生，花药4（～3）室，无不育雌蕊。雌花序的苞片小或叶状，苞腋具花朵，稀数朵；雌花：花萼杯状或酒瓶状，分裂或浅齿裂，有的近截平，宿存或凋落；子房（1～）2（～6）室，具软刺或无，每室具胚珠1颗，花柱短或细长，不叉裂，分离，稀基部合生。蒴果具（1～）2（～6）个分果爿，果皮平滑或具软刺或具瘤体，通常具颗粒状腺体；种子近球形，种皮脆壳质。

约260种，分布于非洲、亚洲和大洋洲的热带地区。我国10种，分布于台湾、福建、广东、海南、广西、贵州、四川、云南、西藏。植物园引种栽培6种。

血桐属分种检视表

1a. 叶片盾状着生，掌状脉7～11条。
　2a. 托叶三角形或卵状三角形。
　　3a. 雄花的小花序轴直，苞片卵圆形，边缘流苏状；子房具软刺 ……………………………………………………113. 血桐 **M. tanarius var. tomenfosa**
　　3b. 雄花的小花序轴呈"之"字形，苞片线状匙形，具盘状腺体；子房无刺 …………………………………………………110. 印度血桐 **M. indica**
　2b. 托叶披针形。
　　4a. 苞片卵状披针形，边缘具长齿1～3枚；雄蕊3～5枚 ……………………………………………………112. 鼎湖血桐 **M. sampsonii**
　　4b. 苞片近长圆形，边缘具腺体2～4个；雄蕊9～20枚 ……………………………………………109. 中平树 **M. denticulata**
1b. 叶片非盾状着生，羽状脉。
　5a. 叶基部微耳状心形；子房和蒴果均被软刺 ………… 111. 刺果血桐 **M. lowii**
　5b. 叶基部钝圆；子房和蒴果被颗粒状腺体 …… 108. 安达曼血桐 **M. andamanica**

108
安达曼血桐

别名： 轮苞血桐、广西血桐、灰岩血桐、卵苞血桐

Macaranga andamanica Kurz, Forest Fl. Birt. Burma 2: 389. 1877.

自然分布

广东、广西、贵州、海南、云南、四川。印度安达曼群岛、缅甸南部、马来西亚、泰国、越南北部。

迁地栽培形态特征

常绿小乔木。

茎 老枝有灰色皮孔，无毛，嫩枝有毛，有疏生颗粒状腺体。

叶 叶片纸质，长圆状披针形，长6～13cm，宽4～4.5cm，顶端长渐尖，基部钝圆，非盾状着生，两侧各具斑状腺体1个，叶缘具疏生腺齿，两面无毛，下面具颗粒状腺体，沿中脉具疏生毛或柔毛；侧脉5～8对；叶柄长1.5～2.5cm，疏生柔毛；托叶钻状长3～5mm，无毛或疏生柔毛，脱落。

花 单性，雌花序总状，疏被淡黄色颗粒状腺体；花序长4～11cm，总花梗长0.8～1cm，苞片阔三角形，苞腋具花5～8朵。雄花：花梗长约1mm，具柔毛；萼片3枚，长卵形，无毛；雄蕊18～20枚。雌花序长5～10cm，苞片卵形，长1～1.5cm，无毛，疏被淡黄色颗粒状腺体；雌花：萼片3枚，披针形；花柱2枚，线状，长1～1.7cm，近基部合生；子房扁球形，密被颗粒状腺体。

果 蒴果球形或三棱状球形，长约7mm，宽10～13mm，表面具颗粒状腺体；种子近球形，直径5mm，浅褐色，有斑纹。

引种信息

华南植物园 自广东罗浮山（登录号20031785）引种苗。长势良好。

西双版纳热带植物园 自云南勐腊镇龙林村（引种号00,2010,0574）引种苗。长势良好。

物候

华南植物园 3月上旬萌芽，3月中旬开始展叶，3月下旬至4月上旬展叶盛期；3月中旬现花蕾，3月下旬始花，4月上旬至中旬盛花，4月下旬末花；5月中旬现幼果，6月下旬至7月上旬成熟脱落。

西双版纳热带植物园 3月上旬至下旬萌芽，3月下旬至4月中旬展叶；4月上旬始花，4月下旬至6月下旬盛花；5月上旬现幼果，11月上旬成熟，翌年1月果实脱落；11月中旬至翌年1月下旬落叶。

迁地栽培要点

栽培土壤不严，但以地势高、排水良好的肥沃壤土生长最旺盛。适宜我国南亚热带地区栽培。播种或扦插繁殖。几无病虫害。

主要用途

适应性强，树形美观，枝叶繁密，可用于荒山坡地或城市园林绿化。

植株

幼果

雌花

果

苞片

果

雄花

雄花枝

雌花枝正面

雌花枝背面

109
中平树

别名： 牢麻

Macaranga denticulata (Bl.) Müll. Arg., A. DC. Prodr. 15(2): 1000. 1866.

自然分布

海南、广西、贵州、云南、西藏。尼泊尔、印度东北部、缅甸、泰国、老挝、越南、马来西亚、印度尼西亚。生于海拔50～1300m低山次生林或山地常绿阔叶林中。

迁地栽培形态特征

乔木，高5～10m。

树干皮孔明显，小枝粗壮，具纵棱，嫩枝黄褐色茸毛。

叶片纸质或近革质，三角状卵形或卵圆形，长10～25cm，宽9～23cm，盾状着生，顶端芒尖，基部钝圆或近截平，两侧通常各具斑状腺体1～3个，下面密生柔毛，具颗粒状腺体，叶缘微波状或近全缘，具疏生腺齿；掌状脉7～9条，侧脉8～9对；叶柄长7～20cm，被短毛；托叶披针形，长7～8mm，被茸毛，早落。

单性，雌雄异株；雄花序圆锥状，长5～10cm，苞片近长圆形，长2～3mm，被茸毛，边缘具2～4个腺体，或呈鳞片状，苞腋具花3～7朵。雄花：花萼(2～) 3裂，长约1mm，雄蕊9～20枚；花梗长约0.5mm。雌花序圆锥状，长4～8mm，苞片长圆形或卵形、叶状，长5～7mm，边缘具腺体2～6个，或呈鳞片状。雌花：花萼2浅裂，长约1mm；子房2室，稀3室，花柱2枚，长约1mm；花梗长1～2mm。

蒴果双球形，长约3mm，宽5～6mm，具颗粒状腺体；宿萼3～4裂。

引种信息

西双版纳热带植物园 自云南景洪（登录号0020081072）引种苗。长势良好。

华南植物园 1956年（来源不详，登录号19560602）、广东广州（登录号20081054）、广西东兴（登录号20131531）引种苗。长势优，无病虫害。

物候

西双版纳热带植物园 2月上旬萌芽，2月下旬至4月下旬展叶；2月中旬现蕾，2月下旬始花，3月上旬盛花，5月上旬开花末期；4月下旬幼果现，7月上旬果实成熟，8月下旬果实成熟末期。

华南植物园 2月下旬萌芽，3月上旬展叶，3月下旬至4月中旬展叶盛期；3月上旬现花蕾，3月中旬始花，3月下旬至4月下旬盛花，4月下旬至5月上旬末花，雄花较雌花先开放，4月下旬雄花进入末花，5月上旬雌花进入末花期；4月下旬现幼果，5月下旬至6月上旬成熟，6月下旬脱落。

迁地栽培要点

喜阳，也有一定的耐阴性，耐干旱。对土壤要求不严，生长速度快，宜种植于阳光充足的开阔地带，管理粗放。播种或扦插繁殖。

主要用途

树皮纤维可编绳。荒山或城市园林绿化。

植株

花枝

展叶

叶正面

雌花序

叶背面

雌花

雄花

雄花序

110
印度血桐

别名: 盾叶木

Macaranga indica Wight, Icon. Pl. Ind. Orient. 5: 23, t. 1883. 1852.

自然分布

云南、西藏墨脱。印度、斯里兰卡、马来西亚、泰国等。生于海拔1200～1850m山谷、溪畔常绿阔叶林中或次生林中。

迁地栽培要点

乔木，高7～10m。

🌿 小枝粗壮，无毛，嫩枝被黄褐色柔毛。

🍃 叶片薄革质，卵圆形，长14～20cm，宽13～18cm，顶端短渐尖，基部钝圆，盾状着生，具斑状腺体6个，叶缘具疏生腺齿，上面近无毛，下面被柔毛和具颗粒状腺体；掌状脉9条，侧脉6对；叶柄长10～15cm；托叶膜质，卵状三角形，长1.5～2cm，宽约1cm，具疏柔毛，外折，脱落。

🌸 雄花序圆锥状，被黄褐色柔毛，长10～15cm，小花序轴呈"之"字形，其苞片线状匙形，长5～7mm，具盘状腺体1～3个，或呈鳞片状，无腺体，苞腋具多朵雄花组成的团伞花序；雄花：萼片3枚，长卵形，长不及1mm，无毛；雄蕊5～7枚，花药4室；花梗长约1mm，疏生柔毛。雌花序圆锥状，被黄褐色柔毛，长5～6cm；苞片三角形，长约1mm，具毛；雌花：萼片4枚，长约1.5mm，宿存，具疏毛；子房无毛，1室，花柱1枚。

🍎 蒴果近球形，直径约5mm，具颗粒状腺体；果梗长3～5mm，具短柔毛；种子近球形，黑色，光滑。

引种信息

桂林植物园 不详。

物候

桂林植物园 2月下旬展叶；5月上旬现花蕾，6月中旬始花，6月下旬盛花，7月中旬末花。

迁地栽培要点

喜阳，也有一定的耐阴性，耐干旱。对土壤要求不严，生长速度快，宜种植于阳光充足的开阔地带，管理粗放。播种繁殖。

主要用途

荒山坡地或城市园林绿化。

植株

花序

雄花

叶正面

果

果枝

111
刺果血桐

Macaranga lowii King ex Hook. f., Fl. Brit. India 5: 453. 1887.

自然分布

福建、广东、广西、海南等。菲律宾、越南、泰国、马来西亚、印度尼西亚等。生于海拔100~500m山地密林中。

迁地栽培形态特征

常绿乔木，高5~8m。

茎 树皮褐色，小枝被柔毛。

叶 叶片纸质，椭圆形、长椭圆形或椭圆状披针形，长8~15cm，宽2.5~4.8cm，顶端渐尖，基部微耳状心形，非盾状着生，两侧各具斑状腺体1~2个，边全缘或浅波状具疏生腺齿；上面无毛，下面具颗粒状腺体，沿中脉具疏毛；侧脉8~13对；叶柄长1~3cm，疏生长柔毛；托叶钻形，长2.5~3mm，脱落。

花 单性，雌雄异株。雄花序总状或少分枝的复总状花序，长1~8cm，花序轴疏生柔毛；苞片长卵形，长2~3mm，被毛，偶有叶状，长1~2cm，苞腋具花5~7朵；雄花：萼片3 (~4)枚，长卵形，具疏柔毛；雄蕊12~20枚。雌花序总状，长2~6cm，花序轴具疏柔毛，苞片4~7枚，疏生，其中2~3枚叶状，披针形，其余卵状三角形，长约1mm；雌花：萼片3~4枚，披针形，长约2mm，被毛，宿存；子房2室，具数枚或多枚圆锥状软刺，长1~2mm，花柱2枚，线状，长7~15mm，近基部合生，具乳头状突起；花梗长1~2mm，被短柔毛。

果 蒴果双球形，长约6mm，宽10~12mm，具数枚或多枚软刺和颗粒状腺体；种子近球形，具斑纹。

引种信息

华南植物园 自云南西双版纳热带植物园（登录号20035028）引种苗。长势优。

物候

华南植物园 2月上旬至中旬萌芽，2月下旬展叶，3月中旬至4月上旬展叶盛期；2月中旬现花蕾，3月中旬始花，3月下旬至4月上旬盛花，4月中旬至4月下旬末花；4月下旬现幼果，6月果实成熟。

迁地栽培要点

中性植物，喜光照充足环境，在疏林下或林缘地带种植生长表现也较好。对土壤要求不严，忌积水；宜种植于坡地或道路边及林下排水良好的坡地。播种或扦插繁殖。病虫害少见。

主要用途

树干顶部分枝多，冠形较好，可作园林绿化观赏。

植株　　　幼果　　　雌花　　　雄花　　　雄花　　　叶片　　　花蕾　　　雄花枝　　　嫩叶背面　　　果序　　　雌花枝

112
鼎湖血桐

Macaranga sampsonii Hance, J. Bot. 9: 134. 1871.

自然分布

福建、广东、广西。越南。生于海拔200~800m山地或山谷常绿阔叶林中。

迁地栽培形态特征

常绿小乔木，高3~6m。

🌿 小枝无毛，有时被白霜；嫩枝密被黄褐色茸毛。

🍃 叶片薄革质，三角状卵形或卵圆形，长10~20cm，宽8~15cm，顶端骤长渐尖，基部近截平，浅的盾状着生，基部两侧各具1~2个腺体，嫩叶上面密被黄褐色茸毛，老叶上面无毛，下面具柔毛和颗粒状腺体，叶缘具腺的粗锯齿；掌状脉7~9条，侧脉约7对；叶柄长4~13cm，密被柔毛；托叶披针形，长7~15mm，宽2~3mm，具柔毛，早落。

🌸 单性，雌雄异株。雄花序圆锥状，长8~12cm；苞片卵状披针形，长1.5~2cm，顶端尾状，边缘具1~3枚长齿，被柔毛，苞腋具花5~6朵；雄花：萼片3枚，长约1mm，具微柔毛；雄蕊4枚；花梗长约1mm。雌花序圆锥状，长7~11cm；苞片卵状披针形，长1.5~2cm，被柔毛；雌花：萼片4（~3）枚，卵形，长约1.5mm，具短柔毛；子房2室，花柱2枚。

🍒 蒴果双球形，长约5mm，宽约8mm，表面具颗粒状腺体。

引种信息

华南植物园 自广东深圳南澳（登录号20000181）引种苗。长势较好。

物候

华南植物园 3月下旬萌芽，4月上旬开始展叶，4月中旬至5月上旬展叶盛期；4月上旬现花蕾，5月上旬始花，5月下旬至6月上旬盛花，6月中旬末花；6月下旬现幼果，9月上旬成熟。

迁地栽培要点

中性植物，在半阴环境生长较好。对土壤要求不严，耐干旱贫瘠，管理粗放，苗期适当中耕除草。

主要用途

荒山或园林绿化。

小枝正面

小枝背面

苞片

嫩叶

茎干

叶片

雄花序

113
血桐

别名：流血桐、帐篷树、橙栏、橙桐

Macaranga tanarius (L.) Müll. Arg. var. *tomentosa* (Bl.) Müll. Arg., A. DC., Prodr. 15 (2): 997. 1866.

果枝

自然分布

台湾、广东。琉球群岛、越南、泰国、缅甸、马来西亚、印度尼西亚、澳大利亚。生于沿海低山灌木林或次生林中。

迁地栽培要点

落叶乔木，高5~7m。

🌿 嫩枝被短柔毛；小枝粗壮，无毛，被白霜；枝条受伤时流出油状汁液。

🍃 叶片纸质或薄革质，近圆形或卵圆形，长12~30cm，宽9~24cm，顶端渐尖，基部钝圆，盾状着生，边缘全缘或具浅波状小齿，上面无毛，下面密生颗粒状腺体；掌状脉7~11条，侧脉8~9对；叶柄长10~30cm；托叶膜质，长三角形或阔三角形，长1.5~3.5cm，宽0.7~2cm，稍后凋落。

🌸 单性，雌雄异株。雄花序圆锥状，长5~14cm，小花序轴直，被短柔毛；苞片卵圆形，长5~8mm，宽5~9mm，顶端急尖，基部兜状，边缘流苏状，被柔毛，苞腋具花约11朵；雄花：萼片3枚，长约1mm，具疏生柔毛；雄蕊5~10枚；花梗近无。雌花序总状，长3~15cm，花序轴疏生短柔

毛；苞片卵形、叶状，长1~1.5cm，宽0.8~1.2cm，顶端渐尖，基部骤狭呈柄状，边缘篦齿状条裂，被柔毛；雌花：花萼长约2mm，2~3裂，被短柔毛；子房2~3室，近基部具软刺数枚，花柱2~3枚，密被小乳头。

果 蒴果具2~3个分果爿，长6~8mm，宽1~12mm，密被颗粒状腺体和数枚长约8mm的软刺；果梗长5~7mm，具微柔毛。种子近球形，直径约5mm。

引种信息

华南植物园 自香港（登录号19920040）引种种子，广州（登录号20081055）引种苗。长势良好。

物候

华南植物园 2月中旬萌芽，2月下旬开始展叶，3月中旬至4月上旬；2月下旬至3月上旬现花蕾，3月中旬始花，4月上旬至4月中旬盛花，4月下旬末花；4月下旬至5月上旬现幼果，6月中旬果实成熟，6月下旬脱落。

迁地栽培要点

喜阳植物，苗期半阴环境生长较好，喜温暖湿润环境；对土壤要求不严，耐干旱贫瘠，土壤肥沃时生长更佳，忌积水，宜种植于排水良好、阳光充足的坡地。

主要用途

速生树种，木材可供建筑用材；树形优美、冠幅大，叶片大而靓丽，可作行道树或庭荫树。叶药用，具有治疗恶性肿瘤、神经系统及心血管系统等疾病的作用。

雄花序

植株

盛花

雌花 雄花

雌花序 雄花序 叶片

果 托叶 雄花

野桐属

Mallotus Lour., Fl. Cochinch. 2: 635. 1790.

灌木或乔木；植株无白色乳汁，通常被星状毛。单叶互生或对生，边缘全缘或有锯齿，有时具裂片，下面常有颗粒状腺体，近基部具2至数个斑状腺体，有时盾状着生；掌状脉或羽状脉。花雌雄异株或稀同株，无花瓣，无花盘；花序顶生或与叶对生，稀腋生，总状花序，穗状花序或圆锥花序。雄花：每一苞片内有多朵，花萼在花蕾时球形或卵形，开花时3~4裂，裂片镊合状排列；雄蕊多数，花丝分离，花药2室，近基着，纵裂，药隔截平、突出或2裂；无不育雌蕊。雌花：每一苞片内1朵，花萼3~5裂或佛焰苞状，裂片镊合状排列；子房3室，稀2~4室，每室具胚珠1颗，花柱分离或基部合生，粗壮。蒴果具（2~）3（~4）个分果爿，常具软刺或颗粒状腺体；种子卵形或近球形，种皮脆壳质。

约150种，主要分布于亚洲热带和亚热带地区。我国有28种，其中7个特有种，主产于南部各省区。植物园引种栽培9种。

野桐属分种检视表

1a. 叶片具羽状脉。
  2a. 仅近小枝顶部叶近对生，基部耳状心形 ················ 118. 山苦茶 *M. peltatus*
  2b. 叶片通常对生，基部近圆形或楔形。
    3a. 同对生的叶片形状和大小极不相同，小型叶退化呈钻形；雄蕊花丝和花药紫色
    ················ 117. 粗毛野桐 *M. hookerianus*
    3b. 同对生的叶片形状和大小不同，小叶不呈钻形；雄蕊花丝和花药非紫色。
      4a. 小枝和花序密被锈色星状短柔毛；雄蕊花丝中部以下合生；果密被细长软刺，无颗粒状腺体 ················ 114. 锈毛野桐 *M. anomalus*
      4b. 小枝和花序密被褐色星状短柔毛；雄蕊花丝分离；果被稀疏的短软刺，具稀疏颗粒状腺体 ················ 122. 云南野桐 *M. yunnanensis*
1b. 叶片具掌状脉或基出脉3~7条。
  5a. 叶片基部盾状或稍盾状着生。
    6a. 蒴果扁球形，具钻形软刺，软刺长1~5mm。
      7a. 叶片基部稍盾状着生；蒴果具3~4分果爿，被灰白色星状茸毛和软刺，软刺长1~2mm ················ 121. 四果野桐 *M. tetracoccus*
      7b. 叶片基部盾状着生；蒴果具3分果爿，被褐色星状茸毛和软刺，软刺长4~5mm ················ 119. 白楸 *M. paniculatus*
    6b. 蒴果圆球形，具线形软刺，软刺长6~8mm ················ 116. 罗定野桐 *M. lotingensis*
  5b. 叶片基部着生，非盾状着生。
    8a. 叶片近革质，卵形或宽卵形；蒴果近圆球形，密被灰白色星状毛和软刺 ················ 115. 白背叶 *M. apelta*
    8b. 叶片纸质，宽卵形、卵形、长圆形或卵状披针形；蒴果扁球形，密被颗粒状腺体和粉末状毛 ················ 120. 粗糠柴 *M. philippensis*

114
锈毛野桐

Mallotus anomalus Merr. et Chun, Sunyatsenia 5: 99. 1940.

自然分布

广西、海南。生于海拔100~600m山地灌丛或密林中。

迁地栽培形态特征

灌木，高1~3m。

🌑 树皮灰褐色，小枝、叶和花序均密被锈色星状短柔毛。

🍃 对生，叶片纸质，同对的叶片形状和大小稍不同，阔椭圆形、倒卵形或倒卵状椭圆形，长14~32cm，宽10~15.5cm，小型叶不呈钻形，顶端急尖，基部圆形或钝，稀近心形，近全缘或具疏齿，嫩叶两面密被星状毛，成熟叶上面仅沿脉被毛，下面被锈色星状短柔毛；羽状脉，侧脉7~9对，近基部有2~4个斑状腺体；叶柄长1~3cm，被锈色星状短柔毛；托叶卵状披针形，长4~5mm，被星状毛。

🌸 单性，雌雄异株。雄花序总状，腋生，长2~5cm；苞片披针形，褐色，长约5mm，被棕色毛，苞腋有雄花3~5朵；雄花：花梗长约1mm；花萼裂片3，长圆状卵形，长约5mm，宽2~3mm，被星状毛；雄蕊约25枚，花丝长约5mm，中部以下合生。雌花序总状，顶生或腋生，长2~4cm，有雌花3~8朵，苞片长圆状卵形或卵状披针形，长3~5mm，被褐色毛；雌花：花梗长2~4mm；花萼裂片3，披针形，长4~7mm，宽约2mm，被星状毛；子房卵形，密被星状毛，花柱基部合生，柱头3裂，长2~3mm，密生羽毛状突起。

🍎 蒴果球形，钝三棱，直径1.5~1.7cm，密生细长软刺和锈色星状柔毛，无颗粒状腺体，果梗长约2cm；种子卵形，稍三棱，长6~7mm，直径约5mm，褐色，平滑。

引种信息

华南植物园 1956年引种（来源不详，登录号560604）引种种子、海南（登录号20113037）引种插条。长势优，林下有自然更新苗。

物候

华南植物园 6月上旬现花蕾，6月下旬始花，8月上旬至9月下旬盛花，10月上旬至11月中旬末花；9月下旬现幼果，12月下旬开始成熟，翌年3月果实脱落。

迁地栽培要点

中性植物，在半阴环境生长较好；对土壤要求不严，忌积水，宜种植于林下或林缘疏松透气、排水良好的坡地。播种繁殖，种子采后即播或稍储藏后播种，约15天出芽，发芽率较高。病虫害少见。

主要用途

药用，其地上部分乙醇提取物有很强的抗肿瘤活性。植株耐阴性强，叶片宽大，耐修剪，是较好的林下绿化植物，也可密植作绿篱。

植株　　　　　　　果枝　　　　　　　雄花序　　　　　　幼果

嫩叶　　　　　　　叶片　　　　　　　嫩枝

果实　　　　　　　雌花　　　　　　　雄花

雄花花丝　　　　　种子　　　　　　　果

115
白背叶

别名： 酒药子树、野桐、白背桐、吊粟

Mallotus apelta (Lour.) Müll. Arg., Linnaea 34: 189. 1865.

自然分布

广东、广西、云南、海南、湖南、湖北、江西、福建。越南。

迁地栽培形态特征

落叶灌木，高1～2m。

🌱 小枝密被淡黄色星状柔毛，茎皮纤维发达，中间具白色髓心。

🍃 互生，叶片近革质，卵形或宽卵形，稀心形；长6～18cm，宽6～15cm，顶端渐尖，基部平截或稀心形，基部着生，边缘具疏齿；上面干后黄绿色或暗绿色，无毛或被疏蛛丝状毛，下面被灰白色星状茸毛，散生橙黄色颗粒状腺体；基生脉3条，最下一对常不明显，侧脉6～7对；基部近叶柄处有褐色斑状腺体2个；叶柄长5～21cm，密被淡黄色星状柔毛。

🌸 雌雄异株；雄花：不分枝或分枝的顶生穗状花序，长15～30cm，苞片卵形，长约1.5mm，雄花多花簇生于苞腋；花梗长1～2.5mm；花蕾卵形或球形，长约2.5mm；花萼裂片4，卵形或卵状三角形，长约3mm，外面密生淡黄色星状毛，内面散生颗粒状腺体；雄蕊50～75枚，长约3mm；雌花：雌花序不分枝，顶生或侧生；花梗极短；花萼裂片3～5枚，卵形或三角形，长2.5～3mm，外面密生灰白色星状毛或颗粒状腺体；花柱3～4枚，长约3mm，基部合生，柱头密生羽毛状突起。

🍊 蒴果近球形，密生被灰白色星状毛和软刺，软刺线形，黄褐色或黄色，长5～10mm；种子近球形，直径约3.5mm，褐色或黑色，具皱纹。

引种信息

华南植物园 园内野生，为常见乡土植物。白背叶为热带、亚热带广布种，适应性强，各地郊野山区都有分布。

物候

华南植物园 3月上旬开始萌芽，3月下旬至5月上旬展叶；5月下旬现花蕾，6月中旬始花，6月下旬至7月下旬盛花，8月末花；7月下旬现幼果，10月果实成熟，11月中旬至12月下旬落叶。

桂林植物园 2月上旬萌芽，3月中旬展叶；5月下旬现花蕾，6月中旬始花，6月下旬至7月中旬盛花，7月下旬至8月中旬末花；7月下旬现幼果，10月上旬果实成熟；12月至翌年1月落叶。

迁地栽培要点

阳性植物，喜阳光充足环境；适应性强，耐干旱和贫瘠土壤，管理粗放。种子繁殖，成熟种子采收后晾干储藏于翌年3月份播种，在热带地区采收后即播。

主要用途

    茎皮为纤维原料，可供编织或混纺；种子含油量高达36.5%，油可供制肥皂、润滑油、油墨与鞣革等。根、叶入药，叶具有清热利湿、止痛解毒和止血的功效，可用于治疗中耳炎、口疮、跌打损伤、湿疹、外伤出血等；根具有柔肝活血、健脾化湿、收敛固脱的作用，可用于治疗慢性肝炎、肝脾肿大、水肿等病症；同时也用于治疗胃痛呕水、外伤出血和皮肤湿痒等病症。

植株

植株

种子

雄花

果序

雄花序

叶正面

叶背面

116
罗定野桐

Mallotus lotingensis F. P. Metc., Journ. Arn. Arb. 22: 206. 1941.

自然分布

广东、广西、云南、四川、贵州、湖南等。亚洲东部和南部。生于海拔260~800m林缘或灌丛中。

迁地栽培形态特征

落叶灌木或小乔木。

🌿 树皮褐色，平滑；嫩枝密被棕黄色星状长茸毛，小枝具白色髓心，枝条受伤时有紫黑色汁液。

🍃 互生，叶片纸质，卵状三角形或卵状菱形，长10~30cm，宽8~22cm，顶端渐尖，基部圆形或截形，盾状着生，边缘具细锯齿或波状，上面除叶脉外无毛，下面密被黄棕色星状毛，散生黄绿色颗粒状腺体；掌状脉7~10条；叶柄长5~22cm，密被棕黄色星状长茸毛。

🌸 单性，雌雄异株，无花瓣，花序梗密生星状柔毛。雄花：圆锥状总状花序，顶生或腋生，长8~30cm，下部分枝多；花蕾球形或卵形；苞片线形，长5~7mm，苞腋具雄花1~8朵，花梗长约5mm；花萼裂片4~5，卵形，长约4mm，外面密被星状毛；雄蕊75~85枚。雌花：总状花序，顶生或腋生，长10~25cm；苞片线形，长5~7mm，每苞腋具花1朵，花梗长约3mm，花萼裂片3~5，卵形，长4~5mm，顶端急尖；花柱3~5，基部合生，柱头密被羽毛状突起。

🍑 蒴果圆球形，直径1.5~2cm，排列较密，3片裂；密被淡黄色星状毛和6~8mm长的软刺；种子卵形，长约5mm，直径约4mm，黑色，光滑。

引种信息

华南植物园 自广西南宁（登录号20050505）、湖南桑植（登录号20070336）引种苗。长势优，林下有自然更新苗。

物候

桂林植物园 2月中旬萌芽，2月下旬展叶；4月下旬至5月上旬现花蕾，5月下旬始花，6月中旬至7月中旬始花，7月下旬末花；7月下旬现幼果，10月果实成熟，10月下旬果实脱落；12月至翌年1月落叶。

华南植物园 2月中旬萌芽，3月上旬开始展叶，3月中旬至4月中旬展叶盛期，11月上旬至12月下旬落叶；3月下旬现花蕾，4月上旬始花，4月中旬至4月下旬盛花，5月上旬末花；9月下旬果实成熟，10月中旬果实脱落。

迁地栽培要点

喜光，在全光照或半阴条件皆可，为阳性先锋树种，适应性强，耐瘠薄土壤。播种繁殖。病虫害主要有毛虫蚕食叶片。

主要用途

　　茎皮纤维发达，可造纸；材质轻软，可制器具；种子油可用于轻工业或转化为生物柴油。根具有清热、利湿的功效，用于治疗肺热吐血、湿热泄泻、小便淋痛、消化不良、尿道炎等。结果时，毛茸茸的球形果实一串串垂挂枝头，非常漂亮，可用于公园或庭院栽培观赏。

植株　　叶背面毛被　　嫩枝　　雌花　　雌花序　　叶片　　雄花　　果

117

粗毛野桐

Mallotus hookerianus (Seem.) Müll. Arg., Linnaea 34:193.1865.

自然分布

广西南部、广东南部和海南。越南。生于海拔500~800m的山地林中。

迁地栽培形态特征

常绿灌木或小乔木。

🌳 树皮光滑；嫩枝绿色，被稀疏黄色长粗毛。

🍃 对生，同对的叶片退化成钻形托叶状，长1~1.2cm，大型叶片近革质，长圆状披针形，顶端渐尖，基部钝或圆形，边缘全缘或波状；上面无毛，下面近中脉基部疏被长粗毛，侧脉脉腋被短柔毛；羽状脉8~9对；叶柄长1~1.5cm，两端增厚，疏被黄色长粗毛。托叶线状披针形，长约1cm。

🌸 单性，雌雄异株。雄花序总状，生于小叶叶腋，长4~10cm；苞片钻形或披针形，长3~5mm，被毛，苞腋有雄花1~2朵；雄花：花梗长3~4mm；花萼裂片4枚；雄蕊60多枚，雄花花丝和花药紫色。雌花：单生，有时2~3朵组成总状花序，生于小叶叶腋；花梗长约4mm；果梗长3~5cm；花萼裂片5，披针形，长约5mm，被粗毛；子房球形，具刺；柱头长10~15mm，密生羽毛状突起。

🍒 蒴果三棱状球形，直径1~1.5cm，密生软刺，被灰黄色星状毛；种子球形，褐色，平滑。

引种信息

华南植物园 自海南（登录号20010664）引种苗。生长良好。

物候

华南植物园 3月上旬萌芽，3月中旬展叶，3月下旬至4月中旬展叶盛期；2月下旬现花蕾，4月上旬始花，4~10月持续开放，5~6月开花相对集中。只引种栽培有雄株。

迁地栽培要点

喜光，也具有一定的耐阴性，喜高温多湿气候环境。适应性强，耐干旱贫瘠，但土壤肥沃时生长表现更好。播种或扦插繁殖。

主要用途

植株枝叶茂盛，嫩叶红色，雄花紫色呈球形，具有较高的观赏价值，可用于道路、公园或庭院绿化。

植株

小枝正面

小枝背面

果

雄花

叶片

雄花花蕾

118
山苦茶

别名： 椭圆叶野桐、鹧鸪茶、毛茶、禾姑

Mallotus peltatus (Geisel.) Müll. Arg., Linnaea 34: 186. 1865.

自然分布

广东、海南。东南亚各国。生于海拔200～1000m山坡灌丛或山谷疏林中或林缘。

迁地栽培形态特征

常绿灌木或小乔木，高1～3m；植物体带有零陵香。

🍃 互生或近对生，叶片纸质，长圆状倒卵形，长2.5～12cm，宽1.5～6cm，顶端急尖，基部耳状心形，边缘微波状，两面深绿色；羽状脉，侧脉4～7条，背面中脉被星状柔毛，侧脉腋下有簇生柔毛；叶柄长4～10mm；托叶卵状，被星状毛，早落。

🌸 雌雄异株。雌花：总状花序，顶生，2.5～8cm，苞片三角形或砖形，长1～2mm，被毛，花梗长约2mm。雌花：花萼佛焰苞状，被毛，长约3mm，一侧开裂，顶端3齿裂，外被星状柔毛和橙黄色颗粒腺体；子房球形，被星状毛，花柱中部以下合生。

🍂 蒴果扁球形，直径约1.5mm，具三分果，有三纵槽，被柔毛和橙黄色颗粒腺体，疏被稍弯软刺；种子球形，直径约0.5mm。

引种信息

西双版纳热带植物园 自越南（登录号13,2001,0178）、海南大学（登录号00,2017,0002）引种苗。长势良好。

华南植物园 自海南（登录号20030679，20081759）引种苗。长势优。

物候

西双版纳热带植物园 1月下旬至2月上旬萌芽，2月下旬至3月中旬展叶；4月上旬始花，6月中旬至8月中旬盛花，10月下旬至11月下旬间花；果期7月上旬至翌年2月下旬；2月中旬至6月上旬落叶。

华南植物园 2月下旬萌芽，3月中旬开始展叶，3月下旬至4月中旬展叶盛期；3月上旬现花蕾，3月下旬始花，4月上旬至6月上旬盛花，6月中旬至9月下旬末花；4月下旬现幼果，9～11月成熟。

迁地栽培要点

喜阳树种，性喜温暖湿润的气候环境。适应性强，管理粗放，对栽培土壤要求不严格，但土壤肥沃时生长表现更好；春季进行适当修剪。播种或扦插繁殖。病虫害少见，偶见白蚁蛀树干而致植株死亡情况。

主要用途

叶片加工茶叶，称鹧鸪茶，有解油腻、助消化功能，是海南一种具有浓郁地方特色和民族特色的代茶饮料植物。叶药用，用于治疗胆囊炎、胆结石，有消炎止痛助消化等功效。枝叶繁茂，叶色翠绿，适应性强，是一种优良的经济或园林绿化植物。

植株

花枝

叶片

雌花

幼果

雌花序

雄花序

小枝背面

小枝正面

果

120
粗糠柴

别名： 香檀、香桂树、香楸藤、菲岛桐、红果果

Mallotus philippensis (Lam.) Müll. Arg., Linnaea 34: 196. 1865.

自然分布

四川、云南、贵州、湖北、江西、安徽、浙江、福建、台湾、湖南、广东、广西和海南。亚洲南部和东南部、大洋洲热带地区。生于海拔300~1600m山地林中或林缘。

迁地栽培形态特征

常绿灌木或小乔木，高3~8m。

🌿 小枝褐色，密被黄褐色星状短柔毛。

🍃 互生，小枝顶部叶有时对生，叶片纸质，卵形、长圆形或卵状披针形，下面灰白色，长8~18cm，宽2.5~8.5cm，顶端渐尖或急尖，基部楔形或近圆，基部着生，边缘全缘，嫩叶密被黄褐色短星状柔毛，老叶上面无毛，下面被灰黄色星状短茸毛，散生红色颗粒状腺体；基生三出脉，侧脉4~6对；基部有褐色斑状腺体2~4个；叶柄长1~7.5cm，两端稍增粗，被星状毛。

🌸 单性，雌雄异株，总状花序，顶生或腋生，单生或数个簇生，雄花序长5~10cm，雄花1~5朵簇生于苞腋。雄花：花萼裂片3~4枚，长圆形，长约2mm，密被星状毛，具红色颗粒状腺体；雄蕊15~30枚。雌花序长3~8cm；雌花：花梗长1~2mm；花萼裂片3~5枚，卵状披针形，外面密被星状毛，长约3mm；子房被毛，花柱2~3枚，柱头密生羽毛状突起。

🍎 蒴果扁球形，直径6~9mm，具2~3个分果爿，密被红色颗粒状腺体和粉末状毛；种子卵形或近球形，黑色，具光泽，长约4mm。

引种信息

桂林植物园 引种信息不详。

华南植物园 自海南省枫木实验林场（登录号19970621）、海南（登录号20081760）、云南文山（登录号20130195）、福建泰宁（登录号20141394）引种苗。长势良好。

武汉植物园 自江西铜鼓（登录号042470）、湖北鹤峰（登录号042269）引种苗。长势良好。

物候

桂林植物园 2月中旬萌芽，3月下旬展叶，6月展叶盛期；3月中旬现花蕾，4月上旬始花，4月中旬至4月下旬盛花，5月上旬末花；6月下旬现幼果，8月上旬成熟。

华南植物园 3月中旬萌芽，4月上旬展叶，4月下旬至5月上旬展叶盛期；4月上旬现花蕾，4月下旬始花，5月上旬盛花，5月下旬末花；6月上旬现幼果，10月上旬果实成熟，12月上旬果实开始脱落，12月下旬果实全部脱落。

迁地栽培要点

喜阳，宜种植在阳光充足环境；忌积水，对土壤要求不严，耐干旱贫瘠土壤，土壤肥沃时长势更

好。播种繁殖，种子采收后即播或3~4月播种。病虫害少见。

主要用途

药用，根有清热利湿功效，可用于治疗急、慢性痢疾，咽喉肿痛；果实上腺体粉末有毒，可驱虫。树皮可提取栲胶；种子油可作工业用油；木材淡黄色，为家具等用材。

植株　　果枝　　叶片　　茎干　　雄花　　果枝　　雌花　　果　　种子

343

121
四果野桐

别名： 四籽野桐、四子野桐

Mallotus tetracoccus (Roxb.) Kurz, Forest Fl. Burma. 2: 382. 1877.

自然分布

云南南部和西藏。斯里兰卡、印度、马来西亚和越南也有分布。生于海拔500～1300m的山谷林中。

迁地栽培形态特征

常绿小乔木。

🌿 嫩枝有褐色柔毛

🍃 互生，叶片薄革质，稍盾状着生，卵形，长13～31cm，宽11.5～23.5cm，边缘全缘或波状，顶端渐尖，基部圆形或微心形，具2枚腺体，上面深绿色，有少量褐色星状柔毛，下面灰褐色，有褐色星状柔毛；羽状脉，侧脉6对，基部侧脉上分出6～7条脉；叶柄长4.5～16cm，有褐色星状柔毛。

🌸 单性，雌雄异株。雌花：花梗长2～3mm；花萼裂片4～5，卵形，顶端渐尖，外面密被茸毛；花柱3～5，柱头长4～5mm，密生羽毛状突起。

🍂 蒴果扁球形，长0.4～1cm，宽0.4～1cm，具3～4分果片，有灰白色星状茸毛和长1～2mm具毛的钻形软刺；种子椭圆形，钝三棱状，黑色，瘤状突起。

引种信息

西双版纳热带植物园 自云南勐腊（登录号0020080866）引种苗。长势良好。

物候

西双版纳热带植物园 3月中旬至4月上旬萌芽，4月下旬至6月下旬展叶；4月下旬始花，5月上旬至7月下旬盛花；6月下旬现幼果，11月下旬成熟。

迁地栽培要点

全日照或半日照均可生长，抗旱、耐瘠，对栽培土壤要求严，但以碱性土壤栽培生长表现最佳，宜种植于排水良好土层深厚的坡地。播种或扦插繁殖。

主要用途

叶提取物具有抗菌功能。荒山或园林绿化。

叶柄

雄花序

植株

果实

雄花

花蕾

122

云南野桐

别名：海南野桐、粗齿野桐、滇野桐、云南白桐

Mallotus yunnanensis Pax et K. Hoffm., Engl., Pflanzenr. 63(IV. 147. VII): 188. 1914.

雌花枝

自然分布

云南、广西、贵州南部、海南等。生于海拔800～1200m疏林下。

迁地栽培形态特征

常绿灌木，高1.5～2m。

🌿 小枝密被褐色星状短柔毛。

🍃 对生，叶片纸质，同对的叶形状和大小不同，倒卵形、倒卵状椭圆形或椭圆形，长5～10cm，宽2～6.5cm，顶端渐尖或急尖，中部以下渐狭，基部稍心形，两侧各具1～2斑状腺体，边缘全缘或上端稍波状齿，上面无毛，下面被淡黄色颗粒状腺体，沿叶脉被长柔毛；羽状脉，侧脉4～6对；大型叶叶柄长1～3cm，小型叶叶柄长2～10mm，疏被短柔毛；托叶钻形，长3～5mm。

🌸 单性，雌雄异株；雄花序总状，顶生或腋生，长2～6cm；苞片卵形，长约3mm，苞腋有雄花

3～6朵。雄花：花梗长约2mm；花萼裂片3～4，卵形，长约2mm，被柔毛；雄蕊35～40枚。雌花序总状，顶生，长6～8cm，有雌花2～9朵，苞片卵形或卵状披针形。雌花：花梗长1～2mm；花萼裂片3～5，披针形，长约3mm，外面被柔毛；子房球形，花柱基部合生，柱头长3～4mm，密生羽毛状突起。

🥭 蒴果扁球形，钝三棱，直径约8mm，被黄色长柔毛，具稀疏黄色颗粒状腺体和稀疏的短刺；种子球形，直径3～4mm，具斑纹。

引种信息

西双版纳热带植物园 自云南江城（登录号0020020487）、广西大新（登录号0020022965）、云南江城（登录号0020060845）引种苗。长势良好。

华南植物园 自海南（登录号20030547）引种苗。生长良好。

物候

西双版纳热带植物园 2月中旬萌芽，2月下旬至8月下旬展叶；1月下旬始花，4月中旬至5月中旬盛花；3月中旬现幼果，7月下旬果实成熟。10月下旬至翌年1月下旬落叶。

华南植物园 2月下旬萌芽，3月上旬开始展叶，3月中旬至4月上旬展叶盛期；2月上旬现花蕾，3月上旬始花，4月下旬至5月上旬盛花，5月中旬至5月下旬末花；5月中旬现幼果，8月成熟；9～10月有二次开花现象。

迁地栽培要点

喜半阴环境，对栽培土壤要求不严格，但肥沃土壤长势茂盛。播种或扦插繁殖。未发现病虫害。

主要用途

枝叶提取物有驱螨作用。植株低矮紧凑，可用于公园、庭院、岩石园等种植。

幼果

植株

雌花序

叶片

花枝正面

花枝背面

托叶

木薯属

Manihot Mill., Gard. Dict. Abr., ed. 4. 28. 1754.

灌木或乔木，稀为草本，有乳状汁，有时具肉质块根；茎、枝有大而明显叶痕。叶为掌状复叶，互生，盾状着生，掌状深裂或上部的叶叶片边缘近全缘，几无毛；叶柄长；托叶小，早落。花雌雄同株，排成顶生总状花序或狭圆锥花序，花序下部的1~5朵花为雌花，具长梗，上部的为雄花，花梗较短；花萼钟状，有彩色斑，呈花瓣状，5裂，裂片覆瓦状排列；花瓣缺。雄花：花盘10裂；雄蕊10枚，2轮，生于花盘裂片间，花丝纤细，离生，花药2室，纵裂，药隔顶端被毛；不育雌蕊小或缺。雌花：花盘全缘或分裂；子房3室，每室有1颗胚珠，花柱短，顶端3裂，柱头宽。蒴果具3个分果爿；种子有种阜，种皮硬壳质。

约60种。分布北美洲西南部及南美洲热带地区。我国栽培2种1栽培品种。植物园引种栽培2种1栽培品种。

木薯属分种检索表

1a. 叶片盾状着生，叶裂片倒卵形、椭圆形、菱形或匙形。雄花的花萼内面无毛。果无翅 ·················· 125. 木薯胶 *M. glaziovii*

1b. 叶片稍盾状着生，叶裂片倒披针形至狭椭圆形；雄花的萼片内面被毛；果具6条狭纵翅。

   2a. 叶片绿色 ·················· 124. 木薯 *M. esculenta*

   2b. 叶片上面具黄色斑块 ·················· 123. 花叶木薯 *M. esculenta* 'Variegata'

123
花叶木薯

别名：斑叶木薯

Manihot esculenta 'Variegata'

自然分布

美洲热带地区。

迁地栽培形态特征

直立灌木，高1～2m。

🌿 茎杆圆形，嫩茎稍具棱，平滑，具明显叶痕，黄绿色；中间具白色髓心；有乳汁。

🍃 叶为掌状叶，叶片稍盾状着生，掌状3～9深裂，裂片倒披针形，边缘全缘，长6～12cm，宽1.5～3cm，叶面有不规则的黄色斑块。叶柄红色，长6～20cm。

🌸 花单性，雌雄同株，总状花序或圆锥花序，花序顶生或腋生，上部为雄花，下部为雌花。

🍈 蒴果，长圆形，3片裂。

引种信息

西双版纳热带植物园 自日本（登录号2019910079）引种插条。长势良好。

华南植物园 自云南（登录号19750963）引种插条，云南西双版纳（登录号19940311）引种苗。长势优。

物候

华南植物园 3月下旬萌芽，4月上旬展叶，4月中旬至4月下旬展叶盛期；11～12月落叶。未见开花结果。

迁地栽培要点

喜温暖和阳光充足环境，不耐寒、怕霜冻，栽培环境不宜过干或过湿；全年均需充足阳光，生长期应充分浇水，土壤过于干燥会产生落叶；秋后应减少浇水。扦插繁殖。常见褐斑病和炭疽病危害，用65%代森锌可湿性粉剂500倍液喷洒；虫害有粉虱和介壳虫危害，用40%氧化乐果乳油1000倍液喷杀。

主要用途

叶片具黄色斑块，茎杆黄色，具有较高的观赏价值，可用于盆栽、公园、庭院栽培观赏。块根淀粉是食品、饲料及工业原料。

植株片植

雌花

果枝

幼果

花序

叶

茎

124
木薯

别名： 树葛

Manihot esculenta Crantz, Inst. Rei Herb. 1: 167. 1766.

自然分布

巴西。

迁地栽培形态特征

落叶灌木，高1.5～3m。

🌲 嫩枝青绿色，光滑，无毛，老枝皮灰白色；中间具白色髓心；具大而明显的叶痕；具汁液。

🍃 单叶互生，叶片稍盾状着生，纸质，绿色，无斑块，掌状3～7（～11）深裂，裂片狭倒卵形，裂片长7～20cm，宽1～4cm，中脉两面凸起，掌状脉3～7（～11）条。

🌸 单性，圆锥花序，顶生，雌雄同序；雌花着生于花序基部，浅黄色或带紫红色；子房3室，绿色，柱头3裂；雄花着生于花序上部，吊钟状；同序的花，雌花先开；雄花花萼浅红色，萼片内面被疏柔毛；雌花花萼与雄花花萼相同。

🍈 蒴果，长圆形，具6条狭纵翅；种子褐色。

引种信息

西双版纳热带植物园 自云南红河（登录号0020101032）引种枝条，泰国（登录号3820020632）引种种子。长势良好。

华南植物园 自云南（登录号19731199）、海南奥隆（登录号19861018）引种苗。长势优，无病虫害。

物候

华南植物园 3月下旬萌芽，4月上旬开始展叶，4月中旬至4月下旬展叶盛期；11～12月落叶。未见花果。

迁地栽培要点

喜光，适应性强，耐旱耐瘠。在年平均温度18℃以上，无霜期8个月以上的地区，山地、平原均可种植，土壤pH3.8～8.0的地方都能生长；忌积水，宜种植于阳光充足，排水良好的砂质壤土。扦插或组培繁殖。病虫害较少，虫主要是螨虫，危害较轻，对产量无严重影响；可采用螨忌等杀螨剂防治。

主要用途

块根肉质，富含淀粉，是食品、饲料及工业原料。淀粉可转化为乙醇燃料。

植株片植

茎干

嫩枝

花枝

雄花

果

果枝

叶

353

125
木薯胶

别名： 木薯橡胶树、橡胶木薯、萨拉橡胶树

Manihot glaziovii Müll. Arg., Mart. Fl. Bras. 11(2): 446. 1874.

自然分布

巴西。

迁地栽培形态特征

落叶乔木，高5~10m。

🌿 老茎褐色，树皮片状剥落，嫩枝草质，有白粉霜和皮孔。

🍃 叶片纸质或膜质，盾状着生，长7~34cm，宽16~47.5cm，掌状2~5深裂，裂片倒卵形、椭圆形、菱形或匙形，长9~26.5cm，宽5~13cm，顶端短尖或渐尖，边缘全缘；叶柄长4~16cm，有白粉霜，具多条纵沟；托叶披针形，长6~10mm，灰绿色，具小齿。

🌸 圆锥花序长5~7cm，苞片长2~4mm，披针形。雄花：花萼长9~11mm，5裂，裂片长圆形，长约5mm，宽2mm，顶端钝，内面无毛；花盘浅杯状，10深裂，无毛；花药长圆形，长约1~2mm。雌花：花萼长10~15mm，5深裂；子房椭圆形，无毛。

🍎 蒴果球形，直径约2cm，无翅，具皱纹；种子扁卵状，长约1.5cm，有浅褐色斑纹。

引种信息

西双版纳热带植物园 自海南万宁（登录号00,2001,3467）引种苗。长势良好。

华南植物园 1965年（来源不详，登录号19651350）、云南（登录号19730389）引种、西双版纳热带植物园（登录号19940532）引种苗，云南西双版纳（登录号20042865）引种插条。

物候

西双版纳热带植物园 4月中旬萌芽，4月下旬至7月上旬展叶；8月中旬始花，8月下旬至10月上旬盛花；9月上旬现幼果，11月果实成熟；10月上旬至12月下旬落叶。

迁地栽培要点

适应性强，对栽培土壤要求不严格，适宜我国热带地区栽培。扦插、组培快繁等繁殖。几无病虫害。

主要用途

乳汁含橡胶，为胶源植物。

植株

花枝

雌花

蓝子木属

Margaritaria L. f., Suppl. Pl. 66, 1782.

乔木或灌木。单叶互生，通常排成二列，边缘全缘，羽状脉；叶柄短；托叶边缘全缘或有细齿，通常早落。花单性异株，簇生或单生于叶腋内或短枝上；无花瓣；雄花：花梗细长；萼片4，2轮，不等大，通常外轮的较窄，膜质或纸质，全缘或有细齿，具中肋和分支脉纹；花盘环状，边缘全缘或浅裂，贴生于萼片的基部，稀花盘退化或败育；雄蕊4，花丝离生或基部合生，花药外向，纵裂；花粉粒近圆球形，具3孔沟；无退化雌蕊；雌花：花梗圆柱状或扁平；萼片和花冠与雄花的相同；子房2~6室，花柱2~6，分离或基部合生，顶端2裂，胚珠横生，每室2颗。蒴果，分裂成3个2裂的分果爿或多少不规则裂开，外果皮肉质，内果皮厚，木质或骨质，平滑或皱；种子每室2颗，蓝色或淡蓝色，有光泽，胚乳丰富，白色，胚直或略弯，子叶薄而扁，比胚根长。

约14种，分布于美洲、非洲、大洋洲及亚洲东南部。我国产1种，分布于台湾

126
蓝子木

Margaritaria indica (Dalz.) Airy Shaw, Kew Bull. 20: 387. 1966.

自然分布

广西、台湾。印度、斯里兰卡、缅甸、泰国、越南、马来西亚、菲律宾、印度尼西亚、澳大利亚。生于海拔400m山地常绿阔叶林中。

迁地栽培形态特征

落叶乔木，高7~18m，全株均无毛。

🌿 枝条圆柱形，茎枝红褐色，有皮孔。

🍃 叶片薄纸质，椭圆形至长圆状披针形，长5~13cm，宽3~6cm，边缘全缘，顶端急尖、钝或圆，基部宽楔形，略下延叶柄，下面常灰白色；侧脉每边8~12条，下面凸起；叶柄长5~10mm；托叶早落，披针形，长2.5~4.5mm，淡褐色，膜质。

🌸 雄花：数朵簇生于叶腋；花梗长4~6mm；萼片外轮的卵形，长1~1.5mm，宽0.6~1mm，内轮的倒卵形，长1.3~1.8mm，宽1~1.5mm；花盘环状，贴生于萼片的基部，平滑，宽0.6~1.5mm；雄蕊离生，花丝长0.7~1.5mm，花药椭圆形或长圆形，长0.6~0.9mm。雌花：1~3朵腋生；花梗长8~21mm；萼片卵形至长圆形，边缘全缘，长1.5~2mm；花盘全缘，宽1.8~2.8mm；子房3~4室，卵圆形，花柱分离或基部合生，平展，长1.5~2mm，顶端2裂。

🍎 蒴果近圆球形，直径7~12mm，有3条裂沟，成熟时分裂成3个2裂的分果爿；种子扇形，蓝色或淡蓝色，有光泽。

引种信息

桂林植物园 不详。

物候

桂林植物园 4月到9月持续展叶，长势很好，有近10m高，未见开花结果。

迁地栽培要点

石山阳性树种，喜温暖、阳光充足环境。栽培环境光照不足时，不开花或花量少，长势较差；宜种植于土层深厚肥沃、排水良好的向阳坡地。

主要用途

树干通直，可供材用。树形高大、美观，可用作行道树或庭院绿化。

植株

枝叶

托叶

大柱藤属

Megistostigma Hook. f., Hooker's Icon. Pl. 16: t. 1592. 1887.

缠绕藤本；叶和花序通常具螫毛。单叶互生，基出脉3~5条，具叶柄；托叶早落。花两性，稀单性，雌雄同株，无花瓣；总状花序，腋生。雄花：花蕾时卵圆形，花萼裂片3枚，镊合状排列，萼筒短；无花盘；雄蕊3枚，离生，直立，花丝粗短，花药卵状三棱形，基部着生，药室内向纵裂；无不育雌蕊。雌花数朵生于花序下部，花萼裂片（3）5或6，覆瓦状排列，卵状披针形，花后增大；无花盘；子房3室，每室1胚珠，被螫毛，花柱合生，短，柱头近球形或棍棒状，顶端3裂。蒴果扁球形，由3个分果爿组成，被紧贴茸毛，果皮木质；种子近球形，有斑纹。

5种，分布于亚洲东南部，我国约2种，分布于云南。植物园引种栽培1种。

127
云南大柱藤

Megistostigma yunnanense Croiz., Jour. Arn. Arb. 22(3): 426-427. 1941.

花蕾

自然分布

海南、广西、云南。越南。

迁地栽培形态特征

缠绕藤本。

🌿 圆柱形，灰褐色，具纵纹；嫩枝被短柔毛，老枝被螯毛。

🍃 叶片卵形、椭圆形或心状卵形，长8~16cm，宽4~14cm，膜质，顶端骤狭呈尾状，基部心形或耳形，边缘全缘，上面疏生紧贴短柔毛，下面仅沿叶脉被短柔毛；基出脉3~5条，侧脉4~5对；叶柄长3~15cm，具毛；托叶三角状披针形，长7~9mm，边缘全缘，褐色。

🌸 总状花序长5~7cm，被微柔毛，花梗长2~3cm，花密集呈聚伞状。雄花：花梗长约2mm，基部具苞片和小苞片，苞片卵形，长3~5mm，小苞片披针形，长约3mm，均被柔毛；花萼裂片3枚，三角形，边缘全缘，长约3mm；雄蕊3枚，花丝极短，花药近三角形，药隔肉质，短突出；无不育雌蕊。雌花：花梗长约1mm，基部有苞片2~4枚，苞片卵形，被毛；花萼裂片5枚，披针状卵形，长约6mm；子房密被白色长硬毛，花柱合生呈棍棒状，柱头球形，3裂，被毛。

🍑 蒴果扁球形，直径约1cm，具粗毛和白色长柔毛。

引种信息
西双版纳热带植物园 自云南莱阳河国家森林公园（登录号00,2008,1190）引种苗。长势良好。

物候
西双版纳热带植物园 3月上旬至3月下旬萌芽，3月下旬至4月中旬展叶；4月上旬始花，5月下旬至6月上旬盛花；1月上旬至2月下旬落叶。

迁地栽培要点
适应性强，忌积水，栽培土壤以碎石掺加的壤土更好，适应我国南亚热带及热带地区栽培。播种或扦插繁殖。几无病虫害。

主要用途
用于廊架或边坡地绿化种植。

托叶

柱头

植株

花序

雄花序

叶正面

叶背面

雄花

果

叶轮木属

Ostodes Bl., Bijdr. Fl. Ned. Ind. 619. 1826.

灌木或乔木。单叶互生，叶缘具锯齿，齿端有腺体，基部明显三出脉；叶柄长，顶端有2枚腺体。花雌雄同株或异株，花序生于枝条近顶端叶腋，圆锥状或总状聚伞花序。雄花：花萼5裂，裂片不等大，覆瓦状排列；花瓣5枚，长于花萼；花盘5裂或腺体离生；雄蕊20~40枚，离生，花丝被柔毛；无不育雌蕊。雌花：花萼和花瓣与雄花同，但较大；花盘环状；子房密被毛，3室，每室有1颗胚珠，花柱3枚，2深裂。蒴果具3个分果爿。种子的种皮脆壳质。

3种；分布于亚洲东南部和南部。我国产2种，分布于南部及西南部。植物园引种栽培1种。

128
云南叶轮木

Ostodes katharinae Pax, Engl. Pflanzenr. 47 (IV. 147. III): 19. 1911.

雄花

自然分布

云南、西藏。泰国。生于海拔900~2000m的密林中。

迁地栽培形态特征

常绿乔木，高7~10m。

🌿 树皮灰褐色，皮孔明显；嫩枝绿色，被黄褐色柔毛；叶痕明显。

🍃 叶片薄革质，卵状披针形至长圆状披针形，长16~28cm，宽6.5~12cm，顶端渐尖，基部宽楔形至近圆形，边缘有锯齿，齿端有腺，无毛；中脉在上面平，背面凸起，侧脉9~11对；叶柄长4~23cm，顶端有2~4枚腺体，基部膨大，无毛。

🌸 单性，雌雄异株，总状或圆锥状花序，生于枝条近顶端叶腋或脱落叶腋，花序轴密被茸毛，雄花序长2~5cm，雌花序长2~3cm。雄花：萼片5枚，不等大，基部联合，外面被短茸毛；花瓣倒卵形，长8~9mm，宽约6mm，基部有髯毛；花盘有不整齐裂片；雄蕊20~40枚，下端密被白色柔毛。雌花：萼片5枚，不等大，基部合生，外面被短茸毛；花瓣倒卵形，长约10mm，宽6~7mm，基部有髯毛；花盘环状；子房3室，密被黄棕色茸毛及长硬毛，花柱3枚，2深裂。

🍎 蒴果略扁球状，长约2.5cm，直径约3cm，密被棕色短茸毛，具不明显疣突；种子卵状或椭圆状，长约1.5cm，直径约1.3cm，有灰黄色斑纹。

引种信息

西双版纳热带植物园 自云南勐腊（登录号0019810050）引种种子，云南盈江（登录号0020021379）、云南勐腊（登录号0020080577）引种苗。长势良好。

华南植物园 自云南西双版纳（登录号20051577）引种苗。生长良好，仅有雄株。

物候

华南植物园 3月上旬萌芽，3月中旬开始展叶，4月上旬至下旬展叶盛期；2月下旬现花蕾，3月中旬始花，3月下旬至4月上旬盛花，4月中旬末花。

迁地栽培要点

喜阳光充足环境、温暖湿润气候。忌积水，宜种植于排水良好的微酸性至中性土壤，每年3~4月施1次复合肥。在广州冬季低温时，叶尖或叶缘有稍许受冻。未见病虫害。

主要用途

树形优美，枝叶浓绿，花多而密集，花色洁白如雪、花形宛如铃铛，一串串、一簇簇挂于枝干上，非常美丽，是一种优良的园林观赏植物，可用于植物园、公园及庭院栽培。

雄花枝

植株

花枝

小枝

雄花和花蕾

雄花序

嫩叶

雄花解剖图

叶片

红雀珊瑚属

Pedilanthus Neck. ex Poit., Ann. Mus. Natl. Hist. Nat. 19: 388. 1812.

直立灌木或亚灌木；茎带肉质，具丰富的乳状汁液。单叶互生，排列成二列，叶片边缘全缘，具羽状脉；托叶小，腺体状或不存在。花单性，无花被，雌雄同株同序，聚集成顶生或腋生杯状聚伞花序，此花序由一鞋状或舟状的总苞所包围；总苞歪斜，两侧对称，基部具长短不等的柄，且盾状着生，顶端唇状2裂，内侧的裂片比外侧的狭而短；腺体2~6，着生于总苞的底部或有时无腺体，总苞基部具长短不等的柄。雄花多数，着生于总苞内，每花仅有1雄蕊，花丝短而与花梗相似，由关节所连接，花药球形，药室内向，纵裂。雌花单生于总苞中央，斜倾，具长梗；子房3室，每室具1胚珠，花柱合生成柱状，柱头3，顶端2裂。蒴果，分果爿3；种子无珠柄。

约15种，产美洲。我国南部常见栽培的有1种。植物园引种栽培1种1品种（斑叶红雀珊瑚*Pedilanthus tithymaloides* 'Variegatus'）。

129
红雀珊瑚

别名: 洋珊瑚、拖鞋花、扭曲草

Pedilanthus tithymaloides (L.) Poit., Ann. Mus. Natl. Hist. Nat. 19: 390. 1812.

植株

自然分布

中美洲和西印度群岛。

迁地栽培形态特征

直立亚灌木,高40~70cm。

🌿 茎、枝粗壮,肉质,作"之"字形扭曲,茎绿色、光滑,嫩时被短柔毛,老时无毛,具丰富白色乳汁。

🍃 叶片肉质,近无柄或具短柄,卵形,长4.5~8cm,宽2~4.5cm,排成2列;顶端短尖或渐尖,基部圆钝,微下延;边缘全缘或微波状,两面被短柔毛;中脉在上面扁平,下面凸起,侧脉在上面明显凸起,稍离边缘处网结;叶柄两侧茎上各具一黑色腺体状托叶;秋冬叶片淡红色;具白色乳汁。

🌸 单性,雌雄同株同序,聚伞花序丛生枝顶或上部叶腋,花序梗长约1.2cm,每花序被一鞋状或舟状总苞所包围,内含多朵雄花和一朵雌花,总苞片红色,顶端近唇状2裂。雄花:雄蕊1枚,花梗纤细,长2.5~4mm,无毛。雌花:生于总苞中央且伸出总苞之外,花梗粗,长约1.2cm,无毛;子房纺锤形,花柱大部分合生成柱状,长约5mm,红色,柱头3,顶端2浅裂。

果 蒴果，长约6mm。

引种信息

华南植物园 自广州军区总医院157分院（登录号19750160）、1980年引种苗（来源不详，登录号19800332）引种苗。生长良好。

物候

华南植物园 3月上旬萌芽，3月中旬展叶，3月下旬至4月中旬展叶盛期；花期全年，没有集中花期，花少而零星开放；11月上旬叶子开始变红，红色持续到翌年2月，冬季低温叶片受轻微冻害。

迁地栽培要点

喜温暖，在全光或半光条件均能生长，但在半阴条件下生长更好，叶色较美观。宜栽培于于疏松透气、排水良好的砂质壤土，盆栽时，每年或隔年换盆一次；枝条过长则适当修剪。不耐寒，生长适温为20～30℃，冬季温度不低于5℃。播种或扦插繁殖。扦插时，用清水将插穗浸泡，将乳汁冲洗干净。

主要用途

茎呈"之"字形，富有动感，花叶品种更具观赏性，可用于盆栽或公园、庭院等路边丛植或岩石园配置。药用，具有清热解毒、散瘀消肿、止血生肌等功效；外用治跌打损伤、骨折、外伤出血及疖肿疮疡、眼角膜炎等。

花序

花叶品种

叶

小枝

茎

叶下珠属

Phyllanthus L., Sp. Pl. 2: 981. 1753.

灌木或草本，少数为乔木；无乳汁。单叶，互生，通常在侧枝上排成2例，呈羽状复叶状，叶片边缘全缘；羽状脉；具短柄；托叶2，小，着生于叶柄基部两侧，常早落。花通常小、单性，雌雄同株或异株，单生、簇生或组成聚伞、团伞、总状或圆锥花序；花梗纤细；无花瓣。雄花：萼片（2~）3~6，离生，1~2轮，覆瓦状排列；花盘通常分裂为离生3~6枚腺体，且与萼片互生；雄蕊2~6，花丝离生或合生成柱状，花药2室，外向，药室平行、基部叉开或完全分离，纵裂、斜裂或横裂，药隔不明显；无退化雌蕊。雌花：萼片与雄花的同数或较多；花盘腺体通常小，离生或合生呈环状或坛状，围绕子房；子房通常3室，稀4~12室，每室有胚珠2颗，花柱与子房室同数，分离或合生，顶端全缘或2裂，直立、伸展或下弯。蒴果，通常基顶压扁呈扁球形，成熟后常开裂3个2裂的分果爿，中轴通常宿存；种子三棱形，种皮平滑或有网纹，无假种皮和种阜。

约750~800种，主要分布于世界热带及亚热带地区，少数为北温带地区。我国产33种，包括13个特有种1个外来种），主要分布于长江以南各地。植物园引种栽培19种。

叶下珠属分种检索表

1a. 雌雄异株，植株有雄花或雌花 ·· 134. 越南叶下珠 *P. cochinchinensis*
1b. 雌雄同株，植株有雄花和雌花。
  2a. 果实呈浆果或核果状，不开裂，肉质。
    3a. 果实呈浆果状。
      4a. 子房4～12室；雄蕊5，花丝3枚合生，2枚离生；果熟时红色 ··· 143. 小果叶下珠 *P. reticulatus*
      4b. 子房3室；雄蕊5，花丝分离；果熟时紫黑色 ·················· 136. 青灰叶下珠 *P. glaucus*
    3b. 果实呈核果状。
      5a. 叶片纸质至革质，线状长圆形，长1～2cm，宽2～6mm；花黄色；雄蕊3；果圆球形 ·········
      ·· 135. 余甘子 *P. emblica*
      5b. 叶片纸质，卵形或椭圆状卵形，长3～7cm，宽2.5～4.6cm；花红色；雄蕊4，稀3；果扁球形
      ·· 130. 西印度醋栗 *P. acidus*
  2b. 果实为蒴果，干后开裂，非肉质。
    6a. 花或花序腋生或顶生穗状花序 ······················· 147. 柱状叶下珠 *P. columnaris*
    6b. 花或花序腋生。
      7a. 雄花萼片边缘流苏状、齿状或啮蚀状。
        8a. 雄蕊4。
          9a. 子房密被皱波状或卷曲长毛 ·················· 132. 浙江叶下珠 *P. chekiangensis*
          9b. 子房平滑。
            10a. 叶片革质，长椭圆形，长8～12cm，宽3.5～4.5cm；雌花萼片5 ·····················
            ··· 148. 胡桃叶叶下珠 *P. juglandifolius*
            10b. 叶片纸质，宽椭圆形，长4～15mm，宽5～9mm；雌花萼片6 ·······················
            ·· 144. 云泰叶下珠 *P. sootepensis*
        8b. 雄蕊2。
          11a. 小枝具棱，无毛；小苞片无毛；叶片倒卵形或椭圆形········ 138. 细枝叶下珠 *P. leptoclados*
          11b. 小枝圆柱形，被微柔毛；小苞片有缘毛；叶片斜长圆形至卵状长圆形·····················
          ·· 142. 云桂叶下珠 *P. pulcher*
      7b. 雄花萼片边缘全缘。
        12a. 雄蕊3，花丝离生 ······························· 133. 滇藏叶下珠 *P. clarkei*
        12b. 雄蕊2～4，2枚的花丝离生，3～4枚的花丝合生。
          13a. 叶片边缘有短硬毛；子房和果有鳞片状或小疣状凸起 ······ 146. 叶下珠 *P. urinaria*
          13b. 叶片边缘无短硬毛；子房和果平滑。
            14a. 雄花萼片5～6；雄蕊3。
              15a. 多年生草本；叶片薄纸质········ 131. 云南沙地叶下珠 *P. arenarius var. Yunnanensis*
              15b. 灌木；叶片近革质。
                16a. 小枝圆柱形；叶片倒披针形，基部偏斜 ········ 139. 瘤腺叶下珠 *P. myrtifolius*
                16b. 小枝具棱；叶片长圆形或椭圆形，基部浅心形·············141. 水油甘 *P. rheophyticus*
            14b. 雄花萼片4，雄蕊2。
              17a. 小枝和叶柄被红褐色锚状毛；子房4～6室 ······ 145. 红毛叶下珠 *P. tsiangii*
              17b. 小枝和叶柄无毛；子房3室。
                18a. 叶片薄革质，卵形或长卵形，长4～6mm，宽约2mm，基部偏斜；花单生叶腋
                ··· 140. 单花水油甘 *P. nanellus*
                18b. 纸质，椭圆形或卵形，长2～3.5 cm，宽1～1.5cm，基部圆；2～4朵簇生叶腋
                ··· 137. 广东叶下珠 *P. guangdongensis*

130
西印度醋栗

别名：牛甘果、油甘果

Phyllanthus acidus (L.) Skeels, U. S. D. A. Bur. Pl. Industr. Bull. 148: 17. 1909.

自然分布

马达加斯加岛、印度、菲律宾、越南等。

迁地栽培形态特征

直立灌木，树高2～5m。

㊧ 树皮浅灰色，粗糙，有条纹，有皮孔和叶枝脱落痕。

㊴ 叶片纸质，卵形或椭圆状卵形，长3～7cm，宽2.5～4.6cm，先端渐尖，基部宽楔形或钝圆，上面绿色，下面灰绿色，边缘全缘；侧脉每边4～5条；叶柄长2~3mm，基部两侧各具1个三角形托叶，长约1mm，褐红色。

㊶ 单性，雌雄同株，同序或异序，花红色或粉红色，多朵雄花和1朵雌花或全为雄花、雌花组成总状花序；萼片4。雄花：萼片膜质，红色，圆形，长约1mm，宽约1mm，顶端圆，边缘全缘，雄蕊3～4。雌花：萼片长圆形，长约3mm，宽约2mm，顶端钝或圆，较厚，边缘膜质；花盘杯状，花柱3，分离，平展，顶端2裂。

㊨ 蒴果呈核果状，果实扁球形，直径约2cm，外果皮肉质，成熟具凸棱，淡黄绿色，种子略带红色。

引种信息

西双版纳热带植物园 自缅甸（登录号1020020036）、老挝（登录号3020030236）引种苗。长势良好。

华南植物园 自泰国（登录号20085070）引种苗。生长快，长势良好。

物候

西双版纳热带植物园 2月上旬萌芽，2月下旬至5月中旬展叶；3月上旬始花，3月中旬盛花；3月下旬现幼果，7月上旬果实成熟。9月至翌年1月落叶期。

华南植物园 2月中旬萌芽，3月上旬展叶，3月下旬至4月上旬展叶盛期；2月下旬现花蕾，3月中旬始花，3月下旬至4月上旬盛花；4月中旬至4月下旬末花；3月下旬现幼果，6月成熟；11月至翌年1月落叶。

迁地栽培要点

性喜温暖潮湿且全日照环境，栽培土壤以肥沃疏松壤土为佳，适宜我国热带地区栽培。播种或扦插繁殖。几无病虫害。

主要用途

果可食，有美白和抗老化功效。树形美观，花果兼具观赏性，是一种较好的园林绿化树种，可用于植物园、公园、庭院等种植。

植株

果

雌花

雄花

小枝

小叶叶片

花序

131
云南沙地叶下珠

别名： 云南沙生叶下珠

Phyllanthus arenarius var. *yunnanensis* T. L. Chin, Acta Phytotax. Sin.19: 350. 1981.

自然分布

云南西南部。

迁地栽培形态特征

多年生草本。

🌱 直立，高达40cm，基部木质化，紫红色，全株无毛。

🍃 叶片薄纸质，卵圆形，长1～2.5cm，宽1～1.2cm，顶端圆，基部宽楔形或钝，微偏斜，干后边缘稍背卷；侧脉每边约6条；叶柄长约1mm；托叶窄三角形，长约2mm，深紫色。

🌸 雌雄同株。雄花：双生于小枝顶端，通常只1朵发育；花梗短，基部有许多苞片；苞片膜质，卵形，顶端尖，褐色；萼片6，近相等，长圆形或倒卵形，长约0.5mm，边缘膜质；雄蕊3；花盘腺体6，小，与萼片互生。雌花：单生于小枝中下部叶腋内；花梗极短；萼片形状与雄花的相似，长约0.7mm，顶端钝，紫红色；花盘圆盘状，边缘全缘；子房圆球状，3室，花柱分离，顶端2裂，裂片向外弯卷。

🍂 蒴果扁球状六棱形，直径2.5～3mm，成熟后开裂为3个具2瓣裂的分果爿，轴柱宿存；种子浅棕色，表面有褐色颗粒状小凸起。

引种信息

西双版纳热带植物园 自云南易武乡麻黑村（登录号0020170531）引种苗。长势良好。

物候

西双版纳热带植物园 6月中旬始花，7月上旬盛花，7月下旬末花；7月中旬现幼果，10月果实成熟。落叶期10～12月。

迁地栽培要点

中性植物，栽培土壤要求不严格，但疏松土壤上栽培表现更佳，适宜我国南亚热带及热带地区栽培。可利用种子播种繁殖。几无病虫害。

主要用途

药用，具有消炎，护肝的功效。

植株

花果枝

132
浙江叶下珠

Phyllanthus chekiangensis Croiz. ex F. P. Metc., Lingnan Sci. Journ. 20: 194-195, pl. 6. 1942.

自然分布

安徽、浙江、江西、福建、广东、广西、湖北和湖南等。生于海拔300~750m山地疏林下或山坡灌木丛中。

迁地栽培形态特征

灌木，高50~100cm；除子房和果皮外，全株均无毛。

🌿 圆柱状，淡棕色；小枝常集生于茎的上部或数条簇生于茎的凸起处，纤细，有纵条纹。

🍃 排成二列，在小枝上排成15~30对，叶片纸质或薄纸质，椭圆形或椭圆状披针形，长15mm，宽3~7mm，顶端急尖，有小尖头，基部偏斜或近偏斜；侧脉每边3~4条，纤细；叶柄长5~10mm；托叶披针形。

🌸 花紫红色，雌雄同株，单生或数朵簇生于叶腋。 雄花：直径2~3mm；花梗长4~6mm；萼片4，卵状三角形，长1~1.5mm，宽0.6~1mm，边缘撕裂状或啮蚀状；花盘稍肉质，不分裂，宽约1mm；雄蕊4，花丝合生。雌花：直径3~5mm；花梗长6~12mm，顶部稍增粗；萼片6，卵状披针形，长达1.5mm，宽约1mm，边缘撕裂状或啮蚀状；花盘稍肉质，不分裂，边缘增厚而成圆齿；子房扁球状，长约1mm，3室，密被皱波状或卷曲状长毛，花柱3，顶端2裂。

🍎 蒴果扁球形，长约5mm，直径约7mm，3瓣裂，外果皮密被皱波状或卷曲状长毛；种子肾状三棱形，淡黄褐色。

引种信息

武汉植物园 引种信息不详。

物候

桂林植物园 3月下旬萌芽，3月下旬至4月上旬展叶；5月中旬现花蕾，5月下旬始花，6月中旬至7月下旬盛花，8月上旬末花；6月中旬现幼果，10月果实成熟。

武汉植物园 5月下旬始花，6月下旬至9月中旬盛花，10月上旬末花；7月中旬现幼果，10月果实成熟。

迁地栽培要点

中性植物，栽培土壤要求不严格，但疏松土壤上栽培表现更佳，适应我国中亚热带地区引种栽培。播种或扦插繁殖。几无病虫害。

主要用途

植株低矮，萌发性强，耐修剪，为优良的林下地被植物。

雄花

植株

雌花

幼果

果

雄花

377

133
滇藏叶下珠

别名： 思茅叶下珠、滇芷叶下珠、小喉甘

Phyllanthus clarkei Hook. f., Fl. Brit. Ind. 5: 197. 1887.

自然分布

广西、贵州、云南和西藏等。印度、巴基斯坦、缅甸和越南等。

迁地栽培形态特征

常绿灌木。

🌿 茎圆柱状，褐色；分枝多，全株无毛。

🍃 叶片薄纸质或膜质，倒卵形或椭圆形，长5～15mm，宽4～8mm，顶端圆或钝，基部宽楔形；侧脉每边4～6条，上面扁平，下面略凸起；叶柄长约1mm；托叶三角形，褐色。

🌸 单性，雌雄同株，单生于叶腋；花梗基部有数枚小苞片；萼片6，长圆形，长约1mm，有宽的膜质边缘，中肋较厚。雄花：花梗长3mm；萼片边缘全缘；雄蕊3，花丝分离；花盘杯状，顶端浅波状；雌花：花梗长约8mm；萼片3，长圆形，花瓣3，长卵形，顶端急尖，花盘与雄花的相同；子房圆球形，花柱3，平展，有些顶端2裂。

🍎 蒴果圆球状，直径3～4mm，红色，平滑，成熟后开裂，轴柱和萼片宿存；果梗长约1cm，纤细。

引种信息

西双版纳热带植物园 自云南勐腊（登录号00,2001,2262）、广西靖西（登录号00,2002,2787）引种苗。长势一般。

物候

西双版纳热带植物园 2月上旬萌芽，2月下旬至4月下旬展叶；9月中旬始花，9月中旬至10月上旬盛花；9月下旬现幼果，12月果实成熟，12月下旬果实脱落。落叶期10月至翌年2月。

迁地栽培要点

耐阴植物，在全光照下也能生长，但长势较差，在半阴环境下栽培长势较好。忌积水，对土壤要求不严，但肥沃疏松土壤生长更好，适应我国南亚热带地区栽培。可利用种子播种。

主要用途

植株低矮，耐修剪、耐阴性能好，为优良的林下地被植物。

植株

果枝

雄花

雄花枝

379

134
越南叶下珠

Phyllanthus cochinchinensis (Lour.) Spreng., Syst. Veg. 3: 21. 1826.

自然分布

福建、广东、海南、广西、四川、云南、西藏等。印度、越南、柬埔寨和老挝等。生于旷野、山坡灌丛、山谷疏林下或林缘。

迁地栽培要点

常绿灌木，高0.5～1.5m。

茎皮灰褐色，小枝纤细，分枝多，嫩枝具棱，被短柔毛。

叶片纸质，倒卵形、长倒卵形或匙形，长1～2cm，宽0.6～1.3cm，顶端钝或圆，少数凹缺，基部楔形；中脉两面稍凸起，侧脉不明显；叶柄长1～2mm；托叶褐红色，卵状三角形，长约1mm。

淡黄色，雌雄异株，1～5朵着生于叶腋垫状凸起处；苞片黄褐色，边缘撕裂状。雄花：单生；花梗纤细，长3～10mm，无毛；萼片6，倒卵形或匙形，长约1.3mm，宽约1mm，不相等；雄蕊3，花丝合生成柱，花药3，顶部合生，下部叉开；花盘腺体6。雌花：单生或簇生，花梗长2～3mm，无毛；萼片6，两轮，外面3枚为卵形，内面3枚为卵状菱形，长1.5～1.8mm，宽约1.5mm；花盘近坛状，表面有蜂窝状小孔；子房圆球形，直径约1.2mm，3室，花柱3，长约1mm，下部合生，上部分离，下弯，顶端2裂，裂片线形。

蒴果圆球形，直径约5mm，具3纵沟，成熟后开裂成3个2瓣裂的分果爿；种子长和宽约2mm，上面密被稍凸起的腺点。

引种信息

华南植物园 引种信息不详。长势优。

物候

华南植物园 4月上旬至4月中旬现花蕾，4月下旬始花，5月上旬至5月下旬盛花，6月上旬至7月上旬末花；6月下旬现幼果，10月果实成熟。

迁地栽培要点

中性植物，在全光或半光条件均生长较好。对土壤要求不严，但土层深厚肥沃时长势更好，每年生长季节施肥1～2次。耐修剪。播种或扦插繁殖。

主要用途

药用，具有清热、利尿、消积等功效。枝叶浓密，耐修剪，可用于盆栽或园林绿化配置，如林下种植或密植作绿篱等。

植株

叶正面

花枝

小枝正面

雌花

雌花枝

雌花

135

余甘子

别名： 牛甘果、滇橄榄、望果、油甘子

Phyllanthus emblica L., Sp. Pl. 982. 1753.

自然分布

江西、福建、台湾、广东、海南、广西、四川、贵州和云南等。印度、斯里兰卡、中南半岛、印度尼西亚、马来西亚和菲律宾等。生于海拔200～2300m山地疏林、灌丛、荒地或山沟向阳处。

迁地栽培形态特征

落叶乔木，高10～15m。

🌿 树皮褐色；枝条具纵细条纹，被黄褐色短柔毛。

🍃 叶片纸质至革质，二列，线状长圆形，长1～2cm，宽2～6mm，顶端截平或钝圆，有锐尖头或微凹，基部浅心形而稍偏斜，上面绿色，下面浅绿色；侧脉每边4～7条；叶柄短；托叶三角形，褐红色，边缘有睫毛。

🌸 单性，雌雄同株，多朵雄花和1朵雌花或全为雄花组成腋生的聚伞花序；萼片6。雄花：花梗长1～2.5mm；萼片膜质，黄色，长倒卵形或匙形，长1.5～2.5mm，宽0.5～1mm，顶端钝或圆，边缘全缘或有浅齿；雄蕊3，花丝合生成柱，花药直立，长圆形，顶端具短尖头；花盘腺体6，近三角形。雌花：花梗长约0.5mm；萼片长圆形或匙形，长1.5～2.5mm，宽0.7～1.3mm，顶端钝或圆，较厚，边缘膜质，多少具浅齿；花盘杯状，边缘撕裂；子房卵圆形，长约1.5mm，3室，花柱3，基部合生，顶端2裂，裂片顶端再2裂。

🍎 蒴果呈核果状，圆球形，直径1～1.5cm，外果皮肉质，绿白色或淡黄白色，内果皮硬壳质。

引种信息

华南植物园 自广州龙洞（登录号19831307）引种苗。长势好。

物候

华南植物园 2月上旬萌芽，2月下旬开始展叶，3月上旬展叶至3月下旬展叶盛期；2月下旬现花蕾，3月上旬始花，3月中旬盛花，3月中旬至3月下旬末花；3月下旬现幼果，7月中旬果实成熟。

迁地栽培要点

阳性速生树种，适应性强，抗旱耐瘠，病虫害少；根系发达，栽培立地条件较好时，则生长速度很快；幼果期适当增加施氮肥能有效减少落果。播种、扦插或嫁接等方法繁殖。

主要用途

果实富含天然维生素C，还含有相当数量的超氧化物歧化酶（SOD），具有明显的抗衰老功能。果实可制果脯、果酱和果汁饮料；种子含油量16%，可榨油；树皮和树叶是上等的栲胶原料；果、叶、根均可入药。适应性强，树姿挺拔，叶片密集浓绿，果实美观，是荒山绿化、水土保持兼具园林观赏的优良树种。

植株

叶正面

叶背面

茎干

果枝

果

果

383

136
青灰叶下珠

Phyllanthus glaucus Wall. ex Müll. Arg., Linnaea 32: 14. 1863.

自然分布

江苏、安徽、浙江、江西、湖北、湖南、广东、广西、四川、贵州、云南和西藏等。印度、不丹、尼泊尔等。生于海拔200～1000m的山地灌木丛中或稀疏林下。

迁地栽培形态特征

落叶灌木，高2～3m，全株无毛。

枝条圆柱形，小枝细柔；全株无毛。

叶片膜质，椭圆形或长圆形，长2.5～5cm，宽1.5～2.5 cm，顶端急尖，有小尖头，基部钝至圆，下面稍苍白色；侧脉每边8～10条；叶柄长2～4mm；托叶卵状披针形，膜质。

雌性同株，数朵簇生于叶腋；花梗丝状，顶端稍粗。雄花：花梗长约8mm；萼片6，卵形；花盘腺体6；雄蕊5，花丝分离，药室纵裂。雌花：通常1朵与数朵雄花同生于叶腋；花梗长约9mm；萼片6，卵形；花盘环状；子房卵圆形，3室，花柱3，基部合生。

蒴果浆果状，直径约1cm，成熟时紫黑色，不开裂，肉质，基部有宿存的萼片。

引种信息

庐山植物园 园内野生。

南京中山植物园 园内野生。

物候

庐山植物园 3月中旬萌芽，3月下旬开始展叶，3月下旬至4月上旬展叶盛期；3月下旬现花蕾，4月上旬始花，4月上旬至中旬盛花，4月下旬末花；4月下旬现幼果，7月果实成熟；落叶期9月下旬至10月下旬。

南京中山植物园 3月上旬至3月中旬萌芽，3月下旬开始展叶，4月上旬至4月中旬展叶盛期；4月上旬现花蕾，4月中旬始花，4月下旬盛花，5月上旬末花；5月上旬现幼果，7月果实成熟；落叶期10月上旬至10月下旬。

迁地栽培要点

阳性植物，喜阳光充足环境，耐寒。适应性强，对土壤要求不严，耐干旱、贫瘠，管理粗放，秋冬季节适当修剪。播种繁殖，种子采收后放通风处晾干，3～4月播种。

主要用途

药用，根可治小儿疳积病。株形披散，花小而密集，可用于园林绿化配置。

果枝背面

果枝

雄花

果枝侧面

幼果

果枝背面

幼果

137
广东叶下珠

别名： 隐脉叶下珠

Phyllanthus guangdongensis P. T. Li, Acta Phytotax. Sin. 25: 375. 1987.

自然分布

广东乳源、怀集、封开、阳春等。生于海拔300~500m石灰岩山区灌丛或山地疏林下。

迁地栽培形态特征

常绿灌木，高0.3~1m，全株无毛。

小枝密集于枝顶。稍具2棱。

叶片纸质，椭圆形或卵形，长2~3.5 cm，宽1~1.5cm，顶端短渐尖，基部圆；侧脉不明显；叶柄短，长2~3mm；托叶宽三角形，长约1mm。

花单性，雌雄同株，红色。雄花：2~4朵簇生叶腋，生于花枝下部，花梗纤细，长1~1.5cm；萼片4，卵圆形，长约2mm；雄蕊2枚，花丝合生，花药2横裂；腺体4个，近圆形。雌花：单生叶腋，生于花枝上部，花梗长1~3cm；萼片6，卵形，长2~3mm，宿存；子房3室，无毛，花柱短，2裂；花盘盘状。

蒴果近球形，直径5~7mm；果梗长1.5~3.5cm；种子褐色，长3~5mm。

引种信息

华南植物园 自广东阳春（登录号20030992）引种苗。长势良好。

物候

华南植物园 3月下旬萌芽，8月下旬现花蕾，9月上旬始花，9月下旬至10月上旬末花；果期10~12月；果后叶与小枝脱落。

迁地栽培要点

性喜温暖，喜光，在全光或半光条件下均可栽培。根系较浅，水肥适中，宜栽培于砂质壤土中。播种或扦插繁殖。主要病害有烟煤病和蚜虫，可以喷灭害灵防治。

主要用途

植物体含有木脂素、萜类、黄酮、糅质和生物碱等多种化合物，具有明显抗乙型肝炎病毒、保护肝损伤及镇痛、降压、抗肿瘤、抗凝血等功效。

花枝正面

植株

花蕾

幼果

小枝

果枝背面

成熟果实

138
细枝叶下珠

别名: 海南余甘子、幼枝叶下珠

Phyllanthus leptoclados Benth., Fl. Hongk. 312. 1861.

自然分布

香港、福建、广东和云南等。

迁地栽培形态特征

灌木,高约1m。

🌿 具棱,无毛,小枝柔细,一侧被一列短柔毛。

🍃 叶片膜质倒卵形或椭圆形,略呈镰刀状,长25~30mm,宽10~15mm,顶端尾尖或急尖,基部两侧不相等,上面绿色,背面白绿色;侧脉每边约8条;叶柄长约1mm;托叶披针形,着生于叶柄基部两侧。

🌸 单性,雌雄同株。雄花:4~6朵簇生于叶腋,花梗长达1cm;萼片4,长卵形,长约3mm,宽约2mm,顶端急尖,边缘有撕裂状锯齿;花盘腺体4,近圆形,顶端截形;雄蕊2,花丝短,合生。雌花:单生于叶腋,花梗长达1.5cm;萼片6,椭圆形或披针形,边缘有撕裂锯齿;花盘坛状,边缘全缘或略具圆齿;子房圆球状,平滑,花柱3,分离,平展,顶端2裂。

🍎 蒴果扁球形,有腺毛,直径约5mm,种子具疣点。

引种信息

西双版纳热带植物园 自云南元江(登录号00,2003,0561)引种苗。长势良好。

物候

西双版纳热带植物园 2月上旬萌芽,2月下旬至4月下旬展叶;4月中旬始花,5月上旬至8月下旬盛花;5月下旬现幼果,10月果实成熟,11月下旬脱落。落叶期11月上旬至翌年2月下旬。

桂林植物园 3月下旬萌芽,4月上旬展叶;5月下旬现花蕾,6月上旬始花,6月中旬至6月下旬盛花,7月上旬末花。

迁地栽培要点

全日照、半日照都可以生存,过于阴暗则易徒长,对土壤要求不严,但肥沃土壤生长最佳,适应我国长江以南各地栽培。播种繁殖。病虫害主要是白粉病。

主要用途

药用,可用于治疗黄疸型肝炎、肾炎水肿、泌尿系感染、结石、肠炎、赤白或暑热痢疾、暑伤发热、小儿疳积、目赤肿痛、眼角膜炎、夜盲;外用消毒退肿、小儿暑疖。

花果枝

雄花侧面

雄花正面

叶柄

雄花枝

果

叶片

雌花枝

139
瘤腺叶下珠

别名： 锡兰叶下珠、锡兰桃金娘

Phyllanthus myrtifolius (Wight) Müll. Arg., A. DC., Prodr. 15(2): 396. 1866.

自然分布

印度、斯里兰卡。

迁地栽培形态特征

常绿小灌木，高50～80cm。

🌿 枝条圆柱形，小枝上部被微柔毛；茎皮灰色，具细纵裂纹。

🍃 叶片革质，倒披针形，长1～2cm，宽3～6mm，顶端钝或急尖，基部浅心形；侧脉在上面不明显，下面凸起；叶柄长约1mm；托叶三角形，长约0.5mm。

🌸 花雌雄同株，单生或数朵簇生于叶腋；无花瓣；花梗纤细，长5～10mm。雄花：萼片5，长圆形，长约1mm；雄蕊3，花丝合生；花盘腺体5。雌花：萼片5，长圆形，长约1mm；花盘杯状，顶端全缘；子房3室，无毛，花柱3，顶端2浅裂。

🍒 蒴果扁球形，直径约3mm，无毛，3瓣裂；种子表面具网纹。

引种信息

华南植物园 自海南万宁兴隆热带植物园（登录号20033026）引种苗。长势优。

物候

华南植物园 4月中旬萌芽，4月下旬至5月中旬展叶，花果期全年。

迁地栽培要点

性喜温暖，喜光，在全光或半光条件下均可；宜种植于土壤疏松、土层深厚、向阳地带。播种繁殖。

主要用途

植物体含有木脂素、萜类、黄酮、糅质和生物碱等多种化合物，具有明显抗乙型肝炎病毒、保护肝损伤及镇痛、降压、抗肿瘤、抗凝血等功效。分枝多，枝叶浓绿细密，耐修剪，适合盆栽、绿篱或园林绿化。

植株

花枝正面

花枝侧面

花枝背面

雌花

雌花枝

140
单花水油甘

Phyllanthus nanellus P. T. Li, Acta Phytotax. Sin. 25: 376. 1987.

自然分布
海南。

迁地栽培形态特征
灌木，高0.5~1m，全株无毛。

🌱 茎圆柱形，灰褐色；小枝有棱，嫩枝扁，两侧具翅，小枝互生或2~4枝簇生。

🍃 排成二列，叶片薄革质，卵形或长卵形，长4~6mm，宽约2mm，顶端具凸尖，基部偏斜；侧脉每边3条，不明显；叶柄近无；托叶三角形，长约0.5mm。

🌸 雌雄同株，单朵腋生；花梗长约2mm。雄花：萼片4，近圆形，长约1mm；雄蕊2，花丝合生成柱状；花梗纤细，长约1.5mm。雌花：萼片6，宽卵形，长约1.2mm；子房圆球状，3室，花柱3，顶端2裂；花梗几无，长约0.5mm。

🍂 蒴果长圆球状，直径约3mm，表面有6条凸起纵棱，成熟时3瓣裂；轴柱和萼片宿存；果梗长约1mm。

引种信息
华南植物园　自海南吊罗山（登录号20070467）引种苗。长势较好，未见病虫害。

物候
华南植物园　4月上旬现花蕾，4月下旬始花，5月中旬至6月下旬盛花，7月上旬至11月中下旬有零星开花；果期5~12月，果实陆续成熟，12月上旬全部成熟脱落。

迁地栽培要点
中性植物，在全光或半光条件下均能生长，半阴条件下栽培生长表现更好。喜肥沃、富含腐殖质的壤土，宜种植于排水良好的疏林下，生长季节施1~2次复合肥或有机肥；植株不高，生长缓慢，容易被杂草侵害，需要适当除草中耕除草。播种或扦插繁殖。

主要用途
药用，茎叶含有倍半萜、二萜、三萜等萜类化合物，具有细胞毒活性、抗病毒活性、保肝作用等功效。

植株

花枝

雌花侧面

茎

花枝背面

小枝

果枝

雌花枝

雌花

雄花

果

141
水油甘

Phyllanthus rheophyticus M. G. Gilberf et P. T. Li, Fl. China 11: 188. 2008.

自然分布

广东、海南和云南。印度、不丹、尼泊尔。生于山地疏林中或山坡灌丛中。

迁地栽培形态特征

直立灌木，高0.5~1m，全株无毛。

🌿 茎灰褐色；小枝具棱，密集于茎顶或老枝条的上部。

🍃 排成二列，傍晚后闭合；叶片薄革质，长圆形或椭圆形，长6~10mm，宽2.5~3mm，边缘无短硬毛，顶端急尖，有褐红色锐尖头，基部偏斜；侧脉每边4~5条；叶柄长约1mm；托叶卵状三角形，长约1mm，褐红色。

🌸 雌雄同株，黄白色或白绿色，通常2~4朵雄花和1朵雌花同簇生于叶腋。雄花：花梗长1~2mm；萼片6，不相等，卵状披针形，长约1mm，边缘全缘；雄蕊3，花丝基部合生；花盘腺体6。雌花：花梗长约2mm；萼片6，卵状披针形，长约1mm，宽0.5~6mm；花盘杯状，顶端6浅裂；子房圆球形，平滑，3室，花柱基部合生，上部2深裂，裂片略外弯。

🍎 蒴果扁圆形，直径约3mm，平滑，表面有6条凹陷纵棱，成熟时3瓣裂，轴柱和萼片宿存；果梗长2~3mm。

引种信息

华南植物园 自海南吊罗山（登录号20070468）引种苗。长势较好，未见病虫害。

物候

华南植物园 5月上旬现花蕾，5月下旬始花，7月上旬至9月中旬盛花，9月下旬至10月上旬末花；6月下旬现幼果，果期6~12月，11月中旬至12月上旬成熟脱落。

迁地栽培要点

中性植物，在全光或半光条件下均能生长，半阴条件下栽培生长表现更好。喜肥沃、富含腐殖质的壤土，宜种植于排水良好的疏林下，生长季节施复合肥或有机肥1~2次；植株不高，生长缓慢，容易被杂草侵害，需要适当除草中耕除草。播种或扦插繁殖。

主要用途

茎叶含有倍半萜、二萜、三萜等萜类化合物，具有细胞毒活性、抗病毒活性、保肝作用等功效。

植株

果正面

叶片

果

果枝

嫩叶

小枝

142

云桂叶下珠

别名：滇南叶下珠

Phyllanthus pulcher Wall. ex Müll. Arg., Linnaea 32: 49. 1863.

自然分布

广西和云南。印度、缅甸、越南、老挝、柬埔寨、印度尼西亚和马来半岛等。

迁地栽培形态特征

常绿灌木。

🌿 圆柱形，灰色，幼枝有少量柔毛。

🍃 排成二列，每列15～30枚，叶片膜质，斜长圆形至卵状长圆形，长1.8～3cm，宽8～13mm，两侧不相等，上面绿色，下面灰绿色，边缘反卷；侧脉每边4～6条，不明显；叶柄长0.8～1.5mm；托叶三角状披针形，长3～4mm，基部宽1.5～2mm，边缘全缘或有细齿，淡红褐色。

🌸 单性，花雌雄同株，由数朵雄花和单朵雌花组成的腋生聚伞花序。雄花：花梗纤细，长5～10mm；萼片4，卵状三角形，长2～3mm，宽1～2mm，边缘撕裂状，深红色；花盘腺体4，近四方形或肾形，宽0.5～0.7mm，扁平，膜质；雄蕊2，花丝短，合生，长0.1mm，药室纵裂。雌花：花梗丝状，长15～23mm；萼片6，卵状三角形，长3.5～4mm，宽1.5mm，边缘撕裂状，中肋厚；花盘盘状，肉质，围绕子房基部，顶端边缘6裂；子房近球形，平滑，3室，花柱3，张开，2裂。

🍒 蒴果近圆球形，直径约3mm，光滑，淡褐色；果梗长2.5cm；萼片宿存。

引种信息

西双版纳热带植物园 自泰国（登录号38,2002,1013）引种苗。长势良好。

物候

西双版纳热带植物园 2月上旬萌芽，2月下旬至3月下旬展叶；5月上旬始花，6月上旬至11月中旬盛花，6月下旬现幼果，10月下旬果实成熟，12月上旬果实成熟末期。

迁地栽培要点

半光或全光照均能生长，但长势没有半阴条件下好，对土壤要求不严，但以肥沃疏松土壤生长更好。播种繁殖。

主要用途

药用，具有显著的抗肿瘤和抗氧化活性。植株低矮紧凑，枝叶密集顶端，适应性强，可用于盆栽、花坛和林下绿化配置。

盛花

植株

花蕾

叶背面

雄花枝

雄花

雌花

143
小果叶下珠

别名： 烂头钵、龙眼睛、飞檄木、白仔、多花油柑

Phyllanthus reticulatus Poir., Lam., Encycl. 5: 298. 1804.

自然分布

台湾、广东、海南、广西、贵州和云南等。印度、斯里兰卡和印度尼西亚等。生于山地疏林下、山谷及灌木丛中。

迁地栽培形态特征

常绿藤状灌木，高达5m，全株无毛。

🌿 枝条淡褐色，具硬刺状干托叶。

🍃 叶片膜质至纸质，椭圆形、卵形至长圆形，长1.5～4.5cm，宽0.7～2.5cm，顶端尖、钝至圆，基部钝至圆，下面有时灰白色；叶脉通常两面明显，侧脉每边5～7条；叶柄长2～3mm；托叶钻状三角形，长达1.5～2mm，干后变硬刺状。

🌸 单性，雌雄同株，通常2～10朵雄花和1朵雌花簇生于叶腋，稀组成聚伞花序。雄花：花梗纤细，长5～10mm；萼片5～6，2轮，卵形或倒卵形，长0.7～1.5mm，宽0.5～1mm；雄蕊5，其中3枚较长，花丝合生，2枚较短而花丝离生。雌花：花梗纤细，长4～8mm；萼片5～6，2轮，宽卵形，长1～1.6mm，宽0.9～1.2mm；子房圆球形，4～12室，花柱分离，顶端2裂。

🍎 蒴果呈浆果状，球形或近球形，直径约7mm，成熟时红色或黑色，不分裂，肉质。

引种信息

西双版纳热带植物园 自海南万宁（登录号0020013498）、云南景洪（登录号0020160687）引种苗。长势良好。

华南植物园 自海南陵水（登录号19801674）、泰国（登录号20110037）引种种子。长势优。

物候

西双版纳热带植物园 4月上旬萌芽，4月下旬至6月中旬展叶；4月上旬现蕾，4月中旬始花，5月下旬至8月下旬盛花，8月下旬开花末期；6月下旬幼果现，9月果实成熟。

华南植物园 3月上旬萌芽，3月中旬开始展叶，3月下旬至4月中旬展叶盛期；3月下旬至4月上旬现花蕾，4月中旬始花，4月中旬至9月下旬盛花，10月末花；4月下旬现幼果，果期5～10月。

迁地栽培要点

中性植物，在半阴条件下生长较好。对土壤要求不严，抗旱、耐瘠，生长速度快，耐修剪。播种繁殖。

主要用途

根、叶供药用，用于驳骨、跌打。适应性强，耐修剪，可修剪成丛状灌木，配置于植物园、公园路边；也可用于廊架绿化。

植株

果枝背面

成熟果实

幼果

雌花

叶片

果枝

144

云泰叶下珠

别名： 美丽叶下珠

Phyllanthus sootepensis Craib, Contrib. Fl. Siam. 185. 1911.

自然分布

云南思茅、勐腊、勐海、孟连。泰国。

迁地栽培形态特征

灌木。

🌿 暗红色，枝条圆柱状，褐色。

🍃 排成二列，叶片纸质，宽椭圆形，长4～15mm，宽5～9mm，先端急尖，有小尖头，基部圆或钝，两侧稍不对称，边缘有微反卷；叶脉浅红色，侧脉每边4～5条，顶端2叉状；叶柄长约1mm；托叶披针形，长约2mm，褐色。

🌸 单性，雌雄同株，1～2朵腋生。雄花：花梗丝状，长5～13mm；萼片4，膜质，宽卵形，淡黄色，长约1.5mm，宽约1mm，边缘啮蚀状或不规则齿裂；花盘腺体4，椭圆形。雄蕊4，花丝合生成短柱状；雌花：花梗纤细，长6～17mm；萼片6，倒卵形，长1.2～2mm，宽0.7～1.3mm，边缘有啮蚀状，花盘腺体6，顶端到达子房中部；子房圆球状，平滑，花柱3，顶端2裂。

🍈 蒴果圆球状，直径约4mm，3瓣裂，轴柱和向下反折的萼片宿存；果梗长1～1.5cm。

引种信息

西双版纳热带植物园 自云南景洪市大渡岗乡（登录号00,2017,0483）引种苗。长势良好。

物候

西双版纳热带植物园 3月上旬至下旬萌芽，3月下旬至4月中旬展叶；6月下旬始花，7月中旬至8月盛花；果期8月上旬至12月上旬；落叶期12月中旬至次年2月末。

迁地栽培要点

中性树种，栽培土壤要求不严格，管理上比较粗放，干旱季节适当补充水分；适应我国南亚热带及热带地区栽培。种子繁殖。几无病虫害。

主要用途

药用，在抗乙肝病毒、保肝护肝、免疫调节、治疗肠炎、肾炎水肿、黄疸肝炎、结膜炎以及泌尿系统感染等方面具有较好的疗效。

植株

果枝

果

雄花

401

145
红叶下珠

别名： 红毛叶下珠、山杨桃

Phyllanthus tsiangii P. T. Li, Acta Phytotax. Sin. 25: 375. 1987.

自然分布

广东、海南。越南、泰国、缅甸等中南半岛。生于山地疏林下或山谷向阳处。

迁地栽培形态特征

落叶灌木，高0.3～1m。

🌿 茎皮褐红色，分枝常集生顶部；小枝长10～20cm，被红褐色锚状毛，后渐脱落；果后小枝脱落。

🍃 叶片纸质，卵形或卵披针形，背面灰白色，长2～5cm，宽1～2cm，顶端渐尖至尾尖，基部宽楔形至圆钝或偏斜，仅下面中脉的基部被短柔毛；中脉在两面凸起，侧脉5～6对，上面凹陷，下面凸起；叶柄长2～3mm，被锚状毛；托叶三角形，褐红色，长1～2mm。

🌸 单性，雌雄同株；雄花：通常2～6朵簇生于小枝下部叶腋内；花梗丝状，长2～3mm；萼片4，黄绿色，长圆形或椭圆形，长约2mm，宽约1mm；雄蕊2，花丝合生，花药贴生纵裂；花盘腺体4枚；雌花：2～6朵簇生于叶腋；花梗纤细，长1.5～2.5cm，顶端增粗；花径4～5mm；萼片5～6，卵形或长圆形，长约3mm，宿存；花盘盘状，6浅裂；子房无毛，4～6室，花柱4～6，顶部2裂。

🍈 蒴果扁球形，直径6～7mm，被毛，具纵凹槽，成熟时开裂。

引种信息

华南植物园 自广西（登录号20061060）、海南七仙岭（登录号20150128）引种苗。长势良好。

物候

华南植物园 2月中旬萌芽，3月上旬开始展叶，3月中旬至3月下旬展叶盛期；5月上旬现花蕾，5月下旬始花，6月中旬至8月下旬盛花，9月末花；8月下旬现幼果，10月至翌年1月果实成熟。

迁地栽培要点

性喜温暖，喜光，宜种植于土壤疏松、土层深厚、向阳地带的砂质黄壤中。播种或扦插繁殖。主要病害有烟煤病和蚜虫，可以喷灭害灵予以防止。

主要用途

植物体含有木脂素、萜类、黄酮、糅质和生物碱等多种化合物，具有明显抗乙型肝炎病毒、保护肝损伤及镇痛、降压、抗肿瘤、抗凝血等功效。

植株

叶正面

叶背面

花果枝

146
叶下珠

别名： 蓖萁草、关门草、红珍珠草、胡羞羞、鲫鱼草

Phyllanthus urinaria L., Sp. Pl. 2: 982. 1753.

自然分布

河北、山西、陕西、华东等。印度、斯里兰卡、中南半岛、日本、马来西亚、印度尼西亚至南美。

迁地栽培形态特征

一年生草本。

🌿 茎直立，基部分枝，具棱，嫩枝部分有纵列疏短柔毛。

🍃 叶片膜质，倒卵形或椭圆形，略呈镰刀状，长1.5～2.5cm，宽0.8～1.5cm，顶端圆、钝或急尖有小尖头，下面灰绿色，边缘近全缘或边缘有1～3列短硬毛；侧脉每边5对；叶柄长1～1.5mm。托叶卵状披针形，长0.8～1mm。

🌸 单性，雌雄同株。雄花：2～4朵簇生于叶腋，通常只有上面1朵开花，其他很小；花梗长约0.5mm，基部苞片1～2枚；萼片6，倒卵形，长约0.6mm；雄蕊3，全部花丝合生成柱状。雌花：单生于小枝中下部叶腋内；花梗长约0.5mm；萼片6，大小相等，卵状披针形，长约1mm；子房卵状，有鳞片状凸起，花柱分离，顶端2裂，裂片弯卷。

🍊 蒴果扁球状，淡褐色，高约2mm，直径约3mm，表面有小疣状突起，花柱和萼片宿存。

引种信息

西双版纳热带植物园 园内野生。

华南植物园 园内野生。

物候

西双版纳热带植物园 3月下旬萌芽，4月上旬展叶；5月中旬始花，6月中旬9月下旬盛花；6月上旬现幼果，7～12月持续成熟。枯萎期11月中旬至12月下旬。如水分充分，枯萎期延至1～2月。

迁地栽培要点

阳性，根系浅，要求土壤疏松透气，适应我国大部分地区栽培。播种繁殖。

主要用途

药用，具有清热利尿、明目、消积等功效；可用于肾炎水肿，泌尿系感染、结石，肠炎，痢疾，小儿疳积，眼角膜炎，黄疸型肝炎；外用治青竹蛇咬伤。

植株

幼果

成熟果实

雄花

147
柱状叶下珠

Phyllanthus columnaris Müll. Arg., Linnaea 32: 15. 1863.

自然分布

泰国、印度、缅甸、马来西亚、古巴、海地、波多黎各、特立尼达和多巴哥、委内瑞拉、圭亚那、巴西、秘鲁和厄瓜多尔。

迁地栽培形态特征

乔木。

🌴 直立，灰色，有枝条脱落痕，嫩枝部分有短柔毛。

🍃 互生，叶片纸质，椭圆形，长2~5cm，宽1.5~2cm，顶端圆钝，具短尖头，基部楔形，全缘，上面绿色，下面浅绿色，测脉每边4~10条，叶柄长约2mm，有短柔毛，托叶线形，长1~2mm，褐色。

🌼 单性，雌雄同株；20余朵雄花和1朵雌花组成的腋生聚伞花序和顶生的穗状花序，顶生穗状花序长2~9cm，苞片卵形，有齿。雄花：雄花花梗纤细，长约4~5mm，萼片6，长0.6~1mm，宽0.4~0.5mm，长圆形，顶端圆形，淡黄色，雄蕊3，花药2室，花丝合生成柱，花盘腺体6。雌花：花梗长3~4mm；萼片6，卵形，长1.6~2mm，宽0.6~0.8mm，顶端尖，花梗和萼片有柔毛，子房球形，花柱3，长约1mm，基部合生，顶端2裂。

🍎 蒴果扁球状，直径约1cm，成熟时棕色或褐色，具3条纵沟，干后开裂。

引种信息

西双版纳热带植物园 自四川攀枝花（登录号0020030882）引种苗。长势良好。

物候

西双版纳热带植物园 5月上旬萌芽，5月中旬展叶；8月中旬始花，8月下旬至9月下旬盛花；果期9月中旬至次年5月；落叶12月至翌年3月。

迁地栽培要点

阳性树种，对土壤要求不高，适应我国南亚热带及热带地区栽培。播种或扦插繁殖。几无病虫害。

主要用途

药用，有杀菌功能。

果侧面

果枝

雌雄花序

花序

雌花

148
胡桃叶叶下珠

Phyllanthus juglandifolius Willd., Enum. Pl. Suppl. 64. 1813.

成熟果实

左边雄花，右边雌花

自然分布

加勒比亚区和南美洲。

迁地栽培形态特征

常绿灌木。

🌿 无分枝，树皮灰色，小枝有棱，具脱落痕。

🍃 革质，长椭圆形，长8~12cm，宽3.5~4.5cm，顶端尾尖或渐尖，基部微心形，上面绿色，背面青色，中脉在上面明显而略凹，在背面显著隆起，网脉明显具软骨质边缘，侧脉每边6~9条，叶柄粗壮，两侧有波纹状，长约5mm，托叶三角形，长约2mm，淡黄色。

🌸 叶片单性，雌雄同株，2~5朵腋生。雄花：花梗扁状，长约6mm；萼片5，宽卵形，3大2小，长2~3mm，宽约2mm，边缘有不规则齿裂；雄蕊4，花丝合生成短柱状，花药顶端圆。雌花：1~2朵生于叶腋内；花梗圆柱状，长5~7mm；萼片形状与雄花的相似，长2~4mm，宽约2mm，淡黄色；子房球形，平滑，3室，花柱分离，顶端2裂。

🍈 蒴果扁球形，成熟时褐色，直径1.3cm，顶端凹陷，边缘具3条纵沟，种子近肾形，具3棱，褐色。

引种信息

西双版纳热带植物园 自英国（登录号0420140009）、英国邱园（登录号0420140042）引种种子。长势良好。

物候

　　西双版纳热带植物园　4月上旬萌芽，4月下旬至9月中旬展叶；4月中旬始花，6月上旬至9月盛花；果期8月下旬至11月。落叶9月至翌年3月。

迁地栽培要点

　　阳性、中性条件下都能生长，以肥沃疏松、排水良好的土壤为佳。播种或扦插繁殖。有天牛危害。

植株　　花果枝　　果　　雌花

星油藤属

Plukenetia L., Sp. Pl. 2: 1192. 1753.

　　灌木或藤本。嫩茎绿色，平滑，小枝圆柱形或具棱，有毛或无毛。单叶互生，叶片纸质，卵形、宽卵形或三角状卵形，顶端尾尖或渐尖，基部钝圆、平截，长8~15cm，宽4~10cm，边缘具疏细锯齿，上面无毛，嫩叶下面被短柔毛，老叶无毛，叶片基部具2腺体；基出3脉，中脉和侧脉在两面均凸起，网脉在上面下陷，在下面凸起；叶柄长2.5~8cm。圆锥花序近似总状，花单性，雌雄同序，总状花序，顶生或腋生，花序长1.5~6cm，雄花着生上部，雌花着生下部。雄花：萼片4~5，卵形，雄蕊18~25，每苞腋2~5朵花；雌花：萼片4；子房4~6室；柱头4~6裂；每苞腋具1~3朵花。蒴果星状，4~6瓣裂，每瓣裂内具1粒种子；种子扁平，具斑纹。

　　约20多种，主要分布于热带美洲、非洲、马达加斯加和亚洲。我国引入1种。植物园引种栽培1种。

149
星油藤

别名: 南美油藤、印加果、印加花生

Plukenetia volubilis L., Sp. Pl. 2: 1192. 1753.

植株

自然分布

秘鲁、厄瓜多尔等南美洲安第斯山脉地区。生长在海拔80~1700m的南美洲安第斯山脉地区热带雨林。

迁地栽培形态特征

多年生常绿藤本植物。

🌿 嫩茎绿色,平滑,稍具棱,被短柔毛,具白色髓心,中空。

🍃 单叶互生,叶片纸质,三角状卵形,顶端尾尖或渐尖,基部钝圆或平截,长8~15cm,宽4~10cm,边缘具疏细锯齿,上面无毛,嫩叶下面被短柔毛,老叶无毛,叶片基部具2腺体;中脉和侧脉在两面均凸起,网脉在上面下陷,在下面凸起;叶柄长2.5~8cm。

🌸 单性,雌雄同序,总状花序顶生或腋生,花序长1.5~6cm,雄花着生上部,雌花着生下部。雄花:萼片4~5,卵形,长3~4mm,宽1.5~2mm,雄蕊18~25,花梗长1~3mm,每苞腋2~5朵花;雌花:萼片4,三角状卵形,长约2mm;子房4~6室;花柱长1~2.5cm,柱头4~6裂;每苞腋具1~3朵花。

🍎 蒴果星状,4~6瓣裂,每瓣裂内具1粒种子;种子扁平,具斑纹。

引种信息

西双版纳热带植物园 自秘鲁(登录号6320060001)引种种子。长势良好。

华南植物园 自秘鲁(登录号20061119)引种种子。长势良好,越冬时有轻微寒害。

物候

西双版纳热带植物园 2月上旬萌芽，2月下旬至4月下旬展叶；5月上旬现蕾，5月中旬始花，8月下旬至10月下旬盛花，11月上旬开花末期；7月下旬幼果现，果期7月至翌年3月。

华南植物园 3月中旬萌芽，4～5月展叶；10月上旬始花，10月下旬至11月中旬盛花，11月下旬末花；10月下旬现幼果，11月中旬果实较多，3～4月果实成熟。

迁地栽培要点

喜温暖和光照充足环境，较抗旱耐瘠，抗低温霜冻能力差。光照不足时，藤蔓节间变长、坐果率低。根系浅，对土壤要求不严，抗旱性较强，但在年降水量1400mm以上、土层0.5m以上、土质疏松肥沃、中性偏酸性的土壤条件下生长较好。播种或扦插繁殖。病虫害有飞虱、蛾类幼虫危害叶片；幼苗易得茎腐病，栽培前土壤用多菌灵、甲基托布津等消毒。

主要用途

种子的含油率为45%～56%，其油脂部分主要有多元不饱和脂肪酸，不含任何毒素和对健康有害的物质，为纯天然、有机食品，可用于食品、保健、制药、化妆品等方面，具有预防心血管疾病、保养肌肤等方面的作用，经济价值巨大。

花果枝　叶片　雄花花蕾　雄花　雌花、果实　雌花　花序　盛花　叶背面毛被　种子　柱头

三籽桐属

Reutealis Airy Shaw, Kew Bull. 20: 394. 1967.

落叶乔木。单叶互生，叶柄长；叶片卵形到心形，膜质，无毛；基脉5~7和显著的具2腺体。雌雄同株或雌雄异株。花序顶生，聚伞圆锥状或圆筒状，多花，密被灰色星状茸毛；苞片明显兜状，早落；花梗非常短。雄花：花萼杯状匙形或圆筒状，2或3浅裂；花瓣5，倒卵形匙形，外部和内部在基部被绢质短柔毛；雄蕊7~13，2列；花药大，椭圆形，外向，药隔较宽。雌花：花萼和花瓣与雄花相同；子房卵球形，3室或4室，被绢质贴伏毛；花柱3或4裂。核果大，近球形，具3或4棱，3或4室，内有3或4种子。

约1（~2）种，产于菲律宾。我国引入1种，植物园引种栽培1种。

150
三籽桐

Reutealis trisperma (Blanco) Airy Shaw, Kew Bull. 20: 395. 1967.

自然分布

菲律宾。

迁地栽培形态特征

落叶乔木，高20m，胸径达40cm。

🌱 茎直立，灰色。

🍃 聚生枝顶，叶片阔卵形，先端渐尖，基部心形，边缘全缘；基出脉7条；叶面近无毛，叶背沿脉腋被短丛毛；叶柄长5～12cm，顶端具2枚腺体。

🌸 单性，雌雄同株或异株，聚伞状圆锥花序，长20cm，花梗、花萼、花瓣外面均密被灰色星状茸毛。雄花：花萼圆筒状，长约5mm，顶端2～3裂；花瓣5，倒卵形或倒卵状披针形，长12～14mm，宽4～5mm，花瓣背面淡紫色，内面乳白色具淡紫色纵条纹；雄蕊7～10枚，排成两轮，外轮花丝分离，内轮花丝基部联合；花丝中部以下被微柔毛。雌花：子房卵球形，密被绢质贴伏毛；花柱3，柱头2裂。

🍈 核果卵形或稍偏斜的圆球状，长6～7cm，直径5～6cm，有茸毛，果梗短；种子圆球状，侧扁，种皮坚硬，有皱纹，褐色。

引种信息

西双版纳热带植物园 自斯里兰卡（登录号1619770070）引种苗。长势良好。

物候

西双版纳热带植物园 4月上旬萌芽，4月下旬至6月下旬展叶； 2月下旬始花，3月上旬至4月中旬盛花；4月中旬现幼果，11月下旬果实成熟；落叶期10月上旬至翌年2月上旬。

迁地栽培要点

喜光照，对土壤要求不严，适应我国南亚热带地区栽培，可用种子播种、扦插、组培快繁等繁殖。无病虫害。

主要用途

种子含油51%，是重要的生物柴油原料。

植株

幼苗

果实

种子

叶背面

叶正面

雄花

蓖麻属

Ricinus L., Sp. Pl. 2: 1007. 1753.

一年生草本或草质灌木；茎常被白霜。单叶互生，叶片纸质，掌状分裂，盾状着生，裂片边缘具锯齿；叶柄的基部和顶端均具腺体；托叶合生，凋落。花雌雄同株，无花瓣，花盘缺；圆锥花序顶生，后变为与叶对生，雄花生于花序下部，雌花生于花序上部，均多朵簇生于苞腋；花梗细长。雄花：花萼花蕾时近球形，萼裂片3~5枚，镊合状排列；雄蕊极多，花丝合生成数目众多的雄蕊束，花药2室，药室近球形，彼此分离，纵裂；无不育雌蕊。雌花：萼片5枚，镊合状排列，花后凋落，子房具软刺或无刺，3室，每室具胚珠1颗，花柱3枚，基部稍合生，顶部各2裂，密生乳头状突起。蒴果，具3个分果爿，具软刺或平滑；种子椭圆状，微扁平，种皮硬壳质，平滑，具斑纹；种阜大。

1种，原产非洲和中东。现广泛栽培于世界热带地区。我国大部分地区均有栽培。

151
蓖麻

别名： 红蓖麻、大麻子、老麻子、草麻
Ricinus communis L., Sp. Pl. 2: 1007. 1753.

雄花

自然分布

肯尼亚、索马里。

迁地栽培形态特征

一年生或多年生草本，有时亚灌木或乔木状，高2～5m。

🌿 圆筒形，中空，光滑无毛，表面被白粉，叶痕明显，托叶痕环绕至叶柄处；汁液丰富。

🍃 互生，叶片近圆形，长和宽达40～45cm，掌状7～11裂，裂片深达中部，裂片卵状长圆形或披针形，顶端急尖或渐尖，边缘具粗锯齿，掌状脉7～11条，网脉明显，两面凸起；叶柄粗壮，中空，被白粉，长10～40cm，顶端具2枚盘状腺体，中间和基部具盘状腺体；托叶长三角形，长2～3cm，宽8～10mm，早落。

🌸 单性，雌雄同序，总状花序或圆锥花序，雌花着生于上部，先开，雄花着生于下部，与叶对生，长15～30cm；无花瓣和花盘；雄花：萼片3～5，卵状三角形，淡黄色，雄蕊多数，花丝合生成多束，呈分枝状；雌花：萼片5枚，卵状披针形，子房3室，每室有胚珠1个，花柱3，深红色或淡红色，顶端2裂。

🍎 蒴果卵球形，具软刺；种子长圆形或椭圆形，光滑，种皮硬质，有光泽并具黑、白、棕色斑

纹；种阜垫状。

引种信息

华南植物园 自广西大明山（登录号19770319）、北京市农林科学院（登录号19780280）、北京植物园（引种登记号19950222）、加那利群岛（登录号20121906）引种种子。生长良好，已逸为野生。

物候

华南植物园 2月下旬萌芽，3月中旬展叶，3月下旬至4月上旬展叶盛期；5月中旬现花蕾，6月上旬始花，7~9月盛花，10~11月末花；10月上旬至12月成熟。

迁地栽培要点

喜高温、不耐霜，而耐碱、耐酸，适应性很强，各种质地均能种植。忌积水，低洼地需做好排水沟，宜栽于排水、透气性良好土壤中。幼苗期不耐低温，-1℃就会受冻死亡。种子繁殖。主要病害有枯萎病、叶枯病和细菌性斑点病等；主要害虫有地老虎、棉铃虫、刺蛾和蓖麻夜蛾等；防治方法：合理灌溉，雨后及时排水，降低田间湿度；收获后及时深翻，清除田间病残体，减少来年菌源；采用新高脂膜进行拌种处理，能有效隔离病毒感染；药剂防治。

主要用途

全株可入药，有祛湿通络、消肿、拔毒之效。种子含油率50%左右；蓖麻油属于不干性油，含有大量的油酸，不饱和脂肪酸含量很少，稳定性强，可作为飞机润滑油、变压器油等原料；油黏度高、凝固点低，为化工、轻工、冶金、机电、纺织、印刷、染料等工业和生物能源原料；油粕可作肥料、饲料以及活性炭和胶卷的原料。也可栽培观赏。

植株

花序

花果枝

雌花

成熟果实

种子

幼果

419

守宫木属

Sauropus Bl., Bijdr. 595. 1825.

　　灌木，稀草本或攀援灌木。单叶互生，叶片全缘；羽状脉，稀三出脉；具叶柄；托叶2，小，着生叶柄基部两侧。花小，雌雄同株或异株，无花瓣；雄花簇生或单生，腋生或茎花，稀组成总状花序或在茎的基部组成长而弯曲的总状聚伞花序或短聚伞花序；雌花1~2朵腋生或与雄花混生，稀生于雄花序基部；花梗基部通常具有许多小苞片。雄花：花萼盘状、壶状或陀螺状，全缘或6裂，裂片覆瓦状排列，直立或展开，呈不明显的2轮，边缘无明显增厚；花盘6~12裂，裂片与萼片对生，通常大小不相等，稀无花盘；雄蕊3，与外轮萼片对生，花丝通常合生呈短柱状，花药外向，2室，纵裂；无退化雌蕊。雌花：花萼通常6深裂，裂片覆瓦状排列，2轮，结果时有时增厚；无花盘；子房卵状或扁球状，顶端截形或微凹，3室，每室2胚珠，花柱3，极短，分离或基部合生，顶端2齿裂或深裂，裂片外展或下弯。蒴果扁球状或卵状，成熟时分裂为3个2裂的分果爿；种子无种阜。

　　约56种，分布于印度、缅甸、泰国、斯里兰卡、马来半岛、印度尼西亚、菲律宾、澳大利亚和马达加斯加等。我国产15种，包括4特有种，1引入种。植物园引种栽培4种。

守宫木属分种检视表

1a. 茎花或花生于落叶的枝条中部以下 ····················· 156. **龙脷叶 S. spatulifolius**
1b. 花或花序生于叶腋内。
　2a. 叶片革质；网脉极明显 ·········· 154. **网脉守宫木 S. reticulatus**
　2b. 叶片膜质至纸质；网脉不明显。
　　3a. 雌花花梗长 2~6cm，果时长达 13cm ····· 153. **长梗守宫木 S. macranthus**
　　3b. 雌花花梗长 1~1.5cm。
　　　4a. 花萼裂片顶端凹或近截形 ···········155. **短尖守宫木 S. similis**
　　　4b. 花萼裂片顶端钝或圆形 ······152. 守宫木 S. androgynus

152
守宫木

别名： 树仔菜、越南菜、甜菜、泰国枸杞、篱笆菜、南洋菜

Sauropus androgynus (L.) Merr., Bull. Bur. Forest. Philipp. Islands. 1: 30. 1903.

植株

果枝

小枝正面

小枝背面

自然分布

印度、斯里兰卡、老挝、柬埔寨、越南、菲律宾、印度尼西亚和马来西亚。

迁地栽培形态特征

灌木，高1～3m，全株无毛。

🌿 老枝圆柱状，嫩枝绿色，具棱。

🍃 叶片近膜质或薄纸质，卵状披针形、长圆状披针形或披针形，长3～10cm，宽1.5～3.5cm，顶端渐尖，基部楔形、圆或截形；侧脉每边5～7条，上面扁平，下面凸起，网脉不明显；叶柄长2～5mm；托叶2，着生于叶柄基部两侧，长三角形或线状披针形，长1.5～3mm。

🌸 雌雄同株。雄花：1～2朵腋生，或几朵与雌花簇生于叶腋；花梗纤细，长5～8mm；花盘浅盘状，直径5～12mm，6浅裂，裂片倒卵形，覆瓦状排列，无退化雌蕊；雄花3，花丝合生呈短柱状，花药外向，2室，纵裂；花盘腺体6，与萼片对生，上部向内弯而将花药包围。雌花：通常单生于叶腋；花梗长6～8mm；花萼6深裂，裂片红色，倒卵形或倒卵状三角形，长5～6mm，宽3～5.5mm，顶端钝或圆，基

部渐狭而成短爪，覆瓦状排列；无花盘；雌蕊扁球状，子房3室，每室2颗胚珠，花柱3，顶端2裂。

🔵 果 扁球状或圆球状，直径1.5～2cm，高1.2cm，乳白色，宿存花萼红色；果梗长5～10mm；种子三棱状，黑色。

引种信息

华南植物园 自厦门园林植物园（登录号19800283）、云南西双版纳（登录号19660596）引种苗。长势好。

物候

华南植物园 2月中旬萌芽，3月下旬展叶，3月中旬至4月上旬展叶盛期；4月上旬现花蕾，4月下旬始花，5～10月盛花，11月末花；11月中旬至12月上旬果实成熟。

迁地栽培要点

喜光植物，强光、长日照有利于茎叶的生长，阳光不足会抑制嫩梢的萌发；耐干旱，耐瘠薄，但在水湿条件良好的地段生长旺盛，宜半阴坡的山地栽培；对土壤适应性强，pH 值在 5.5～8范围内都能生长，但在偏酸性、潮湿、肥沃的土壤中生长生长表现更好；忌积水,积水时间长，常引起落叶和缺素症、甚至烂根等；不耐寒，气温降至 5℃以下，植株产生寒害,其后落叶，较嫩的枝条枯死。播种、扦插或组培繁殖。守宫木抗病虫害较强，偶见茎腐病，多发于高温高湿时；病发时及时清除病死植株，用800～1000 倍多菌灵或百菌清等喷洒2～3次。

主要用途

嫩枝和嫩叶均可食用，不但味道鲜美，而且营养丰富，可作蔬菜食用；同时具有清凉去热、消除头痛、降低血压 等功效，是一种营养价值极高的天然绿色保健食品。

雌花　叶片　雄花　果

153
长梗守宫木

Sauropus macranthus Hassk., Retzia 1: 166. 1855.

植株

自然分布

广东、海南和云南。印度东北部、老挝、马来西亚、菲律宾、泰国、越南、澳大利亚北部。

迁地栽培形态特征

灌木，高3~4m，全株无毛。

🌿 小枝绿色，具棱。

🍃 叶片纸质至近革质，卵状长圆形、卵状椭圆形或椭圆状披针形，长4~20cm，宽3.5~8cm，顶端短渐尖，基部楔形至圆；侧脉每边6~10条，近扁平；叶柄长2.5~7mm；托叶三角状披针形，长3~6mm，灰褐色。

🌸 单性，雌雄同株。雄花：花梗长2~6.5mm；花萼盘状，直径3.5~5mm，有红色线斑，顶端浅6~8裂；花盘腺体6~8，与萼片对生。雌花：单生或几朵与雄花簇生于叶腋内；花梗长2~6cm，结果时长9~13cm；花萼黄绿色，6深裂，裂片稍厚，组成2轮，外轮的倒卵形或近匙形，卵状椭圆形，长6~7mm，宽3~4mm，内轮的较短，倒卵形，长约5mm，具紫红色条纹；无花盘；雌蕊扁球状，子房3

423

室，花柱3，顶端2裂。

果 近球状或扁球状，直径1.5～2.5cm，高约1.5cm，红色或红棕色；宿存萼片倒卵形，具爪，长约1cm；花柱宿存；表面具不规则纵棱或褶皱。

引种信息

西双版纳热带植物园 自云南勐腊大树脚大沟自然保护区（登录号0020060252）引种苗。长势良好。

物候

西双版纳热带植物园 1月中旬始花，2月上旬至9月中旬盛花，9月下旬至11月下旬间花；3月上旬现幼果，3月中旬果实开始成熟，挂果时间长，持续到12月份，果实持续成熟，成熟时果皮开裂。

迁地栽培要点

适应性强，对土壤要求不严；在肥水充足，中性的地方生长表现较好。种子或扦插繁殖。几无病虫害。

主要用途

植株分枝多，株形美观；果鲜红色，挂果期长，具有较好的观赏性，可用于公园、庭院栽培或盆栽观赏。

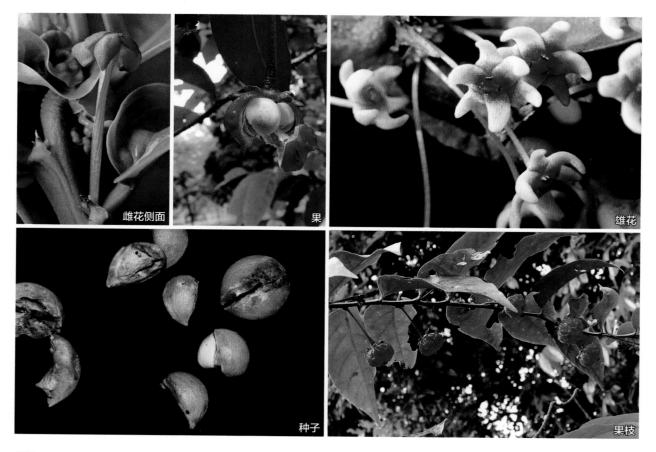

雌花侧面　果　雄花

种子　果枝

154
网脉守宫木

Sauropus reticulatus X. L. Mo ex P. T. Li, Acta Phytatax. Sin. 25: 133. 1987.

自然分布

广西、云南。生于海拔500~800m石灰岩山地疏林下或山坡灌木丛中。

迁地栽培形态特征

灌木，高约2m，全株无毛。

🌿 灰褐色；枝条圆柱形，常集生于茎的上部。

🍃 叶片革质，长圆形、长椭圆形或椭圆状披针形，长10~16cm，宽4~5cm，顶端渐尖，基部宽楔形至钝；侧脉每边8~10条，与网脉两面均明显，且微凸起；叶柄长约5mm；托叶三角形，常早落。

🌸 雌雄同株，无花瓣。雄花：红色，簇生于叶腋或茎上，花萼盘状，6裂，裂片直立或展开，呈不明显的2轮。雌花：单生叶腋，花萼通常6深裂，裂片覆瓦状排列，2轮；子房卵状，顶端截形或微凹，3室，花柱3顶端2深裂。

🍎 蒴果，红色，扁球状，直径约2cm，单生于叶腋；果梗长约3cm；萼片宿存，宿存的花柱3，分离，顶端2裂。果熟时从基部开裂。

引种信息

桂林植物园 2008年自广西环江县木论保护区引种。

物候

桂林植物园 2月上旬萌芽，2月中旬开始展叶；1月下旬现花蕾，2月中旬始花，3月下旬至4月下旬盛花，5月上旬末花；3月下旬现幼果，挂果时间长，持续到12月份，成熟时开裂。

迁地栽培要点

石山阳性树种，也耐半阴，栽培于肥沃松土壤长势很好。

主要用途

主干直，冠幅饱满，花果期长，叶绿果红，果皮大红发亮，宛如一个个小小的红灯笼挂满枝叶间，蔚然成景，是一种较好的园林观赏植物，可用于盆栽或公园、庭院栽培观赏。

植株

展叶

雄花

雌花侧面

果枝

盛花

幼果

叶背面

雌花正面

155
短尖守宫木

Sauropus similis Craib, Bull. Misc. Inform. Kew 1911: 457. 1911.

自然分布

云南。缅甸、泰国。

迁地栽培形态特征

常绿灌木。

🌿 多分枝，枝条纤细，圆柱状，有节间。

🍃 单叶互生，二列，叶片膜质，椭圆形或卵形，长0.5~3cm，宽0.4~1.5cm，边缘全缘，顶端圆，基部心形至截形；有叶柄和托叶，叶片上面深绿色，背面灰绿色，无毛；羽状脉，侧脉3~7对，中脉颜色较浅，中脉和侧脉上面扁平，下面凸起；叶柄长0.1~0.3cm，托叶三角形，长约1mm。

🌸 花小，绿色和浅红色，单生或几朵组成总状花序，腋生。雄花：花梗细长，长4~10mm，萼片6，铁饼状或盘状，直径4.2~4.5mm，顶端凹或近截形，雄蕊3，呈柱形。雌花：花梗细长，3~5mm，萼片与雄花相同，但较短；子房直径1.3~2mm，具3心皮。

🍅 蒴果卵球形，长约5.5mm，宽约4.2mm；种子具3棱。

引种信息

西双版纳热带植物园 2008年（来源不详，登录号00,2008,1468）引种苗。长势良好。

物候

西双版纳热带植物园 1月上旬至2上旬萌芽，1月下旬至4月中旬展叶；2月上旬始花，3月中旬至9月中旬盛花，9月下旬至11月下旬间花；落叶期10月中旬至12月下旬。

迁地栽培要点

对土壤要求不严。在肥水充足，中性的地方生长茂盛；耐修剪，春秋季节可结合整形进行修剪。扦插繁殖。几无病虫害。

主要用途

植株分枝多，花绿色或淡红色，花虽小，但花量多，可用于盆栽或庭院种植观赏。

雄花背面

雄花正面

雄花枝

盛花

雄花

雌花

植株

156
龙脷叶

别名： 龙舌叶、龙味叶

Sauropus spatulifolius Beille Lec., Fl. Gen. Indo-Chine 5: 652. 1927.

雄花

自然分布

越南北部。

迁地栽培形态特征

常绿小灌木，高20～40cm。

🌿 蜿蜒状弯曲，节间短，皮粗糙，灰白色；嫩枝绿色，被腺状短柔毛。

🍃 聚生于小枝顶端，向下弯垂，叶片近肉质，匙形、长圆形或倒卵状长圆形，长6～15cm，宽2.8～4.5cm，顶端圆钝微凹，有小凸尖，基部楔形或钝，上面深绿色，叶脉处呈灰白色，无毛，下面近基部有腺状短柔毛，后变无毛；中脉两面均明显凸起，侧脉每边6～9条，上面扁平，下面稍凸起；叶柄长2～5mm，被腺状短柔毛；托叶着生于叶柄基部两侧，三角状耳形，长4～6mm，宽3～4mm，宿存。

🌸 深紫红色，雌雄同枝，2～5朵簇生于落叶的枝条中部或下部，茎花或组成短聚伞花序，花序长5～15mm；苞片披针形，长约2mm。雄花：花梗丝状，长3～5mm；萼片6，2轮，近等大，倒卵形，长2～3mm，宽约1.5mm；花盘腺体6，与萼片对生；雄蕊3，花丝合生呈短柱状。雌花：花梗长约2～3mm；萼片6，2轮，近等大，倒卵形，长2～3mm，宽约1.5mm；无花盘；子房近圆球状，直径约1mm，3室，花柱3，顶端2浅裂。

果 未见。

引种信息

华南植物园 自广西桂林（登录号19801047）、广州文化公园花卉展览（登录号19850517）引种苗。长势较好。

物候

华南植物园 12月下旬现花蕾，1月中旬始花，2月中旬至4月上旬盛花，4月下旬至6月下旬末花；未见结果。

迁地栽培要点

喜阴，不耐强光和干旱，宜种植在林下或阴棚内。在中性的土壤中生长良好，植株低矮、整齐，生长缓慢，少剪或不修剪。可用分株或扦插繁殖。

主要用途

植株低矮整齐，叶面具灰白色脉纹，是优良观叶植物，可盆栽或用于园林地被。

叶药用，可治咳嗽、喉痛、急性支气管炎等；民间用于治疗肺热咳喘痰多、口干、便秘等疾病。

植株片植

雌花　植株　雄花　托叶　盛花　小枝　叶片

齿叶乌桕属

Shirakiopsis Esser, Blumea 44: 184. 1999.

　　乔木，雌雄同株；小枝被淡黄到微黄（或微红）的多细胞、单列毛被。单叶互生；托叶卵形到三角形，不裂，无腺体；叶柄远短于叶片，无腺体；叶片长圆形、椭圆形或卵形，背面比上面颜色浅，背面沿边缘具腺体，基部腺体稍大但非常相似，近轴面无腺体，基部钝到稍渐狭，边缘有细锯齿，先端锐尖到渐尖。雌雄花同序；花序顶生，淡黄色，总状聚伞圆锥花序，不分枝，没有不育的基部区域，两性，具柔毛。雄花：（3~）5~7朵，聚伞花序，有花梗；苞片三角形，具柔毛到具缘毛；花萼裂片3，基部合生；花瓣和花盘无；雄蕊3；花丝和花药近等长。雌花1~3生于花序基部，有时花序基部无雌花；花梗明显；萼片（2~）3，不规则三角形，基部联合，无腺体；无花瓣和花盘；子房（2~）3室，平滑，通常无毛；花柱宿存；柱头（2~）3，不裂，无腺体。蒴果木质，果皮厚，表面光滑；果梗明显，长约8mm。种子椭圆形，种阜不明显至败育

　　6种，3种分布在非洲热带，3种分布在亚洲热带。中国引入1种。植物园引种栽培1种。

157
齿叶乌桕

Shirakiopsis indica Willd. Esser, Blumea 44: 185. 1999.

果

自然分布

亚洲热带。

迁地栽培形态特征

半落叶小乔木，高5~7m。

🌿 一年生枝条绿色，平滑；二年以上枝条灰色，密被突起皮孔；具明显叶痕。

🍃 叶片纸质至革质；长圆形至椭圆形，稀卵形或椭圆状披针形，长7~11cm，宽2~3.5cm，边缘明显具锯齿，顶端渐尖，基部钝，基部有2~4不明显腺点；中脉在上面凹，下面突起，侧脉18~24对；叶柄长1~1.5cm。

🌸 单性，雌雄同株，顶生或腋生总状花序，直立，长3~10cm，雄花在花序轴上部，雌花在花序轴下部。

🍑 蒴果近球形，成熟时黑色，长1.8~3cm，宽2~3.2cm；外果皮薄，黑色，内果皮厚而木质，坚硬，果皮成熟时不开裂；种子椭圆状，长9～11mm，直径6～7mm，外无蜡质。

引种信息

西双版纳热带植物园 自老挝（登录号3020020130）引种苗。长势良好。

华南植物园 1956年（来源不详，登记号19560614）、广西桂林宛田（登录号20050930）引种苗。长势优。

物候

西双版纳热带植物园 2月上旬萌芽，2月下旬至7月上旬展叶；1月上旬现蕾，5月上旬始花，5月下旬至12下旬盛花；5月下旬幼果现，12月果实成熟。

华南植物园 3月上旬萌芽，3月中旬至4月下旬展叶；4月上旬至5月中旬开花；5月下旬现幼果，果期6月至翌年5月，果实9月下旬至10月上旬成熟，但不脱落，一直到翌年5～6月脱落；落叶期2月下旬至4月上旬。

迁地栽培要点

喜光；喜高温多湿气候。耐旱，对栽培土壤要求不严，以土层深厚肥沃的砂质壤土为佳，宜种植于阳光充足、排水良好的坡地。苗期适当肥水管理，速生。未见病虫害。播种或扦插繁殖。

植株　叶片　果和种子

雌花 | 茎 | 雄花序

花枝 | 幼果

主要用途

    树形美观，花量大、挂果期长，是优良的园林观赏植物。果实产量高，种子含油率较高，种子油可制肥皂或生物质能源。汁液有毒，可做生物农药。

地构叶属

Speranskia Baill., Étude Euphorb. 388. 1858.

　　草本，茎直立，基部常木质，分枝较少。单叶互生，叶片边缘具粗齿，具羽状脉；具叶柄或无柄。花雌雄同株；总状花序，顶生，雄花常生于花序上部，雌花生于花序下部，有时雌雄花同聚生于苞腋内；通常雄花生于雌花两侧。雄花：花蕾球形；花萼裂片5，膜质，镊合状排列；花瓣5枚，有爪，有时无花瓣；花盘5裂或为5个离生的腺体；雄蕊8~10（~15）枚，2~3轮排列于花托上，花丝离生，花药2室，纵裂，无不育雌蕊。雌花：花萼裂片5；花瓣5或缺，小；花盘盘状；子房3室，平滑或有突起，每室有胚珠1颗，花柱3，2裂几达基部，裂片呈羽状撕裂。蒴果具3个分果爿；种子球形。

　　2种，我国特有属。植物园引种栽培1种。

158
广东地构叶

别名: 瘤果地构叶

Speranskia cantonensis (Hance) Pax et K. Hoffm., Engl. Pflanzenr. 57 (IV. 147. N):
15, f. 3. A-C. 1912.

植株

自然分布

河北、陕西、甘肃、湖北、湖南、江西、广东、广西、四川、贵州、云南等。生于海拔
1000~2600m草地或灌丛中。

迁地栽培要点

多年生草本，高50~70cm。

🌱 茎纤细、分枝少，上部稍被伏贴柔毛。

🍃 叶片纸质，卵形或卵状椭圆形至卵状披针形，长2.5~9cm，宽1~4cm，顶端急尖，基部圆形或
阔楔形，边缘具圆齿或钝锯齿，齿端有黄色腺体，两面均被短柔毛；侧脉4~5对；叶柄长1~3.5cm，
被疏长柔毛，顶端常有黄色腺体。

🌸 单性，雌雄同序，总状花序顶生或腋生，长5~12cm，花疏散，通常雄花生于花序上部，雌
花生于花序下部；苞片卵形或卵状披针形，长1~2mm，被疏毛。雄花：1~3朵生于苞腋；花梗长

2~3mm；花萼裂片卵形，长约1.5mm，顶端渐尖，外面被疏柔毛；花瓣倒心形或倒卵形，长约1mm，无毛；雄蕊10~12枚，花丝无毛；花盘有离生腺体5枚。雌花：花梗长约1.5mm，花后长5~7mm；花萼裂片卵状披针形，长1~1.5mm，顶端急渐尖，外面疏被柔毛，无花瓣；子房球形，直径约2mm，具疣状突起和疏柔毛；花柱3，顶端2深裂，裂片呈羽状撕裂。

🔴 蒴果扁球形，直径约1cm，3片裂，果皮具瘤状突起；种子球形，直径2~3mm，稍具小凸起，灰褐色。

引种信息

武汉植物园 自湖南（登录号20101251）引种苗。长势一般。

物候

武汉植物园 3月上旬现花蕾，4月上旬始花，花期不集中，持续开放，9月下旬末花；4月下旬现幼果，5月中旬果实成熟，10月上旬果实成熟末期；11月上旬落叶。

迁地栽培要点

喜阳草本，水分要求适中，忌积水，也不耐干旱，夏季主要适当补充水分。根系浅，栽培土壤以透气性好的壤土或砂壤土为好。

主要用途

药用，其味苦、性平、祛风湿、通经络、破瘀止痛，主治风湿痹痛、疔疮肿痛、跌打损伤。植株含黄酮、生物碱等类型的化合物。

果枝　　　　　　果枝　雄花

果正面　　　　　　花蕾　花枝

宿萼木属

Strophioblachia Boerl., Handl. Fl. Ned. Ind. 3(1): 235. 1900.

　　小灌木。单叶互生，叶片边缘全缘，具羽状脉；具叶柄；托叶宿存。花雌雄同株，异序或同序，总状花序聚伞状；短，顶生；雄花：萼片4～5枚，覆瓦状排列；花瓣5枚，白色，与萼片等长，有小齿；腺体5枚，与萼片对生；雄蕊约30枚，花药2室，纵裂，花丝离生；不育雌蕊缺；雌花：萼片5枚，花后增大，边缘（有时连背面）具腺毛；无花瓣；花盘坛状，全缘，子房3室，每室有1颗胚珠，花柱3枚，基部合生，上部2深裂。蒴果无毛，具宿存的萼片；种子有种阜，子叶宽且扁。

　　2种，分布于亚洲东部热带地区。我国有1种及2变种。植物园引种栽培1种1变种。

宿萼木属分种检视表

1a. 叶片卵状披针形、卵形至倒卵状披针形，基部宽楔形至近圆形 ···················· **159. 宿萼木 S. *fimbricalyx***

1b. 叶片倒卵形至提琴形，基部心形，稀心形至平截 ····················· **160. 心叶宿萼木 S. *glandulosa* var. *cordifolia***

159

宿萼木

Strophioblachia fimbricalyx Boerl., Handl. Fl. Ned. Ind. 3 (1): 236, 284. 1900.

自然分布

海南、广西西南部、云南南部。越南、菲律宾至印度尼西亚。生于海拔400m以下的密林中或灌木丛中。

迁地栽培形态特征

灌木，高2~4m。

嫩枝灰白色，被疏生短柔毛，成长枝无毛，散生细小皮孔。

叶片膜质，卵状披针形、卵形至倒卵状披针形，长6~15cm，宽2.5~5cm，顶端渐尖或尾状渐尖，基部阔楔形至近圆形，边缘全缘，成长叶两面无毛；侧脉每边6~8条；叶柄长1~5cm，嫩时被疏柔毛，很快变无毛。

聚伞状总状花序；雄花：萼片卵圆形，长约3mm；花瓣倒卵形，与萼片近等长；腺体宽且扁；雄蕊15~30枚，在开花时长于花瓣。雌花：萼片卵形，稍不等长，长8~10mm，花后增大至1.5~2cm，边缘密生长约5mm的粗腺毛；无花瓣；花盘环状；子房3室，花柱3枚，2深裂。

蒴果卵球状，稍压扁，直径8~10mm，具3纵沟，无毛，红褐色。

引种信息

华南植物园 自海南（登录号20030544）引种苗。长势良好。

物候

桂林植物园 3月下旬萌芽，4月中旬开始展叶；2月上旬现花蕾，2月下旬始花，3月中旬至5月中旬盛花，5月下旬至7月上旬末花；6月下旬现幼果，9月果实成熟。

华南植物园 3月上旬萌芽，3月中旬开始展叶，3月下旬至4月中旬展叶盛期；2月上旬现花蕾，3月上旬始花，3月中旬至4月下旬盛花，5月上旬至6月上旬末花；5月上旬现幼果，9月果实成熟。

迁地栽培要点

中性，在半阴环境下生长较好；对栽培土壤要求不严格，但土层深厚肥沃土壤生长较好，宜种植于土壤肥沃、排水良好的坡地。每年施肥1~2次，春季适当修剪。播种繁殖。几无病虫害。

主要用途

园林绿化，可用于植物园、公园等林下或路边配置。

植株

雌花

雌花

雌花萼片

花枝

雄花侧面

雄花正面

160
心叶宿萼木

Strophioblachia glandulosa Pax var. *cordifolia* Airy Shaw, Kew Bull. 25: 545. 1971.

果

果枝

自然分布

云南。泰国。

迁地栽培形态特征

落叶灌木。

🟤 老枝褐色，嫩枝上有散生细小皮孔。

🟤 叶片纸质，倒卵形至提琴形，长7.5~14cm，宽2.5~6cm，顶端尾尖，基部心形，稀浅心形，边缘全缘，嫩叶边缘有疏柔毛，成长叶两面无毛；基出脉3~5条；侧脉每边6~8条；叶柄长1~2.5cm，有密柔毛，后变无毛。

🟤 聚伞状总状花序，长约3mm；有柔毛，着花数朵；雄花：萼片卵圆形，膜质，长2~3mm；雄蕊多数；雌花：萼片5枚，卵圆形，膜质，花后增大，长可达1.3cm，边缘和背面有粗腺毛；子房无毛。

🟤 蒴果近球状，直径8~10mm，熟时棕褐色，有3纵沟，无毛，种子椭圆状，红褐色；长约10mm。

引种信息

西双版纳热带植物园 自云南元江（登录号00,2003,0607）引种苗。长势良好。

物候

西双版纳热带植物园 3月上旬萌芽，3月下旬至7月上旬展叶；1月下旬始花，2月上旬至4月上旬盛花；5月上旬现幼果，8月上旬果实成熟；9月中旬至12月下旬落叶。

迁地栽培要点

栽培土壤要求不严格，宜种植于土壤肥沃、排水良好的坡地。适应我国热带地区栽培。播种或扦插繁殖。几无病虫害。

主要用途

园林绿化，可用于植物园、公园等林下或路边配置。

植株　果　叶片　雌花苞片　成熟果实　果枝　雄花

白叶桐属

Sumbaviopsis J. J. Sm., Med. Dep. Landb. 10: 357. 1910.

　　灌木或乔木，小枝被星状柔毛。单叶互生，叶片边缘稍波状齿或近全缘，基部狭的盾状着生，羽状脉。总状花序顶生；花雌雄同株，雄花生于花序上部，2~3朵簇生于苞腋，雌花生于花序下部，通常仅1朵，稀全为雄花；雄花：花萼裂片5，镊合状排列；花瓣小，5或10枚，覆瓦状排列；花盘的边缘有齿，有时无花盘；雄蕊多数，花药2室，内向，纵裂；无不育雌蕊；雌花：花萼5深裂；无花瓣异花盘环状，有时不明显或缺；子房3室，每室具胚珠1颗，花柱3,基部合生，上部2裂；蒴果由3个分果爿组成。种子近球形。

　　1种，分布于印度东北部、缅甸和亚洲东南部各国和我国云南。植物园引种栽培1种。

161
缅桐

别名： 白叶桐、巴巴叶、狭瓣木

Sumbaviopsis albicans (Bl.) J. J. Sm., Med. Dep. Landb.10: 357. 1910.

自然分布
云南南部。马来西亚。

迁地栽培形态特征。
乔木，高4～5m

嫩枝有褐色星状柔毛。

互生，叶片纸质，长圆形、卵状长圆形，长15～32cm，宽6～12.5cm，顶部钝尖或急尖，基部钝圆，边缘全缘；上面深绿色，近无毛或有少许褐色星状柔毛；下面灰白色，被褐色星状柔毛；羽状脉，侧脉8～12对；叶柄被褐色星状柔毛，长2.5～7cm。

总状花序，下部有时分枝，长15～30cm，密被褐色星状毛；苞片披针形，长3～5mm。雄花：花梗长2～3mm；萼片3，裂片卵状长圆形，长约5mm，密被星状毛；花瓣3，膜质，绿色，先端圆形，长2～3mm；雄蕊50～70；花托被短柔毛。雌花：花梗长约2～3cm，萼片5，卵状三角形，长约2mm，密被褐色星状毛；花柱长2～3mm，下部合生，上部分离。

蒴果扁球形，钝三棱形，具3纵裂，长约1.6cm，宽约3cm；种子近球形，直径1.2～1.5cm。

引种信息
西双版纳热带植物园 自云南勐腊（登录号0020000284）、云南景洪（登录号0020010498）引种苗。长势良好。

物候
西双版纳热带植物园 4月上旬至4月中旬萌芽，4月下旬至6月下旬展叶；5月下旬始花，6月盛花；5月下旬现幼果，9月上旬果实成熟。落叶期11月上旬至翌年1月。

迁地栽培要点
中性植物，喜温暖的气候环境，栽培土壤要求不严，但在湿润环境生长更好，适应亚热带和热带地区栽培。可用种子播种、组培快繁等繁殖。几无病虫害。

主要用途
种仁含油率58%，可用于生物柴油。

雄花

植株

花序

果

果枝

果枝

446

滑桃树属

Trevia L., Sp. Pl. 2: 1193. 1753.

乔木。叶对生，叶片下面无颗粒状腺体，边缘全缘；基出脉3~5条；托叶2枚。花雌雄异株，无花瓣，无花盘；雄花序为疏散的总状花序，腋生，每苞片内有雄花2~3朵；雄花的花蕾球形，开花时3~5裂，花萼裂片镊合状排列；雄蕊75~95枚，花丝离生，花药近基部背面着生，长圆形，药室平行，纵裂，花托凸出；无不育雌蕊；雌花单生或排成总状花序，花萼佛焰苞状，开花时不规则2~4裂，通常1侧深裂，早落；子房2~4室，每室有胚珠1颗，花柱2~4,基部稍合生，柱头长。核果，2~4室，通常不开裂，外果皮略为肉质，内果皮薄壳质；种子卵形，无种阜，种皮外层肉质，内层坚硬。

1种。分布于亚洲南部和东南部热带地区。我国分布于云南、广西和海南。

162
滑桃树

别名： 马屎子、红背叶、苦皮树、马尿子

Trevia nudiflora L., Sp. Pl. 2: 1193. 1753.

自然分布

云南、广西和海南。亚洲南部和东南部热带地区。

迁地栽培形态特征

落叶大乔木。

🌿 灰色，茎干上有块状脱落痕迹，嫩枝和嫩叶有灰黄色茸毛。

🍃 叶片纸质，心形或卵形，长5.5~18cm，宽5~14.5cm顶端渐尖，基部心形或截平，边缘全缘；上面深绿色，下面灰绿色，嫩叶两面都被灰色茸毛，成熟老叶背面被灰色茸毛；基生3~5出脉，侧脉3~6对，近基部的侧脉有斑状腺体；叶柄长1.5~8cm。

🌸 单性，雌雄同株，聚伞花序，腋生。雄花序长5~19cm，有长柔毛；苞片卵状披针形，长约4mm，每苞腋内有雄花2~3朵。雄花：花蕾球形，直径约4mm；花梗长3~7mm，中部具关节，稀被柔毛，花萼裂片椭圆形，长约6mm，外面稍被微毛；花丝长约3mm，花药长圆形，长约1.3mm。雌花：单生或2~4朵排成总状花序；花序梗长2~3cm，稍被微毛；花梗长2~3mm；花萼长约5mm，柱头长约2cm。

🍈 核果近球形，果被灰色茸毛，长约3.5cm，直径约4cm，果柄被灰色茸毛，长约4cm。种子近球形，外包被淡黄色假种皮，种皮坚硬。

引种信息

西双版纳热带植物园 自云南勐腊（登录号0019730109）、老挝（登录号3020020119）引种苗，英国（登录号0419900024）引种种子。长势良好。

华南植物园 自海南（登录号19750583，20030587）、昆明植物园（登录号19980709）引种苗，云南（登录号19750800）、云南西双版纳（登录号19810020，19970244，20181930）引种种子。

物候

西双版纳热带植物园 2月下旬至3月上旬萌芽，3月中旬至5月中旬展叶；3月上旬始花，3月中旬盛花；3月下旬现幼果，8月下旬成熟；落叶期11中旬至翌年2月上旬。

迁地栽培要点

喜阳树种，温度不低于5℃气候环境，对栽培土壤要求不严格，潮湿土壤也能栽培。种子播种繁殖，种子采收后即可播于河沙中，约20天出芽，种子发芽率90%以上。几无病虫害。

主要用途

优质木材速生树种。种子含油量20%，含有特里维新（Trewiasine）等成分，具有抗肿瘤活性。

植株

花枝

雄花

雌花

果实

果实

乌桕属

Triadica Lour., Fl. Cochinch. 2: 598, 610. 1790.

乔木或灌木。雌雄同株或有时雌雄异株；无毛被；乳汁白色。单叶互生或近对生；叶柄顶端有1~2腺体；叶片边缘全缘或有锯齿；羽状脉，最下面的一对脉起源于非常叶基部，形成基部边缘。花序顶生或腋生，穗状或总状聚伞圆锥花序，有时分枝；苞片背面基部具2枚大的腺体。雄花小，黄色，数朵聚生于苞腋内；花萼膜质，杯状，顶端2或3浅裂或具小齿；花瓣无；花盘无；雄蕊2~3；花丝离生；花药2室，纵裂；雌蕊无。雌花比雄花大，每苞腋内仅1朵雌花；花萼杯状，3瓣，或圆筒状和3齿，很少2或3萼片；花瓣无；花盘无；子房2或3室；每室胚珠1，花柱通常3，离生或基部合生；柱头反卷，全缘。蒴果球状，梨形或3瓣裂，很少浆果状，通常3室，室背开裂，有时不规则开裂。种子近球形，通常被蜡质假种皮；外果皮硬。

3种，分布于东亚和南亚地区。我国有3种。植物园引种栽培3种。

乌桕属分种检视表

1a. 叶片近圆形，基部心形或圆形，先端圆，稀急尖或不同深浅的凹缺 …………… ……………………………………………… 164. 圆叶乌桕 ***T. rotundifolia***
1b. 叶片棱形、卵形或椭圆形，基部宽楔形或钝，先端急尖或渐尖。
　2a. 叶片棱形，长和宽近相等，先端渐尖，具长短不等尖头　165. 乌桕 ***T. sebifera***
　2b. 叶片长圆状卵形或椭圆形，长为宽的2倍以上，先端钝或短渐尖 ………… ……………………………………………… 163. 山乌桕 ***T. cochinchinensis***

163

山乌桕

Triadica cochinchinensis Lour., Fl. Cochinch. 2: 610. 1790.

花枝

雄花序

自然分布

云南、四川、贵州、湖北、湖南、广东、海南、广西、江西、安徽、浙江、福建、台湾等。东南亚各国。

迁地栽培形态特征

落叶灌木或小乔木。

茎 小枝灰褐色，具小点状皮孔，无毛。

叶 叶片纸质，嫩叶及秋叶红色；叶片椭圆形或长圆状卵形，长3～10cm，宽2～5cm，先端短渐尖或钝，基部楔形，边缘全缘；上面绿色，下面粉绿色；叶柄纤细，长2～7.5cm，顶端有2腺体。

花 单性，雌雄同株；总状花序顶生，花序长4～9cm，密生黄色小花；雌花在花序下部，雄花在花序轴上部，但有时整个花序为雄花；无花瓣及花盘。雄花：花梗丝状，5～7朵聚生于苞腋内，苞片卵形，先端锐尖，每侧各有1枚腺体，花萼杯状；雄蕊2，少有3枚。雌花：花梗粗壮，生于花序的近基部；苞片与雄花相似，每苞片内近1朵花；子房卵形，3室；花柱3，粗壮，柱头3，外反。

果 蒴果球形，成熟时黑色；直径1～1.5cm，种子近球形，长4～5mm，直径3～4mm，外被薄蜡质假种皮。

引种信息

西双版纳热带植物园 2006年自云南勐海（登录号00,2006,0361），2008年自云南勐海（登录号00,2008,0785）引种苗。长势良好。

华南植物园 自广东元岗（登录号19570009）、广东江门古兜山（登录号19790489）、广东大埔

（登录号19960316）、江西井冈山（登录号19990719）引种种子。长势优，现逸为园内野生。

物候

西双版纳热带植物园 3月上旬萌芽，3月下旬至4月中旬展叶；4月上旬始花，4月下旬至6月上旬盛花，6月中旬末花；6月上旬现幼果，10月上旬成熟，11月上旬脱落；11月下旬至翌年1月下旬落叶。

华南植物园 3月上旬萌芽，3月中旬开始展叶，3月下旬至4月中旬展叶盛期；4月中旬现花蕾，4月下旬始花，5月上旬至5月中旬盛花，5月下旬至6月上旬末花；5月下旬现幼果，9月下旬果实成熟，10月下旬至11月上旬果实脱落；12月中旬变色，1月上旬至2月上旬落叶。

迁地栽培要点

阳性树种，喜光照，抗旱、耐瘠；适应性强，对土壤要求不严。一般采用播种繁殖，种子采收后用草木灰或食用碱搓揉种子，然后在温水中清洗干净，储藏。病虫害少见。

主要用途

春季嫩叶和秋叶红色，具有较好的观赏效果，可作公园、边坡、城市绿地等绿化美化。种子含油率33.4%，种子油可制肥皂或工业用。根皮及叶，可治跌打扭伤、痈疮、毒蛇咬伤及便秘等。

植株　花序　茎　幼果　果枝

164
圆叶乌桕

Triadica rotundifolia (Hemsl.) Esser, Harv. Pap. Bot. 7: 19. 2002.

自然分布

云南、贵州、广西、广东和湖南。越南。喜生于阳光充足的石灰岩山地，为钙质土的指示植物。

迁地栽培要点

灌木或乔木，高3~7m，全株无毛。

🌿 小枝粗壮、节间短。

🍃 叶片近革质，近圆形，长5~9cm，宽6~10cm，顶端圆，稀凹缺，基部圆、截平至微心形，边缘全缘，腹面绿色，背面苍白色；中脉在背面显著凸起，侧脉10~15对，网脉明显；叶柄圆柱形，纤细，长3~7cm，顶端具2腺体；托叶小，腺体状。

🌸 单性，雌雄同株，密集成顶生的总状花序，雌花生于花序轴下部，雄花生于花序轴上部或整个花序全为雄花。雄花：花梗圆柱形，长1~3mm；苞片卵形，长约2mm，顶端锐尖，边缘流苏状，基部两侧各具1腺体，每苞片内有3~6朵花；小苞片狭卵形，长约1mm，顶端撕裂状；花萼杯状，3浅裂；雄蕊2枚，稀1或3枚，花丝极短。雌花：花梗比雄花的粗壮，长约2mm，苞片与雄花的相似，每苞片内仅有1朵花；花萼3深裂至基部，裂片阔卵形，宽1~1.2mm，顶端短尖；子房卵形，花柱3，基部合生，柱头外卷。

🌰 蒴果近球形，直径约1.5cm；种子，扁球形，直径约5mm。

引种信息

华南植物园 自广东阳山县七拱乡（登录号20041194）、广东英德石门台省级自然保护区（登录号20041778）、湖北恩施（登录号20140798）引种苗。长势良好，生长缓慢。

物候

华南植物园 3月下旬萌芽，4月上旬展叶，4月中旬至4月下旬展叶盛期；未开花结果。

迁地栽培要点

阳性植物，喜温暖湿润环境。为石灰岩钙质土壤指示性植物，宜种植于碱性土壤，以土层深厚肥沃、排水良好的土壤为好；中性偏酸土壤叶能生长，但生长很缓慢，表现一般。播种或扦插繁殖。

主要用途

石灰山绿化或微碱性土壤绿化。

茎

植株

小枝

叶片

叶基部腺体

165
乌桕

别名: 腊子树、桕子树、木子树

Triadica sebifera (L.) Small, Florida Trees, 59. 1913.

花枝

种子

自然分布

黄河流域以南各地,北缘至陕西、甘肃。

迁地栽培形态特征

落叶乔木。

🌳 树皮暗灰色,有纵裂纹;枝条具明显皮孔,无毛,具乳汁。

🍃 叶片纸质;菱形或菱状卵形,稀菱状倒卵形,长3~8cm,宽3~9cm,顶端渐尖,具长短不等尖头,基部宽楔形或钝,边缘全缘;叶柄纤细,长2.5~6cm,顶端具2腺体。

🌸 单性,雌雄同株,聚集成顶生总状花序,花序长6~12cm;雌花通常生于花序轴最下部,雄花生于花序轴上部或有时整个花序全为雄花。雄花:花梗纤细,长1~3mm;苞片阔卵形,基部两侧各具1近肾形的腺体,每苞片内具10~15朵花;小苞片3;花萼杯状,3浅裂,裂片具不规则的细齿;雄蕊2枚,稀3枚,伸出花萼之外,花丝分离。雌花:花梗粗壮,长约3mm;苞片深3裂,每苞片内仅1朵雌花;花萼3深裂;子房卵球形,3室,花柱3,基部合生,柱头外卷。

🍈 蒴果梨状球形,成熟时黑色,直径1~1.5cm,具3种子;种子扁球形,外被白色蜡质的假种皮。

引种信息

华南植物园 自广东广州(登录号19630014)、广东阳山高峰(登录号19760025)引种种子,广东土特产公司(登录号19751114)引种苗。长势良好。

物候

桂林植物园 3月上旬萌芽,3月中旬至3月下旬开始展叶;5月下旬现花蕾,6月上旬始花,6月中旬至6月下旬盛花，7月上旬末花；7月上旬现幼果，10月果实成熟，11月果实脱落；11月上旬变色，11月至翌年2月落叶。

华南植物园 3月中旬萌芽，3月下旬展叶，4月上旬至4月中旬展叶盛期；4月下旬现花蕾，5月中旬始花，5月中旬至5月下旬盛花，5月下旬至6月上旬末花；5月下旬现幼果，9月下旬果实成熟，10月下旬至11月中旬脱落；12月下旬至翌年1月下旬落叶。

武汉植物园 4月上旬萌芽，4月下旬展叶，5月上旬至5月中旬展叶盛期；5月下旬现花蕾，6月上旬始花，6月上旬至6月中旬盛花，6月下旬末花；6月下旬现幼果，10月上旬成熟，11月下旬至12月中旬脱落；10月下旬变色，11月中旬落叶。

南京中山植物园 6月上旬现花蕾，6月中旬始花，6月下旬至7月上旬盛花，7月上旬末花；7月上旬现幼果，10月上旬成熟，11月下旬至12月上旬果实脱落；11月上旬变色，11月下旬落叶。

迁地栽培要点

阳性树种，喜阳光充足环境，耐水湿，能耐间歇性水淹。对土壤有较强的适应性，在酸碱度适当的砂质壤土、轻黏壤土、砾质壤土等地均可栽种，在土层深厚的山地生长较好。播种或扦插繁殖；播种前用80℃的热水浸种，自然冷却后浸泡2天，再用2%的热碱液浸泡2天或机械或人工搓除蜡质，湿沙催芽。病害少见，主要为乌桕毛虫、蚜虫和乌桕卷叶蛾危害树叶及嫩枝，用25%的滴滴涕乳剂200～300倍液喷杀。

主要用途

秋叶红色；果实成熟后，表面具白色蜡质种子外露而不脱落，形成满树雪花景观，具有较好的观赏性，可作行道树或园景树。种子油脂含量高达40%左右，可作工业原料。树皮可治毒蛇咬伤；叶、根、皮入药能清热解毒、消肿、利水通便、消积、杀虫、解毒、疗毒等，主治头痛、牙疼、水肿、臌胀、湿疮、疥癣、蛇伤和肝硬化等病症。

盛花

植株

花序

果枝

叶片

花蕾

小枝

茎

果

三宝木属

Trigonostemon Bl., Bijdr. 600. 1826.

灌木或小乔木。单叶互生，稀对生至近轮生；托叶小，通常呈钻状或不明显；叶片边缘全缘或有疏细齿，通常具基出脉3条。花雌雄同株，同序或异序，花序总状，聚伞状或圆锥状，顶生或腋生，稀基上生。雄花：萼片5枚，覆瓦状排列，基部稍连生；花瓣5枚，较萼片长；花盘环状，浅裂或分裂为5枚腺体；雄蕊3～5枚，花丝合生成柱或仅上部离生，药室贴生于肥厚的药隔上；无不育雌蕊。雌花：花梗明显增粗，常粗于与其连接的花序轴；萼片、花瓣与雄花同；花盘环状，通常不裂；子房3室，每室有1颗胚珠，花柱3枚，离生或近基部合生，上部2裂或不裂。蒴果具3个分果爿；种子无种阜。

约50种；分布于亚洲热带、亚热带地区。我国产9种，分布于南部各省区。植物园引种栽培7种1变型。

三宝木属分种检视表

1a. 叶常在枝条顶端密集呈假轮生，叶柄短，长不及1cm；总状花序，不分枝。
  2a. 叶片薄革质，长圆状披针形或近匙形，长20～50cm，宽7～11cm，无毛；花黄色 ·················· 172. 剑叶三宝木 *T. xyphophylloides*
  2b. 叶片纸质，倒披针形至长圆状披针形，长10～20cm，宽4～6cm，两面被密被长柔毛；花紫红色 ·················· 168. 异叶三宝木 *T. flavidus*
1b. 叶互生，叶柄长1～11cm；花序多分枝。
  3a. 落叶灌木；子房被瘤状突起和长茸毛 ········ 171. 瘤果三宝木 *T. tuberculatus*
  3b. 常绿灌木；子房平滑，无毛。
    4a. 叶片无毛；雄蕊5；蒴果表面散生皮刺状凸起 ·················· 170. 长梗三宝木 *T. thyrsoideus*
    4b. 叶片柔毛或短柔毛；雄蕊3；蒴果表面平滑。
      5a. 嫩枝、叶柄和花序均被黄褐色茸毛；羽状脉··· 169. 黄花三宝木 *T. fragilis*
      5b. 嫩叶、叶柄和花序被微柔毛或贴伏长硬毛；基出脉3条。
        6a. 叶片长椭圆形至长圆状披针形；花瓣椭圆形 ·················· 166. 勐仑三宝木 *T. bonianus*
        6b. 叶片倒卵状椭圆形或长圆形；花瓣倒卵形或卵圆形 ·················· 167. 三宝木 *T. chinensis*

166
勐仑三宝木

别名： 广西三宝木、丝梗三宝木

Trigonostemon bonianus Gagnep., Bull. Soc. Bot. France. 69: 747. 1923.

自然分布

云南南部。

迁地栽培形态特征

常绿灌木或小乔木。

🌿 老枝无毛，嫩枝有柔毛，树皮褐色。

🍃 互生，叶片纸质，狭长椭圆形至长圆状披针形，长11～18cm，宽2～5cm，顶端尾尖，基部楔形，边缘全缘或疏生细锯齿，两面无毛；基出脉3条，延续到叶片中部以上，侧脉每边5～6条；叶柄长1～3cm，有微柔毛，顶端有细腺体2枚。

🌸 圆锥花序，顶生，长达15cm，有微柔毛，苞片线形，长3～10mm。雄花：开花时直径约6mm，花萼5枚，披针形；花瓣黄色。雌花：花萼披针形，长5～8mm；花瓣椭圆形，长约1.3cm，黄色；子房无毛，花柱3枚，柱头头状。

🍎 蒴果近球形，直径约1.5cm，具3纵沟，果皮薄壳质；果梗棒状，长约1.5cm；种子椭圆状，长约7mm。

引种信息

西双版纳热带植物园 自云南西双版纳绿石林山坡上引种。

物候

西双版纳热带植物园 2月上旬至2月下旬萌芽，3月下旬至4月中旬展叶；3月上旬始花，3月下旬至4月下旬盛花；落叶期10月下旬至12月下旬。

迁地栽培要点

对栽培土壤要求严格，适应我国南亚热带及石灰山地区栽培。播种或扦插繁殖。几无病虫害。

主要用途

圆锥花序，花黄色，色泽鲜艳夺目，是一种有开发潜力的园林观赏花灌木，可用于植物园、公园等林下或路边丛植。

嫩叶

植株

叶背面

小枝

花枝

雌花

叶正面

167
三宝木

别名：中华三宝木

Trigonostemon chinensis Merr., Philipp. Journ. Sci. 21: 498. 1922.

自然分布

广西。越南。

迁地栽培形态特征

常绿灌木。

🌿 嫩枝有黄色柔毛。

🍃 互生，顶端近簇生；叶片纸质，长卵形至椭圆形，长3.5～17cm，宽2～6cm，顶端急尖，具小长尖头，基部楔形，上面深绿色，下面较浅，近无毛；叶柄0.5～2cm，稍被微柔毛，基部具两枚紫黑褐色腺体；基出脉3，侧脉3～5对。

🌸 圆锥花序顶生，花序长6～15cm；有细长分支，微柔毛。雄花：花梗细长，长1～1.5cm，被短柔毛；花萼5枚，长圆形至卵形，被毛；花瓣黄色，5枚，长4～5mm，倒卵形；花盘环状。雌花：花梗细长，1～1.5cm，花萼5枚，披针形，被短柔毛，长3～4mm，被短柔毛；花瓣倒卵形，黄色，长约5mm；花柱3，基部合生，顶端近头状。

🍈 蒴果椭圆形，直径约1.3cm，具3纵沟，无毛；种皮坚硬。

引种信息

西双版纳热带植物园 自云南江城（登录号00,2006，0861）、云南勐腊（登录号00,2009,0932）引种苗。长势良好。

华南植物园 自海南昌江黎族自治县王下乡（登录号20052120）引种苗。长势良好。

物候

西双版纳热带植物园 4月中旬现花蕾，5月上旬始花，5月中旬至6月中旬盛花，6月下旬至7月上旬末花；6月上旬现幼果，11月至翌年1月成熟。

华南植物园 2月中旬萌芽，3月上旬展叶，3月下旬至4月中旬展叶盛期；2月下旬现花序，3月中旬始花，3月下旬至4月下旬盛花，5月上旬至5月下旬末花。4月下旬现幼果，果期5～11月，10月下旬至11月中旬成熟脱落。

迁地栽培要点

喜半阴环境，喜高温多湿气候，对栽培土壤要求不严格，但肥沃土壤生长更好，适应我国南亚热带地区栽培。播种或扦插繁殖。无病虫害。

主要用途

具大型圆锥花序，花黄色，具有较好的观赏性，可用于庭院栽培观赏。三宝木叶含巴西红厚壳素，对金黄色葡萄球菌、烟草青枯菌具有抑制活性。

植株

嫩叶

叶片

果枝

花蕾

嫩枝

雌花（左），雄花（右）

果

雌花

雄花

168
异叶三宝木

Trigonostemon flavidus Gagnep., Bull. Soc. Bot. France. 69: 749. 1922.

自然分布

海南，台湾。老挝、缅甸。生于低海拔至中海拔山谷密林中。

迁地栽培形态特征

常绿灌木，高1～2m。

🌿 小枝密被黄褐色硬毛，老枝粗糙，无毛。

🍃 叶长在枝条顶端密集呈假轮生，叶片纸质，倒披针形至长圆状披针形，长10～20cm，宽4～6cm，顶端渐尖，基部耳状或近心形，边缘全缘或中部以上有不明显锯齿，两面被密被长柔毛；侧脉8～10条，中脉和侧脉在两面均凸起；叶柄长5～10mm，密被黄棕色长硬毛。

🌸 单性，雌雄异序；苞片4～5枚，线状披针形，长1～2cm。雄花：总状花序，腋生，长约3cm，不分枝，花朵稀疏；萼片5枚，被长硬毛，花瓣倒卵状椭圆形，长约5mm，紫红色；雄蕊3枚，花丝合生。雌花：雌花单生叶腋，花梗约3mm；萼片披针形，长约5mm，被长硬毛；花瓣与雄花同；子房密被毛，花柱顶端2裂。

🍎 蒴果近球形，具3纵沟，密被黄褐色长硬毛，长5～6mm，直径6～8mm；种子扁球形，直径4～5mm，具黄色斑纹，平滑。

引种信息

华南植物园　2001年（来源不详，登录号20011168）、海南保亭（登录号051986）引种苗。长势良好。

物候

华南植物园　3月下旬萌芽，4月中旬展叶，4月下旬至5月上旬展叶盛期；4月中旬现花蕾，4月下旬始花，5月上旬至5月中旬盛花，5月下旬至6月上旬末花，9～10月二次开花；5月中旬现幼果，8月下旬成熟，二次开花果实至翌年3月成熟。

迁地栽培要点

喜半阴环境，喜高温多湿气候。宜种植土壤肥沃、排水良好的微酸性土壤；栽培环境过于隐蔽时，茎干细长、枝叶少，春秋季节结合整形进行适当修剪，促进植株分枝。播种或扦插繁殖，种子采收后即可播种，一般15天左右出芽。

主要用途

常绿灌木，花紫红色，簇生于茎干或枝顶，具有较高的观赏性，是一种优良的花灌木，可用于林下或路边丛植。叶具有化痰、止泻、防腐、杀菌等功效，可用于食物中毒的催吐；植株含有黄酮、生物碱等活性成分，具抗肿瘤，抗HIV活性等功效。

植株

嫩叶

雄花

果

雄花序

果枝

雌花侧面

雌花正面

叶片

果

169
黄花三宝木

Trigonostemon fragilis (Gagnep.) Airy Shaw, Kew Bull. 32: 415. 1978.

自然分布
广西南部。生于石灰岩疏林下。

迁地栽培形态特征
灌木，高1.5~2m。

🌿 嫩枝被开展的黄褐色柔毛，成长枝的毛渐脱落。

🍃 互生，叶片纸质，椭圆形至长圆形，长15~23cm，宽6~8.5cm，顶端渐尖，稀长渐尖，基部阔楔形至近圆形，边缘全缘或具疏生细锯齿，两面初被短柔毛，后渐脱落；羽状脉，侧脉每边8~10条；叶柄长1~3cm，被黄褐色柔毛。

🌸 圆锥花序顶生，长达25cm，被黄褐色柔毛；苞片披针形，长3~5mm。雄花：萼片5枚，卵形，长2mm，外面有疏毛；花瓣黄色，干后橙红色，倒卵形，基部楔形，长3~5mm，有爪；雄蕊3枚。雌花：萼片披针形，长5~7mm，外面被柔毛；花瓣倒卵状椭圆形，长约8mm，宽4~5mm，有爪，黄色，干后橙红色；花盘环状；子房无毛，花柱3枚，柱头头状。

🍎 蒴果近球形，直径约1cm，无毛，平滑。

引种信息
桂林植物园 2006年自广西龙州（登录号：无）引种苗。

物候
桂林植物园 1月下旬萌芽，3月上旬开始展叶；花果期几全年。

迁地栽培要点
石山植物，引种栽培发现其对栽培土壤要求不高，以肥沃疏松土壤生长表现更佳，适宜栽培于林下半阴环境。播种或扦插繁殖。未见病虫害。

主要用途
全株可治腰腿痛，可治风湿。花色艳丽，花期长，是一种优良的园林观赏花灌木，可用于植物园、公园或庭院栽培观赏。

植株

宿存花萼

果枝

雄花

果

雌花

170
长梗三宝木

别名: 锥花三宝木、普柔树、普黍树

Trigonostemon thyrsoideus Stapf, Bull. Misc. Inform. Kew. 1909: 264. 1909.

花蕾

盛花

植株

自然分布

云南、广西、贵州。越南。

迁地栽培形态特征

常绿灌木至小乔木,高1.5~2m。

🌿 小枝皮灰色,无毛,嫩枝近3棱。

🍃 互生,叶片纸质,长圆状椭圆形至披针形,长10~33cm,宽4~11cm,顶端渐尖,基部近圆形或阔楔形,边缘皱波状,具明显锯齿,两面无毛;羽状脉,每边8~17条,主脉和侧脉两面凸起;叶柄长1.5~11cm,无毛,顶端有2枚锥状腺体。

🌸 雌雄异花,同序,塔状圆锥花序,顶生,长10~44cm,被褐色柔毛。雄花:花梗长4~5mm,有毛;萼片5枚,长约1.5mm,有毛;花瓣5枚,长圆形,亮黄色,长约4mm,花盘具5枚腺体,雄蕊3~5枚,花丝合生。雌花:花萼5,花瓣5,亮黄色,较雄花大;花柱3枚,顶端2浅裂。

🍂 蒴果卵球形,具3深纵沟,表面散生皮刺状凸起,直径约1.5cm;果梗棒状,长2~3cm;种子椭圆,有灰色斑纹。

引种信息

西双版纳热带植物园 自云南勐腊县（登录号00,1975,0188）引种苗。长势良好。

华南植物园 自云南西双版纳（登录号20112034）引种苗。生长良好。

物候

西双版纳热带植物园 2月下旬萌芽，3月上旬至5月下旬展叶；2月中旬始花，2月下旬至6月上旬盛花；果期7月中旬至9月中旬；11月中旬至翌年1月上旬落叶。

华南植物园 3月上旬萌芽，3月中旬开始展叶，3月下旬至4月中旬展叶盛期；12月中旬现花蕾，2月下旬至3月上旬始花，3月中旬至6月下旬盛花，7月上旬至10月下旬末花；3月下旬现幼果，9月上旬成熟，11月上旬成熟末期。

迁地栽培要点

对栽培土壤和环境要求不严，但在肥沃土壤和中性环境生长更好，秋季修剪和适当施用农家肥，有利于后年枝叶茂盛和花量增多延期花期。播种或扦插繁殖。

主要用途

大型圆锥花序，花密集呈亮黄色，花色艳丽，且花期长，具有较高的观赏性，是一种有开发潜力的园林花灌木。叶含高度氧化的瑞香烷二萜，具有抗HIV活性。

叶片　种子　雄花
花序　雌花和雄花花序　果枝
花蕾　盛花　小枝

171
瘤果三宝木

Trigonostemon tuberculatus F. Du et Ju He, Kew Bull.65: 111. 2010.

自然分布

云南元江。

迁地栽培形态特征

落叶灌木，2~3m。

🌿 茎干直，分枝低，当年生枝条有柔毛

🍃 互生，叶片纸质，卵形或长卵形，长6~16cm，宽4~9cm，顶端尾尖，基部圆形，边缘全缘，上面密被浅黄色泡状突起和淡黄色长茸毛，背面长茸毛更密。基出脉3~5条，侧脉3~4条。叶柄长4~6cm，密集长茸毛，基部有2~5枚短状腺体。托叶钻形。

🌸 单性，雌雄同株，聚伞花序腋生，花序长约5cm，有密集长茸毛，花序分枝基部有长茸毛的线形苞片。雄花：开花直径约0.7cm，花盘环状；有波状浅裂；密集长茸毛；萼片5，长0.3cm，椭圆形，背面有浅黄色泡状突起长茸毛，边缘流苏状；花瓣5，长约0.4cm，长椭圆形，无毛，基部有二叉状腺

469

体1~2或无，雄蕊3，花丝全部合生，花药2室，纵裂。雌花：萼片和花瓣与雄花相同，花盘环状，肉质化；子房上位，高约0.3cm，瘤状突起，有长茸毛，具3室，每株1胚珠，花柱3，基部到中部合生，顶部分离。

🍎 蒴果扁球形，直径约3cm，幼果绿色，表面有1~2mm的瘤状突起，成熟时果皮3片裂。

引种信息
西双版纳热带植物园 自云南元江（登录号00,2003,0609）引种苗。长势一般。

物候
西双版纳热带植物园 3月上旬至4月上旬萌芽，4月上旬至5月上旬展叶盛期；4月上旬至中旬始花期，4月中旬至5月中旬盛花，5月下旬至6月上旬末花；5月上旬现幼果，10月份成熟。11月至翌年2月下旬落叶。

迁地栽培要点
喜高温地湿环境，忌积水，引种栽培于砖红壤土时生长表现较好；适应我国南亚热带及干热河谷地区栽培。播种或扦插繁殖。温度不足及外部环境的不稳定时将影响其扦插成活率，激素处理对植株的成活率也有一定的影响，但影响不大。几无病虫害。

主要用途
干热河谷地带水土保持；植株呈丛生状灌木，分枝多，花淡黄色，具有一定的观赏性，可用于园林栽培观赏。

雌花枝

172
剑叶三宝木

Trigonostemon xyphophylloides (Croiz.) L.K. Dai et T.L. Wu, Acta Phytotax. Sin. 8: 277. 1963.

自然分布

海南。生于密林中。

迁地栽培形态特征

常绿灌木，高1～2m。

🌿 小枝暗褐色，密被突起皮孔，粗糙。

🍃 互生或密集呈假轮生，密集于小枝上部；叶片薄革质，长圆状披针形或近匙形，长20～50cm，宽7～11cm，顶端钝尖或渐尖，基部钝圆，边缘具疏细锯齿，两面无毛；叶脉在两面凸起；叶柄粗壮，长7～12mm；托叶线状披针形。

🌸 单性，雌雄同序，总状花序腋生。雄花：花瓣倒披针形，长约4mm，黄色，花瓣上面有斑纹，无毛；萼片椭圆形，长约1.2mm，被硬毛；雄蕊3，花丝合生；花梗4～8mm。雌花：花瓣与雄花相同，萼片长卵形，长约3mm，外面被硬毛；子房无毛，柱头头状，微凹。

🍒 蒴果三棱状扁球形，种子扁球形，褐色具黄色斑纹。

引种信息

华南植物园 自海南（登录号20081763）引种苗。长势良好。

物候

华南植物园 3月下旬萌芽，4月中旬至4月下旬展叶；2月中旬现花蕾，3月下旬始花，4月上旬至7月中旬盛花，8月至9月下旬末花；4下旬现幼果，10月下旬果实成熟，结实率低。

迁地栽培要点

喜半阴环境，喜高温多湿气候。忌阳光直射，不耐旱、忌积水，夏季干旱时要适时补充水分，宜种植于排水良好的酸性土壤。播种或扦插繁殖，迁地栽培时其结实率很低时，可采用扦插繁殖。

主要用途

常绿灌木，叶片大而密集，黄色花朵簇生于茎干上，具有较好的观赏性，可盆栽观赏或用于公园、庭院林下栽培观赏。茎、叶具有化痰、止泻、防腐、杀菌等功效，用于食物中毒的催吐，主要用做毒蘑菇和贝壳的解毒剂；具有抗毒蛇神经毒素功效，在泰国还被广泛用于治疗毒蛇咬伤，在我国民间被用来治疗平喘病；植株含有黄酮、生物碱等活性成分，具抗肿瘤，抗HIV活性等功效。

植株

盛花

雄花

雄花

嫩叶

果

种子

花蕾

希陶木属

Tsaiodendron Y. H. Tan, H. Zhu et H. Sun, Bot. J. Linn. Soc. 184: 180. 2017.

　　常绿灌木，无乳汁，植株密被星状毛。托叶小，通常早落。茎具有少量分枝的主轴和极端的侧生短枝。单叶互生，常簇生于侧生短枝上；叶片卵形至倒卵形，边缘具细齿状腺齿；羽状脉。花单性，雌雄异株，生于短枝顶端；雄花序无花序梗，一朵或数朵簇生，花依次开放；雌花单生。花辐射对称，无花瓣，有花梗。雄花：花萼2~4（~5），镊合状排列，密被短柔毛；无花盘；雄蕊（~5）6~9枚，花丝离生。雌花：萼片5~6，叶状；花瓣腺体萼片状，与萼片互生；子房3室，被茸毛，每室具1胚珠；花柱基部合生，柱头3，先端多裂。蒴果，具3深纵沟，表面密被茸毛；萼片宿存；种子近球形。

　　1种；单种属，中国特有；分布于云南元江干热河谷地区。植物园引种栽培1种。

173
希陶木

Tsaiodendron dioicum Y. H. Tan, Z. Zhou et B. J. Gu, Bot. J. Linn. Soc. 184: 180. 2017.

自然分布

云南元江。

迁地栽培形态特征

常绿灌木，高0.5～1.5m。

🌿 分枝多，茎皮暗灰褐色，具细条纹；小枝纤细，褐色，具极短的腋生短枝，嫩枝密被星状微柔毛。

🍃 单叶互生，常密集于侧生短枝上；叶片革质，菱状椭圆形、菱状卵形、倒卵形或卵形，长0.5～3.5cm，宽0.3～3.0cm，先端圆形，基部钝、圆形至近心形，边缘具腺状圆齿，上面微被星状柔毛，下面密被星状微柔毛；基生3出脉，侧脉每边3～5条。

🌸 单性，雌雄异株，花序生于叶状短枝顶端，辐射对称，密被星状微柔毛，无花瓣。雄花：萼片2～4（5），卵形，长约2.0mm，宽2.0～2.5mm，瓣状；无花盘；雄蕊（5）6～9枚，花丝离生，长6～7mm，花药淡黄色，背面扁平；花梗长2.0～2.6mm。雌花：花梗长4.0～4.5mm；萼片5～6枚，叶状，具柄，倒卵形至倒卵状披针形，长3～5mm，宽1.5～2.0mm，先端急尖，基部楔形，边缘具腺齿；花盘腺体与萼片相似，较萼片小，长约1mm，与萼片互生；子房3室，长1.8～2.0mm，被茸毛；每室1胚珠；花柱3（4），基部合生，柱头延长，具小乳突，顶端分枝或多裂，长达4.5～5mm。

🍎 蒴果三棱形，长5.0～5.5mm，直径8.5～9.0mm，被茸毛，成熟时开裂成3片双瓣球形；外果皮薄，内果皮壳质，花柱宿存。种子近球形，光滑，表明具黑白相间花纹。

引种信息

西双版纳热带植物园 自云南元江县元江路边（登录号0020110210）引种枝条。长势优。

物候

西双版纳热带植物园 3月中旬萌芽，3月下旬开始展叶，4月上旬展叶盛期；4月上旬现花蕾，4月中旬始花，5月上旬至8月中旬盛花，10月下旬末花；果期6月至12月下旬。

迁地栽培要点

喜高温和阳光充足环境，忌积水，耐干旱和瘠薄土壤。引种栽培于砖红壤土时生长表现较好，植株分枝多，萌发性强，耐修剪。播种或扦插繁殖。几无病虫害。

主要用途

可用于干热河谷地带水土保持。植株呈丛生状灌木，分枝多，枝叶密集，且耐修剪，具有一定的观赏性，可用于园林绿化栽培。

植株

雌花

雄花

果

果枝

油桐属

Vernicia Lour., Fl. Cochinch. 2: 586. 1790.

落叶乔木，嫩枝被短柔毛。单叶互生，边缘全缘或1~4裂；叶柄顶端有2枚腺体。花雌雄同株或异株，由聚伞花序再组成伞房状圆锥花序。雄花：花萼花蕾时卵状或近圆球状，开花时呈佛焰苞状，整齐或不整齐2~3裂；花瓣5枚，基部爪状；腺体5枚；雄蕊8~12枚，2轮，外轮花丝离生，内轮花丝较长且基部合生。雌花：萼片、花瓣与雄花同；花盘不明显或缺；子房密被柔毛，3（~8）室，每室有1颗胚珠，花柱3~4枚，各2裂。果大，核果近球形，顶端有喙尖，不开裂或基部具裂缝，果皮壳质，有种子3（~8）颗；种子无种阜，种皮木质。

3种；分布于亚洲东部地区。我国有2种；分布于秦岭以南各省区。植物园引种栽培2种。

油桐属分种检索表

1a. 叶片边缘全缘，稀1~3浅裂；叶柄顶端腺体扁球形，无柄；果无棱，果皮平滑
·· 174 . 油桐 *V. fordii*
1b. 叶片边缘全缘或2~5浅裂；叶柄顶端腺体杯状，具柄；果具3纵棱，果皮有
····皱网状纵纹·························· 175 . 木油桐 *V. mon...*

174
油桐

别名: 桐油树、桐子树、罂子桐、荏桐

Vernicia fordii (Hemsl.) Airy Shaw, Kew Bull. 20: 394. 1966.

自然分布

华中、华南、西南、华东等。越南。

迁地栽培形态特征

落叶乔木。

🌲 树皮灰色，平滑，无毛；小枝粗壮，具明显皮孔，有白色髓心。

🍃 叶片卵圆形，顶端短尖或渐尖，基部心形，边缘全缘或3浅裂；长10~20cm，宽8~18cm；嫩叶微被柔毛，老叶无毛，上面深绿色，下面灰绿色；掌状脉5~7条；叶柄长10~20cm，无毛，顶端有2枚无柄扁平腺体。

🌸 单性，雌雄同株，圆锥状聚伞花序顶生；先叶或与叶同时开放；花瓣白色，有淡红色脉纹；倒卵形，长2~3cm，宽1~1.5cm。雄花：雄蕊8~12枚，2轮，外轮离生，内轮基部合生。雌花：子房3~5室，花柱与子房室同数，2裂。

🍈 核果近球形，先端短尖，表面光滑；直径4~6cm，种子3~5粒，种皮木质。

引种信息

华南植物园 自广东和平（登录号19770638）引种种子，广东始兴（登录号20031804）、湖南桑植（登录号20070288）、湖南湘西杉木河（登录号20100522）、福建武平（登录号20112099）引种苗。长势一般。

武汉植物园 自河南内乡（登录号058287）引种苗。长势良好。

物候

华南植物园 2月下旬萌芽，3月中旬开始展叶，3月下旬至4月上旬展叶盛期；3月上旬现花蕾，3月中旬始花，3月下旬盛花，4月上旬末花；4月中旬现幼果，9月下旬成熟，10月下旬至11月上旬脱落；11月中旬至12月中旬落叶，有时至翌年1月。

武汉植物园 3月上旬萌芽，3月中旬展叶，3月下旬至4月上旬展叶盛期；4月中旬现花蕾，4月下旬至5月上旬始花，5月上旬盛花，5月中旬末花；5月中旬现幼果，9月下旬果实成熟，10月下旬脱落；11月中旬至12月上旬落叶。

南京中山植物园 3月下旬萌芽，3月下旬开始展叶，4月中旬至4月下旬展叶盛期；4月中旬现花蕾，4月中旬始花，4月下旬盛花，4月下旬末花；5月上旬现幼果，9月中旬至9月下旬果实成熟，10月中旬至11月上旬脱落；11月中旬至11月下旬落叶。

迁地栽培要点

喜光，喜温暖，不耐严寒；以土层深厚肥沃、排水良好、中性或微酸性的土壤为佳。正常生长发

育要求年均温16～18 ℃，无霜期240～270天，长时间低于-10℃的低温可引起冻害。主要病虫害有烟煤病、尺蠖、六斑始叶螨等。烟煤病可用石硫合剂喷杀；蚜虫和介壳虫可用40%乐果乳剂1000～2000倍液，或50%敌敌畏乳油500～1000倍液喷杀。

主要用途

油桐树皮可制胶，果壳可制活性炭。桐油是油漆和涂料的原料。叶有消肿解毒之功效，能治疗冻疮、疥癣、烫伤、痢疾、肠炎等疾病；根可以消积驱虫，祛风利湿，用于治疗蛔虫病、食积腹胀、风湿筋骨痛、湿气水肿。种子味甘、辛，性寒，有毒，能消肿毒、吐风痰、利二便，可用以治疗扭伤肿痛、冻疮皲裂、水火烫伤及风痰喉痹、二便不通等疾症。

植株　嫩叶　幼果　盛花　果　雌花　雄花　叶基部腺体

175
木油桐

别名： 千年桐、皱果桐

Vernicia montana Lour., Fl. Cochinch. 2: 586. 1790.

盛花

自然分布

浙江、江西、福建、湖北、湖南、广东、广西、贵州、云南、海南、台湾等。越南、泰国、缅甸等。

迁地栽培形态特征

落叶乔木。

🌿 小枝具散生突起皮孔，无毛，有明显叶痕，具白色髓心；小枝受伤时有透明汁液流出。

🍃 互生，叶片纸质，阔卵形，叶背苍白色；嫩叶片两面被短毛，老叶片近下面边缘基部沿叶脉被短柔毛；长8～20cm，宽6～18cm，顶端渐尖，基部心形至平截，全缘或2～5裂，裂缺处具1枚杯状腺体；叶柄长8～27cm，顶端有2枚具柄杯状腺体。

🌸 单性，雌雄异株，圆锥状聚伞花序顶生；花瓣白色或基部紫红色且带有紫红色脉纹，花瓣5枚，倒卵形，长2～3cm。雄花：雄蕊8～10枚，排列成2轮，外轮离生，内轮花丝基部合生，花丝被毛。雌花：子房密被棕褐色柔毛，3室；花柱3枚，2深裂。

果 核果卵球形，直径3～5cm，具3条纵棱，果皮表面有粗网状皱纹；种子3粒，扁球形，表面有突起疣状斑点。

引种信息

西双版纳热带植物园 自广西南宁（登录号0019770223）、云南勐海（登录号0019810205）、越南（登录号1320010230）引种种子，广西田阳（登录号0020023485）、云南勐腊（登录号0020081054）引种苗，越南（登录号1320010020）引种枝条。长势良好。

华南植物园 自广东鼎湖山（登录号19630385）引种子，广西（登录号20051648）引种苗。长势优。

武汉植物园 自广西龙胜（登录号049301）、江西铜鼓（登录号042408）引种苗。长势良好。

物候

西双版纳热带植物园 2月中旬萌芽，2月下旬至5月上旬展叶；3月上旬现蕾，3月中旬始花，3月中旬盛花，4月中旬开花末期；4月中旬幼果现，8月下旬果实成熟，9月中旬果实成熟末期。

华南植物园 2月下旬至3月上旬萌芽，3月上旬开始展叶，3月中旬至4月上旬展叶盛期；3月中旬现花序，3月下旬至4月上旬始花，4月上旬至4月中旬盛花，4月下旬末花；4月下旬现幼果，10月上旬果实成熟，10月下旬至11月上旬果实脱落；12月至翌年1月下旬落叶期。园区栽培环境不同，花期相差约7天，雌花较雄花开放早。

桂林植物园 2月下旬萌芽，3月下旬开始展叶；4月上旬现花蕾，4月中旬始花，4月下旬盛花，5月上旬末花；5月上旬现幼果，10月果实成熟，10月下旬果实脱落；12月至翌年2月落叶。

武汉植物园 3月上旬萌芽，3月中旬展叶，3月下旬至4月上旬展叶盛期；4月中旬现花蕾，4月下旬至5月上旬始花，5月上旬至5月中旬，5月中旬至5月下旬末花；5月下旬现幼果，10月上旬果实成熟，11月上旬果实脱落；11月中旬至12月上旬落叶。

迁地栽培要点

阳性树种，喜光，幼苗耐阴；在20～30℃条件下生长最佳，生长速度快。耐热、不耐寒、耐旱、耐瘠、不须修剪、萌芽强、成树难移植。主要采用播种繁殖，种子采收后将种子硬壳打破马上播种，40～80天发芽，喜欢排水好的土质。冬季落叶后可修枝，修枝时保留主干，将侧枝修除，可帮助主干长高。适宜在亚热带温暖地区栽植，喜温暖湿润气候，对霜冻有一定抗性。几无病虫害。

主要用途

树形高大美观，大型圆锥状聚伞花序，花朵雪白，美丽壮观，盛花期集中，具有较好的观赏性，可作行道树、庭园、校园、公园等绿化树种。种子含油率为45%～50%，供工业用。根可消积驱虫，用于蛔虫病，食积腹胀，湿气水肿；叶可解毒，杀虫；花可清热解毒，生肌，外用治烧伤烫。

叶基部腺体

雄花解剖图

植株

小枝　　　雄花背面　　　雄花正面

叶片　　　果

481

维安比木属

Whyanbeelia Airy Shaw et B. Hyland, Kew Bull. 31: 375. 1976.

　　常绿乔木，高7～10m。枝皮灰褐色，具明显皮孔，嫩枝被短柔毛，后渐脱落。叶对生，叶片近革质，长卵形至卵状披针形，长10～18cm，宽3.5～7.5cm，先端尾尖，基部近圆或宽楔形，边缘全缘，两面无毛；中脉在两面凸起，侧脉每边20～25条；叶柄长5～7mm，无毛。花单性，雌雄同株，二歧聚伞花序腋生，花序长3～6cm，花序轴微被柔毛，雌花生于二歧花序分叉中间。雄花：花蕾黄白色，无花瓣，花萼裂片5，卵形，长约1mm；雄蕊50～70枚，被白色柔毛；花梗长3～5mm，被短柔毛。雌花：花瓣无，花萼裂片5，淡黄色，线状披针形，长约3mm，宽约1.5mm；子房卵圆形，3室，被短柔毛；花柱3，反卷，柱头微凹；花梗，被短柔毛，长1～1.5cm。蒴果近圆球形，直径1.5～2cm，表面密被灰黄色短柔毛，有6条不明显纵棱，具宿存花柱和花萼，成熟时6瓣裂，表面具粗网状皱纹；果梗褐色，长1.5～3cm，棒状，近果端粗壮。

　　1种，分布于澳大利亚昆士兰。植物园引种栽培1种。

176
维安比木

Whyanbeelia terrae-reginae Airy Shaw et B. Hyland, Kew Bull. 31: 376. 1976.

自然分布

澳大利亚昆士兰。

迁地栽培形态特征

常绿乔木，高7～10m。

🌿 小枝下垂，枝皮灰褐色，具明显皮孔，嫩枝被短柔毛，后渐脱落。

🍃 对生，叶片近革质，长卵形至卵状披针形，长10～18cm，宽3.5～7.5cm，先端尾尖，基部近圆或宽楔形，边缘全缘，两面无毛；中脉在两面凸起，侧脉每边20～25条；叶柄长5～7mm，无毛。

🌸 单性，雌雄同株，二歧聚伞花序腋生，花序长3～6cm，花序轴微被柔毛，雌花生于二歧花序分叉中间。雄花：花蕾黄白色，花瓣无，花萼裂片5，卵形，长约1mm；雄蕊50～70枚，被白色柔毛；花梗长3～5mm，非棒槌状，被短柔毛。雌花：花萼裂片5，淡黄色，线状披针形，长约3mm，宽约1.5mm；子房卵圆形，3室，被短柔毛；花柱3，反卷，柱头微凹；花梗棒槌状，被短柔毛，长1～1.5cm。

🍐 蒴果近圆球形，直径1.5～2cm，表面密被灰黄色短柔毛和粗网状皱纹，具6条不明显纵棱，具宿存花柱和花萼，果熟时6片裂；果梗褐色，长1.5～3cm，棒槌状，近果端粗壮。

引种信息

华南植物园 自澳大利亚（登录号20070312）引种苗。长势优。

物候

华南植物园 3月上旬萌芽，3月下旬展叶，4月中旬至5月上旬展叶盛期；12月上旬现花蕾，12月下旬至翌年1月上旬始花，1月下旬至2月上旬盛花，2月中旬至2月下旬末花；2月下旬现幼果，6月下旬至7月中旬成熟。2018年首次开花。

迁地栽培要点

阳生植物，喜阳光充足环境，也具有一定的耐阴性，但阴生环境长势差；土壤肥沃时生长速度较快，栽培时宜选择土层深厚肥沃土壤，每年施肥2～3次，春季适当修剪徒长枝条，保持树形美观。播种或扦插繁殖。未见病虫害。

主要用途

树形高大美观，小枝披散下垂而略显飘逸，是一种较好的园林观赏植物，可作行道树或庭院绿化。

植株

花蕾

叶片

花序

雄花

果

小枝

果侧面

果侧面

参考文献
References

毕云清, 2011. 落萼叶下珠育苗技术[J]. 安徽林业科技, 37 (3) : 76, 78.

蔡志全, 杨清, 唐寿贤, 等, 2011. 木本油料作物星油藤种子营养价值的评价[J]. 营养学报, 33 (2) : 193-195.

蔡志全, 2011. 特种木本油料作物星油藤的研究进展[J]. 中国油脂, 36 (10) : 1-6.

岑长春, 刘景龙, 张卫丽, 等, 2009. 三宝木属植物化学成分和药理活性研究进展[J]. 海南师范大学学报 (自然科学版), 22 (4) : 436-440.

常莉, 薛建平, 王兴, 2009. 不同处理对叶下珠种子萌发的影响[J]. 中国中药杂志, 34 (7) : 918-918.

崔永忠, 陈玉德, 郑德蓉, 1997. 余甘子繁殖试验初报[J]. 林业科学研究, 10 (l) : 93-95.

邓安珺, 秦海林, 2008. 土蜜树果实化学成分的研究[J]. 中国中药杂志, 33 (2) : 158-160.

耿婷, 丁安伟, 张丽, 2008. 大戟属植物的研究进展[J]. 中华中医药学刊, 26 (11) : 2433-2436.

郭伦发, 何金祥, 王新桂, 等, 2009. 大戟科主要油料植物的开发利用研究进展[J]. 中国油脂, 34 (10) : 57-61.

韩丙军, 陈丽霞, 周聪, 等, 2010. 海南守宫木产业发展现状与对策[J]. 中国蔬菜, (1) : 11-12.

韩晓玲, 秋小冬, 王冰雪, 等, 2006. 叶下珠茎节组织培养与快速繁殖[J]. 植物生理学通讯, 42 (4) : 679.

黄承伟, 钟诚, 2000. 肥牛树的特征特性与栽培利用[J]. 广西农业科学, 4: 192.

黄雯, 林亮通, 许传俊, 等, 2017. 叶下珠组培快繁体系研究[J]. 亚热带植物学报, 46 (3) : 236-239.

解锦华, 何蓉, 2012. 麻疯树栽培技术研究进展[J]. 四川林业科技, 33 (6) : 71-75.

金梦阳, 段先琴, 赵永国, 等, 2010. 不同施肥处理对续随子产量的影响[J]. 湖北农业科学, 49 (4) : 835-835, 848.

李维, 何云核, 2011. 青灰叶下珠扦插繁殖试验[J]. 江苏农业科学, 39 (3) : 230-232.

李秉滔, 1994. 中国植物志: 第四十四卷第一分册[M]. 北京: 科学出版社.

李翠红, 羊晓东, 赵静峰, 等, 2006. 喙果黑面神化学成分研究[J]. 药学学报, 41 (2) : 125-127.

李军, 俞奔驰, 盘欢, 等, 2011. 野生木薯组织培养快繁技术研究[J]. 安徽农业科学, 39 (34) : 20963, 20967.

李思茹, 韩冰, 李文欣, 等, 2018. 常见大戟科药用植物的药效物质基础[J]. 环球中医药, 11 (6) : 967-972.

李同琴, 郭秋红, 田质芬, 2003. 大戟科植物药用历史沿革及价值的探讨[J]. 中医药学刊, 21 (8) : 1349-1350.

李维, 2011. 青灰叶下珠扦插繁殖技术及耐荫性研究[M]. 浙江杭州农林大学.

李远发, 王凌晖, 唐春红, 等, 2011. 不同种源麻风树幼苗对低温胁迫的生理响应[J]. 西北林学院学报, 26 (5) : 35-40.

梁柳, 王和飞, 刘进平, 等, 2011. 山苦茶扦插繁殖技术[J]. 热带作物学报, 32 (2) : 217-220.

梁侨丽, 高羽, 戴传超, 等, 2009. 大戟科 (Casbane) 烷型二萜化合物的研究进展[J]. 天然产物研究与开发, (21) : 545-547.

廖春文, 韦持章, 曾志云, 等, 2018. 星油藤扦插繁育技术研究[J]. 安徽农业科学, 46 (24) : 65-68.

林锦森, 2011. 山乌桕的特征特性及育苗造林技术[J]. 现代农业科技, 8: 193, 195.

刘国民, 李娟玲, 王小精, 2007. 海南鹧鸪茶的民族植物学研究[J]. 海南师范大学学报 (自然科学版), 20 (2) : 167-172.

刘兴凤, 刘伟, 张宏宇, 等, 2010. 蓖麻高产栽培技术[J]. 现代农业科技, 14: 66, 69.

罗丹丹, 顾婷, 李西文, 等, 2017. 傣医学药用大戟科植物药材品种与标准的现状分析[J]. 中药新药与临床药理,

28 (5)：692-698.

吕亚媚, 杜凡, 李娟, 等, 2018. 大戟科一新种——元江海漆[J]. 西南林业大学学报, 38 (2)：199-201.

马金双, 1997. 中国植物志：第四十四卷第三分册[M]. 北京：科学出版社.

孟醒, 桂富荣, 陈斌, 2018. 云南扶桑绵粉蚧的发生及防治[J]. 生物安全学报, 27 (4)：236-239.

丘华兴, 1996. 中国植物志：第四十四卷第二分册[M]. 北京：科学出版社.

舟美惠, 陈昊, 谷战英, 等, 2016. 一品红植株生长指标与观赏性状的相关性[J]. 经济林研究, 34 (4)：123-128.

舒伟, 2006. 守宫木的组织培养与快速繁殖[J]. 思茅师范高等专科学校学报, 22 (6)：9-11.

宋小平, 毕和平, 韩长日, 2007. 喜光花叶挥发油的化学成分研究[J]. 天然产物研究与开发, 19：254-255.

唐贝, 陈光英, 宋小平, 2011. 喜光花叶的化学成分研究I[J]. 中草药, 42 (4)：645-648.

唐维宏, 2013. 壮药白楸化学成分初步研究[J]. 药物研究, 15：21-22.

田瑛, 刘细桥, 孙立敏, 等, 2009. 大戟科黄酮类化合物的研究进展[J]. 国际药学研究杂志, 36 (4)：272-276, 286.

王宝丽, 邹迪新, 程钱, 等, 2016. 京大戟化学成分及药理作用研究概述[J]. 环球中医药, 9 (7)：896-900.

王朝文, 郭承刚, 李建富, 等, 2007. 不同试剂对小桐子扦插生根的影响[J]. 现代农业科技, (5)：5-6.

王惠君, 王文泉, 李文彬, 等, 2016. 木薯的抗寒性及北移栽培技术研究进展综述[J]. 热带作物学报, 37 (7)：1437-1443.

王清隆, 邓云飞, 黄明忠, 等, 2012. 中国大戟科一新记录属——小果木属[J]. 热带亚热带植物学报, 20 (5)：517-519.

王清隆, 邓云飞, 王祝年, 等, 2012. 中国大戟科一新归化种——硬毛巴豆[J]. 热带亚热带学报, 20 (1)：58-62.

王升平, 王胜华, 陈放, 2008. 不同处理对余甘子种子萌发的影响[J]. 种子, 26 (6)：47-49.

王涛, 2005. 中国生物柴油木本能源植物的调查与研究[J]. 浙江林业, 11：16-18.

王晓敏, 张燕, 龚德勇, 2013. 贵州续随子主要病害病原菌的分离鉴定[J]. 江苏农业科学, 41 (9)：121-122.

吴雪芬, 韩鹰, 田松青, 2007. 重阳木斑蛾生物学特性观察及综合防治技术[J]. 安徽农业科学, 35 (35)：11396-11398.

徐才生, 王勇德, 2019. 不同处理对山乌桕种子发芽的影响[J]. 林业科技通讯, 6：77-78.

徐静, 谢永慧, 谢容章, 等, 2007. 大戟科植物药理活性研究进展[J]. 中国热带医学, 7 (1)：106-107.

徐增莱, 余伯阳, 徐璐珊, 2004. 大戟科植物分类的数值分析[J]. 热带亚热带植物学报, 12 (5)：399-404.

许良政, 廖富林, 赖万年, 2006. 野生蔬菜守宫木及其栽培技术[J]. 北方园艺, (3)：76-78.

杨海建, 朱平, 崔杰, 2011. 海南野生大戟科药用植物引种栽培研究[J]. 传统医药, 20 (2)：74-75.

杨金, 羊晓东, 杨姝, 等, 2006. 厚叶算盘子的化学成分研究[J]. 云南大学学报 (自然科学版), 28 (5)：432-434.

姚方, 吴国新, 朱瑞琪, 等, 2011. 重阳木栽植技术及管理措施[J]. 黑龙江农业科学, (1)：145-146.

姚纲, 张奠湘, 2010. 中国算盘子属植物 (大戟科) 2新记录种[J]. 热带亚热带植物学报, 18 (4)：394-396.

于旭东, 李奕佳, 宋希强, 等, 2017. 海南星油藤的种子生物学特性分析[J]. 热带生物学报, 8 (2)：174-177.

占志勇, 汪阳东, 陈益存, 等, 2010. 油桐良种选育及其无性繁殖技术研究进展[J]. 林业科技开发, 24 (6)：9-16.

张玮, 易拓, 唐维, 等, 2019. 木薯耐寒性种质资源及其鉴定指标的筛选与综合评价[J]. 热带作物学报, 40 (1)：1-10.

张芹, 李广利, 于迎辉, 2017. 我国木薯深加工现状及发展分析[J]. 粮食与饲料工业, 1：31-34.

张姗姗, 陈益存, 汪阳东, 2009. 油桐的组织培养与快速繁殖[J]. 植物生理学通讯, 45 (10)：1008.

张思宇, 赵越, 吕翠竹, 等, 2018. 中国一新记录归化植物——密毛巴豆[J]. 亚热带农业研究, 14 (1)：58-60.

张艳, 范俊安, 夏永鹏, 等, 2006. 叶下珠规范化种植实验研究[J]. 重庆中草药研究, 1：1-5.

赵万义, 刘海军, 胡平, 等, 2015. 灰岩粗毛藤 (大戟科) ——广东省一新记录种[J]. 亚热带植物学报, 44 (3)：247-249.

赵永华, 丁赢, 杨春清, 等, 2000. 我国叶下珠属药用植物资源的开发利用[J]. 生物学通报, 35 (12)：39-40.

周庆椿, 龙仕平, 王莹莹, 2010. 重庆市重阳木斑蛾成灾原因及药剂防治研究[J]. 安徽农业科学, 38 (18)：9568-9569, 9572.

周正邦, 2001. 蝴蝶果的特性及栽培利用探讨[J]. 种子, 1：36, 52.

宗倩倩, 唐于平, 沈祥春, 等, 2008. 大戟科中药材的毒性作用研究进展[J]. 南京中医药大学学报, 24 (4)：283-285.

ABDEL A F, MOHAMED S, AHAMED F, et al. , 2019. Taxonomic Evaluation of Euphorbiaceae sensu lato with Special Reference to Phyllanthaceae as a New Family to the Flora of Egypt[J]. Biological Forum, 11(1): 47-64.

ACHARYA, HEMLATHA, RADHAKRISHNAIAH, 1997. Some observations on the chemotaxonomy of Euphorbia[J]. Acta Botanica Indica, 25: 219-222.

AIRY SHAW A K, 1966. Notes on the genus Bischofia Bl. (*Bischofiaceae*)[J]. Kew Bulletin, 21: 327-329.

AIRY SHAW A K, 1972. The Euphorbiaceae of Siam[J]. Kew Bulletin, 26: 191-363.

APG II, 2003. An update of the Angiosperm Phylogeny Group classification for the orders and families of flowering plants: APG II[J]. Botanical Journal of the Linnean Society, 141: 399-436.

APG III, 2009. An update of the Angiosperm Phylogeny Group classification for the orders and families of flowering plants: APG III[J]. Botanical Journal of the Linnean Society, 161: 105-121.

APG IV, 2016. An update of the Angiosperm PhylogenyGroup classification for the orders and families of flowering plants: APG IV[J]. Botanical Journal of the Linnean Society, 181: 1-20.

BALLION H, 1858. Etude generale du groupe Euphorbiacees[M]. Paris: Victor Masson.

BARKER C, VAN WELZEN P C, 2010. Flueggea (Euphorbiaceae s. l. or Phyllanthaceae) in Malesia[J]. Systematic Botany, 35: 541-551.

Bentham G, 1878. Notes on Euphorbiaceae[J]. Journal of Linnean Society of London, Bot, 17: 185-267.

Bentham G, 1880. Euphorbiaceae-In: G. Bentham & J. D. Hooker, J (eds.)[J]. Genera Plantarum, 3: 239-340.

CHUAKUL W, SARALUMP P, PRATHANTURARUG S, 1997. Medicinal Plants in Thailand Vol. II[M]. Bang Eok: Amarin Printing and PublishingPublic Co. , Ltd. , Bangkok.

DU F, HE J, YANG S Y , CHENG X, et al. , 2010. Trigonostemon tuberculatus (Euphorbiaceae), a peculiar new species from Yunnan Province, China[J]. Kew Bulletin, 65: 111-113.

EL-KAREMY Z, 1994. On the taxonomy of the genus Euphorbia (Euphorbiaceae) in Egypt[J]. Feddes Repertorium, 105: 271-281.

FAYED A A, HASSAN N M, 2007. Systematic significance of the seed morphology and seed coat sculpture of the genus Euphorbia L. (Euphorbiaceae) in Egypt[J]. Flora Mediterrinea, 17: 47-64.

HALLÉ F, 1971. Architecture and growth of tropical trees exemplified by the Euphorbiaceae[J]. Biotropica, 3: 56-62.

HAYDEN W, JOHN, 1994. Systematic Anatomy of Euphorbiaceae Subfamily Oldfieldioideae I[J]. Overview. Annals of the Missouri Botanical Garden, 81(2): 180-202.

HOFFMANN P, Kathriarachchi H, Wurdack K J, 2006. A phylogenetic classification of Phyllanthaceae (Malpighiales; Euphorbiaceae sensu lato)[J]. Kew Bulletin, 61(1): 37-53.

HUTCHINSON J, 1969. Tribalism in the family Euphorbiaceae[J]. American Journal of Botany, 56: 738-758.

JABLONSKI E, 1963. Revision of Trigonostemon (Euphorbiaceae) of Malaya, Sumatra and Borneo[J]. Brittonia, 15: 151-168.

JABLONSKI E, 1967. Memories of the New York Botanical Garden: Euphorbiaceae-In- Maguire, B. et al. (Eds.) Botany of the Guayana Highland-part VII[M]. New York: The New York Botanical Garden Press, 17: 80-190.

JUSSIEU A D, 1824. Euphorbiaceae Generibus Medicisque earumdem viribus tentamen, tabulis aeneis 18 illustratum[M]. Paris: Typis Didot Jurioris, 42-45.

LI B T, QIU H X, MA J S, et al. , 2008. Euphorbiaceae-In: Wu ZY, Raven PH eds. Flora of China. Vol. II[M]. Beijing: Science Press: 163-314.

MUELLER J, 1866. Euphorbiaceae-In: A. de Candolle[J], Prodromus sytematis naturalis regni vegetabilis, 15, 189-1261.

MUELLER J, 1873. Euphorbiaceae-In: Martius, C. F. P. & Eichler, A. G. [J]. Flora brasiliensis, 11: 1-292, 1-42.

PAUL E B, ANDREW L H, Kenneth J W, et al. , 2005. Molecular Phylogenetics of the Giant Genuscroton and Tribe Crotoneae (Euphorbiaceae Sensu Stricto) Using ITS and TRNL-TRNF DNAsequence Data[J]. American Journal of Botany, 92(9): 1520–1534.

PAX F, HOFFMANN K, 1922. Euphorbiaceae- Phyllanthoideae-Phyllantheae. In: Engler, A. [J]. Das Pflanzenreich. Wilhelm Engelmann, Leipzig, (147): 215-226.

PAX F, 1884. Die Anatomie der Euphorbiaceen in ihrer Beziehung zum System derselben[J]. Botanische Jahrbücher, 5: 384-421.

PAX F, 1890. Euphorbiaceae-In: Engler A, Prantl K[J]. Die natürlichenPflanzenfamilien, 3(5): 1-119. Engelmann, Leipzig.

PAX F, Hoffmann K. , 1919. Euphorbiaceae-Additamentum VI. In: Engler A[J]. Das Pflanzenreich IV, 147: XIV.

PAX F, Hoffmann K. , 1931. Euphorbiaceae-In: Engler A, Harms H[J]. Dienatürlichen Pflanzenfamilien ed. 2, 19c: 11-233.

QIN X S, YE Y S, XING F W, et al. 2006. Acalypha chuniana(Euphorbiaceae), A New Species from Hainan Province, China[J]. Ann. Bot. Fennici, 43: 148-151.

RADCLIFFE-SMITH A, 1980. Family Euphorbiaceae-In: Townsend, C. & Guest, E. (eds.) Flora of Iraq. [M]. Baghdad: Ministry of Agriculture and Agrarian Reform, 309-362.

RADCLIFFE-SMITH A, 1985. Notes on African Euphorbiaceae: XVI[J]. Kew Bulletin, 40: 657-658.

RADCLIFFE-SMITH A, 2001. Genera Euphorbiacearum[J]. Royal Botanic Gardens, Kew.

RALIMANANA H, HOFFMANN P, 2011. Taxonomic revision of Phyllanthus (Phyllanthaceae) in Madagascar and the Comoro Islands I: synopsis and subgenera Isocladus, Betsileani, Kirganelia and Tenellanthus[J]. Kew Bulletin, 66: 331-365.

DE S SECCO R , INÊS C, DE SENNA-VALE L, et al. , 2012. An overview of recent taxonomic studies on Euphorbiaceae s. l. in Brazil[J]. Rodriguésia, 63(1): 227-242.

SHUICHIRO T, TETSUKAZU Y, VAN-SON DANG, et al. , 2017. Trigonostemon honbaensis (Euphorbiaceae), A New Species from Mt. Hon Ba, Southern Vietnam[J]. Acta Phytotax. Geobot. , 68(1): 39-44.

TEMPEAM A, THASANA N, DAWORNKRICHARUT A, et al. , 2002. In Vitro Cytotoxicity of Some Thai Medicinal Plants and Daphnane Diterpenoid from Trigonostemon redioides[J]. Mahidol U. J. Pharm. Sci. , 29(3-4): 25-31.

THAKUR H A, PATIL D A, 2011. Taxonomic and Phylogenetic Assessment of the Euphorbiaceae: A Review[J]. Journal of Experimental Sciences, 2(3): 37-46.

WEBSTER G L, 1956. A monographic study of the West Indian species of Phyllanthus[J]. Journal of the Arnold Arboretum, 37: 217-268.

WEBSTER G L, 1956. Studies of the Euphorbiaceae, Phyllanthoideae II. The American species of Phyllanthus described by Linnaeus[J]. Journal of the Arnold Arboretum, 37: 1-14.

WEBSTER G L, 1975. Conspectus of a new classification of the Euphorbiaceae[J]. Taxon 24: 593-601.

WEBSTER G L, 1987. The saga of the spurges: A review of classification and relationships of the Euphorbiales[J]. Botanical Journal of the Linnean Society, 94: 3–46.

WEBSTER G L, 1994a. Classification of the Euphorbiaceae[J]. Annals of the Missouri Botanical Garden, 81: 3-32.

WEBSTER G L, 1994b. Synopsis of the genera and suprageneric taxa of Euphorbiaceae[J]. Annals of the Missouri Botanical Garden, 81: 33-144.

WEBSTER G L, 2014. Euphorbiaceae-In: Kubitzki K (ed), The families and genera of vascular plants[M]. Heidelberg, New York, Dordrecht, London: Springer.

WURDACK K J, HOFFMANN P, CHASE-M W, 2005. Molecular phylogenetic analysis of uniovulate Euphorbiaceae (*Euphorbiaceae* sensu stricto) using plastid rbcL and trnL-F DNA sequences[J]. American Journal of Botany, 92: 1397-1420.

WURDACK K J, HOFFMANN P, SAMUEL R, et al. , 2004. Molecular phylogenetic analysis of Phyllanthaceae (*Phyllanthoideae* pro parte, *Euphorbiaceae* s. l.) using plastid rbcl dna sequences[J]. AmericanJournal of Botany 91: 1882-1900.

YE H G, WANG F G, Xia N H, 2006. Croton Yangchunensis (*Euphorbiaceae*), A New Species from Guangdong, China[J]. Ann. Bot. Fennici, 43: 49-52.

YU R Y, VAN WELZEN P C, 2018. A taxonomic revision of Trigonostemon (*Euphorbiaceae*) in Malesia[J]. Blumea, 62: 179-229.

附录 1　本卷收录各植物园迁地保育的大戟科植物名录

序号	种中名	拉丁名	版纳园	华南园	桂林园	庐山园	武汉园	南京园	易危(VU)	濒危(EN)	近危(NT)
1	陈氏铁苋菜	*Acalypha chuniana* H. G. Ye, Y. S. Ye, X. S. Qin et F. W. Xing		√					√		
2	红穗铁苋菜	*Acalypha hispida* Burm. f.	√	√	√						
3	猫尾红	*Acalypha pendula* C. Wright ex Griseb.		√							
4	菱叶铁苋菜	*Acalypha siamensis* Oliver ex Gage	√								
5	大萼喜光花	*Actephila collinsiae* W. Hunt. ex Craib									
6	喜光花	*Actephila merrilliana* Chun	√	√							
7	山麻杆	*Alchornea davidii* Franch.						√			
8	湖南山麻杆	*Alchornea hunanensis* H. S. Kiu					√				
9	羽脉山麻杆	*Alchornea rugosa* (Lour.) Müll. Arg.		√							
10	海南山麻杆	*Alchornea rugosa* var. *pubescens* (Pax et K. Hoffm.) H. S. Kiu		√							
11	椴叶山麻杆	*Alchornea tiliifolia* (Benth.) Müll. Arg.		√							
12	红背三麻杆	*Alchornea trewioides* (Benth.) Müll. Arg.			√		√				
13	石栗	*Aleurites moluccana* (L.) Willd.	√	√							
14	西南五月茶	*Antidesma acidum* Retz	√	√							
15	五月茶	*Antidesma bunius* (L.) Spreng.									
16	滇越五月茶	*Antidesma chonmon* Gagnep.	√								
17	黄毛五月茶	*Antidesma fordii* Hemsl.	√								
18	方叶五月茶	*Antidesma ghaesembilla* Gaertn.									
19	海南五月茶	*Antidesma hainanense* Merr.		√							
20	日本五月茶	*Antidesma japonicum* Sieb. et Zucc.	√	√		√					
21	山地五月茶	*Antidesma montanum* Bl.		√							
22	枯里珍五月茶	*Antidesma pentandrum* (Blanco) Merr. var. *barbatum* (C. Presl) Merr.		√							
23	小叶五月茶	*Antidesma montanum* Bl. var. *microphyllum* (Hemsl.) Peter Hoffm.	√								
24	银柴	*Aporosa dioica* (Roxb.) Müll. Arg.	√								
25	云南银柴	*Aporosa yunnanensis* (Pax et K. Hoffm.) Metc.	√								
26	木奶果	*Baccaurea ramiflora* Lour.	√	√							
27	浆果乌桕	*Balakata baccata* (Roxb.) Esser	√								
28	秋枫	*Bischofia javanica* Bl. Bijdr.	√	√							
29	重阳木	*Bischofia polycarpa* (H. Lév.) Airy Shaw		√	√			√			
30	留萼木	*Blachia pentzii* (Müll. Arg.) Benth.	√	√							
31	海南留萼木	*Blachia siamensis* Gagnep.		√						√	
32	二列黑面神	*Breynia disticha* J. R. Forst. ex G. Forst.		√							
33	黑面神	*Breynia fruticosa* (L.) Hook. f.	√	√			√				
34	钝叶黑面神	*Breynia retusa* (Dennst.) Alston		√							
35	喙果黑面神	*Breynia rostrata* Merr.		√							
36	禾串树	*Bridelia balansae* Tutch.	√	√							
37	大叶土蜜树	*Bridelia retusa* (L.) A. Juss.			√						
38	土蜜树	*Bridelia tomentosa* Bl.	√	√							
39	肥牛树	*Cephalomappa sinensis* (Chun ex F. C. How) Kosterman.	√	√							
40	白桐树	*Claoxylon indicum* (Reinw. ex Bl.) Hassk.		√			√				
41	蝴蝶果	*Cleidiocarpon cavaleriei* (H. Lév.) Airy Shaw	√	√	√		√				
42	棒柄花	*Cleidion brevipetiolatum* Pax ex K. Hoffm.	√	√							
43	垂枝闭花木	*Cleistanthus apodus* Benth.		√							
44	东方闭花木	*Cleistanthus concinnus* Croiz.		√						√	

序号	种中名	拉丁名	版纳园	华南园	桂林园	庐山园	武汉园	南京园	易危（VU）	濒危（EN）	近危（NT）
45	闭花木	*Cleistanthus sumatranus* (Miq.) Müll. Arg.	√	√	√						
46	馒头果	*Cleistanthus tonkinensis* Jabl.		√							
47	假肥牛树	*Clenstanthus petelotii* Merr. ex Croiz.			√						
48	变叶木	*Codiaeum variegatum* (L.) Rumph. ex A. Juss.	√	√	√		√				
49	银叶巴豆	*Croton cascarilloides* Raeusch.	√	√							
50	鸡骨香	*Croton crassifolius* Geisel.		√							
51	大麻叶巴豆	*Croton damayeshu* Y. T. Chang	√								
52	石山巴豆	*Croton euryphyllus* W. W. Smith	√	√	√						
53	越南巴豆	*Croton kongensis* Gagnep.	√	√							
54	毛果巴豆	*Croton lachnocarpus* Benth.	√	√			√				
55	光叶巴豆	*Croton laevigatus* Vahl	√	√							
56	海南巴豆	*Croton laui* Merr. et F. P. Metc.		√						√	
57	矮巴豆	*Croton sublyratus* Kurz	√								
58	巴豆	*Croton tiglium* L.	√	√	√						
59	东京桐	*Deutzianthus tonkinensis* Gagnep.	√	√	√						√
60	毛丹麻杆	*Discocleidion rufescens* (Franch.) Pax et K. Hoffm.		√			√	√			
61	青枣核果木	*Drypetes cumingii* (Baill.) Pax ex K. Hoffm.	√	√							
62	海南核果木	*Drypetes hainanensis* Merr.		√							
63	钝叶核果木	*Drypetes obtusa* Merr. et Chun		√							
64	柳叶核果木	*Drypetes salicifolia* Gagnep.	√								
65	黄桐	*Endospermum chinense* Benth.		√							
66	风轮桐	*Epiprinus siletianus* (Baill.) Croiz.	√	√							
67	紫锦木	*Euphorbia cotinifolia* L.	√	√							
68	猩猩草	*Euphorbia cyathophora* Murray		√							
69	海南大戟	*Euphorbia hainanensis* Croiz.		√							
70	地锦	*Euphorbia humifusa* Willd.	√		√						
71	禾叶大戟	*Euphorbia graminea* Jacq.		√							
72	续随子	*Euphorbia lathyris* L.		√			√				
73	白雪木	*Euphorbia leucocephala* Lotsy	√	√							
74	一品红	*Euphorbia pulcherrima* Willd. ex Klotzsch	√	√	√		√				
75	绿玉树	*Euphorbia tirucalli* L.	√	√	√						
76	云南土沉香	*Excoecaria acerifolia* Didr.					√				
77	红背桂花	*Excoecaria cochinchinensis* Lour.	√	√	√		√				
78	绿背桂花	*Excoecaria cochinchinensis* Lour. var. *viridis* (Pax et K. Hoffm.) Merr.		√			√				
79	鸡尾木	*Excoecaria venenata* S. K. Lee et F. N. Wei			√					√	
80	一叶萩	*Flueggea suffruticosa* (Pall.) Baill.	√		√			√			
81	白饭树	*Flueggea virosa* (Roxb. ex Willd.) Hort. Suburb. Calcutt.	√								
82	嘎西木	*Garcia nutans* Vahl ex Rohr	√	√							
83	红算盘子	*Glochidion coccineum* (Buch. -Ham.) Müll. Arg.		√			√				
84	四裂算盘子	*Glochidion ellipticum* Wight	√								
85	毛果算盘子	*Glochidion eriocarpum* Champion ex Bentham	√	√			√				
86	绒毛算盘子	*Glochidion heyneanum* (Wight ex Arn.) Wight	√								
87	厚叶算盘子	*Glochidion hirsutum* (Roxb.) Voigt	√	√							
88	艾胶算盘子	*Glochidion lanceolarium* (Roxb.) Voigt	√	√							
89	甜叶算盘子	*Glochidion philippicum* (Cavanilles) C. B. Robinson		√							
90	算盘子	*Glochidion puberum* (L.) Hutch.		√	√		√				
91	茎花算盘子	*Glochidion ramiflorum* J. R. Forster et G. Forster		√							

序号	种中名	拉丁名	版纳园	华南园	桂林园	庐山园	武汉园	南京园	易危（VU）	濒危（EN）	近危（NT）
92	圆果算盘子	*Glochidion sphaerogynum* (Muell. Arg.) Kurz		√							
93	湖北算盘子	*Glochidion wilsonii* Hutch.				√	√				
94	白背算盘子	*Glochidion wrightii* Benth.	√	√							
95	香港算盘子	*Glochidion zeylanicum* (Gaertn.) A. Juss.		√							
96	三叶橡胶	*Hevea brasiliensis* (Willd. ex A. Juss.) Müll. Arg.	√	√							
97	水柳	*Homonoia riparia* Lour.	√								
98	响盒子	*Hura crepitans* L.	√	√							
99	麻风树	*Jatropha curcas* L.	√	√	√						
100	棉叶珊瑚花	*Jatropha gossypiifolia* L.	√	√							
101	珊瑚花	*Jatropha multifida* L.	√	√							
102	琴叶珊瑚	*Jatropha integerrima* Jacq.	√	√							
103	佛肚树	*Jatropha podagrica* Hook.	√	√							
104	安达树	*Joannesia princeps* Vell.		√							
105	白茶树	*Koilodepas hainanense* (Merr.) Airy Shaw		√							
106	轮叶戟	*Lasiococca comberi* Haimes var. *pseudoverticillata* (Merr.) H. S. Kiu	√	√							
107	雀儿舌头	*Leptopus chinensis* (Bunge) Pojark.					√				
108	安达曼血桐	*Macaranga andamanica* Kurz	√	√							
109	中平树	*Macaranga denticulata* (Bl.) Müll. Arg.	√	√							
110	印度血桐	*Macaranga indica* Wight	√		√						
111	刺果血桐	*Macaranga lowii* King ex Hook. f.		√							
112	鼎湖血桐	*Macaranga sampsonii* Hance		√							
113	血桐	*Macaranga tanarius* (L.) Müll. Arg. var. *tomentosa* (Bl.) Müll. Arg.		√							
114	锈毛野桐	*Mallotus anomalus* Merr et Chun									
115	白背叶	*Mallotus apelta* (Lour.) Müll. Arg.		√	√						
116	罗定野桐	*Mallotus lotingensis* F. P. Metc.		√	√						
117	粗毛野桐	*Mallotus hookerianus* (Seem.) Müll. Arg.		√							
118	山苦茶	*Mallotus peltatus* (Geisel.) Müll. Arg.	√	√							
119	白楸	*Mallotus paniculatus* (Lam.) Müll. Arg.	√	√							
120	粗糠柴	*Mallotus philippensis* (Lam.) Müll. Arg.	√	√	√		√				
121	四果野桐	*Mallotus tetracoccus* (Roxb.) Kurz	√								
122	云南野桐	*Mallotus yunnanensis* Pax ex K. Hoffm.	√	√					√		
123	花叶木薯	*Manihot esculenta* Crantz 'variegata'	√	√							
124	木薯	*Manihot esculenta* Crantz	√	√	√						
125	木薯胶	*Manihot glaziovii* Müll. Arg.	√								
126	蓝子木	*Margaritaria indica* (Dalz.) Airy Shaw			√						
127	云南大柱藤	*Megistostigma yunnanense* Croiz.	√							√	
128	云南叶轮木	*Ostodes katharinae* Pax	√	√							
129	红雀珊瑚	*Pedilanthus tithymaloides* (L.) Poit.	√	√							
130	西印度醋栗	*Phyllanthus acidus* (L.) Skeels	√	√							
131	云南沙地叶下珠	*Phyllanthus arenarius* var. *yunnanensis* T. L. Chin	√								
132	浙江叶下珠	*Phyllanthus chekiangensis* Croizat ex F. P. Metc.			√		√				
133	滇藏叶下珠	*Phyllanthus clarkei* Hook. f.	√								
134	越南叶下珠	*Phyllanthus cochinchinensis* (Lour.) Spreng.		√	√						
135	余甘子	*Phyllanthus emblica* L.	√								
136	青灰叶下珠	*Phyllanthus glaucus* Wall. ex Müll. Arg.				√	√	√			
137	广东叶下珠	*Phyllanthus guangdongensis* P. T. Li		√						√	
138	细枝叶下珠	*Phyllanthus leptoclados* Benth.	√	√							

序号	种中名	拉丁名	版纳园	华南园	桂林园	庐山园	武汉园	南京园	易危（VU）	濒危（EN）	近危（NT）
139	瘤腺叶下珠	*Phyllanthus myrtifolius* (Wight) Müll. Arg.	√	√							
140	单花水油甘	*Phyllanthus nanellus* P. T. Li		√					√		
141	水油甘	*Phyllanthus rheophyticus* M. G. Gilberf ex P. T. Li		√					√		
142	云桂叶下珠	*Phyllanthus pulcher* Well. ex Müll. Arg.	√								
143	小果叶下珠	*Phyllanthus reticulatus* Poir.		√							
144	云泰叶下珠	*Phyllanthus sootepensis* Craib	√								
145	红叶下珠	*Phyllanthus tsiangii* P. T. Li		√							
146	叶下珠	*Phyllanthus urinaria* L.	√								
147	桂状叶下珠	*Phyllanthus columnaris* Müll. Arg.	√								
148	胡桃叶叶下珠	*Phyllanthus juglandifolius* Willd.	√								
149	星油藤	*Plukenetia volubilis* L.	√	√							
150	三籽桐	*Reutealis trisperma* (Blanco) Airy Shaw	√								
151	蓖麻	*Ricinus communis* L.	√	√	√	√	√				
152	守宫木	*Sauropus androgynus* (L.) Merr.	√	√							
153	长梗守宫木	*Sauropus macranthus* Hassk.	√								
154	网脉守宫木	*Sauropus reticulatus* X. L. Mo ex P. T. Li			√						
155	短尖守宫木	*Sauropus similis* Craib	√								
156	龙脷叶	*Sauropus spatulifolius* Beille Lec.	√	√							
157	齿叶乌桕	*Shirakiopsis indica* Willd. Esser		√							
158	广东地构叶	*Speranskia cantonensis* (Hance) Pax et K. Hoffm.					√				
159	宿萼木	*Strophioblachia fimbricalyx* Boerl. Handl.		√	√						
160	心叶宿萼木	*Strophioblachia glandulosa* Pax var. *cordifolia* Airy Shaw	√								
161	缅桐	*Sumbaviopsis albicans* (Bl.) J. J. Smith	√								
162	滑桃树	*Trevia nudiflora* L.	√	√							
163	山乌桕	*Triadica cochinchinensis* Lour.	√	√							
164	圆叶乌桕	*Triadica rotundifolia* (Hemsl.) Esser		√	√						
165	乌桕	*Triadica sebifera* (L.) Small	√	√	√	√	√	√			
166	勐仑三宝木	*Trigonostemon bonianus* Gagnep.	√								√
167	三宝木	*Trigonostemon chinensis* Merr.	√							√	
168	异叶三宝木	*Trigonostemon flavidus* Gagnep.		√							
169	黄花三宝木	*Trigonostemon fragilis* (Gagnep.) Airy Shaw		√	√						
170	长梗三宝木	*Trigonostemon thyrsoideus* Stapf	√	√							
171	瘤果三宝木	*Trigonostemon tuberculatus* F. Du et Ju He	√							√	
172	剑叶三宝木	*Trigonostemon xyphophylloides* (Croiz.) L. K. et T. L. Wu		√						√	
173	希陶木	*Tsaiodendron dioicum* Y. H. Tan	√								
174	油桐	*Vernicia fordii* (Hemsl.) Airy Shaw	√		√	√	√	√			
175	木油桐	*Vernicia montana* Lour.	√	√	√	√	√	√			
176	维安比木	*Whyanbeelia terrae-reginae* Airy Shaw et B. Hyland	√								

注：表中"华南园""版纳园""桂林园""庐山园""武汉园""南京园"分别为中国科学院华南植物园、中国科学院西双版纳热带植物园、广西壮族自治区中国科学院广西植物研究所桂林植物园、中国科学院庐山植物园、中国科学院武汉植物园、江苏省中国科学院植物研究所南京中山植物园的简称。

附录 2　各有关植物园的地理位置和自然环境

中国科学院华南植物园

位于广州东北部，地处北纬23°10'，东经113°21'，海拔24~130m的低丘陵台地，地带性植被为南亚热带季风常绿阔叶林，属南亚热带季风湿润气候，夏季炎热而潮湿，秋冬温暖而干旱，年平均气温20~22℃，极端最高气温38℃，极端最低气温0.4~0.8℃，7月平均气温29℃，冬季几乎无霜冻。大于10℃年积温6400~6500℃，年均降水量1600~2000mm，年蒸发量1783mm，雨量集中于5~9月，10月至翌年4月为旱季；干湿明显，相对湿度80%。干枯落叶层较薄，土壤为花岗岩发育而成的赤红壤，砂质土壤，含氮量0.068%，速效磷0.03mg/100g，速效钾2.1~3.6mg/100g，pH 4.6~5.3。

中国科学院西双版纳热带植物园

位于云南西双版纳傣族自治州勐腊县勐仑镇，占地面积1125hm^2。地处印度马来热带雨林区北缘（20°4'N，101°25'E，海拔550~610m）。终年受西南季风控制，热带季风气候。干湿季节明显，年平均气温21.8 ℃，最热月（6月）平均气温25.7 ℃，最冷月（1月）平均气温16.0 ℃，终年无霜。根据降雨量可分为旱季和雨季，旱季又可分为雾凉季（11月至翌年2月）和干热季（3~4月）。干热季气候干燥，降水量少，日温差较大；雾凉季降水量虽少，但从夜间到次日中午，都会存在大量的浓雾，对旱季植物的水分需求有一定补偿作用。雨季时，气候湿热，水分充足，降水量1256mm，占全年的84%。年均相对湿度为85%，全年日照数为1859小时。西双版纳热带植物园属丘陵至低中山地貌，分布有砂岩、石灰岩等成土母岩，分布的土壤类型有砖红壤、赤红壤、石灰岩土及冲积土。

广西壮族自治区中国科学院广西植物研究所桂林植物园

位于广西桂林雁山，地处北纬25°11'，东经110°12'，海拔约150m，地带性植被为南亚热带季风常绿阔叶林，属中亚热带季风气候。年平均气温19.2℃，最冷月（1月）平均气温8.4℃，最热月（7月）平均气温28.4℃，极端最高气温40℃，极端最低气温-6℃，≥10℃的年积温5955.3℃。冬季有霜冻，有霜期平均6~8天，偶降雪。年均降水量1865.7mm，主要集中在4~8月，占全年降水量73%，冬季雨量较少，干、湿交替明显，年平均相对湿度78%，土壤为砂页岩发育而成的酸性红壤，pH 5.0~6.0。0~35 cm的土壤营养成分含量：有机碳0.6631%，有机质1.1431%，全氮0.1175%，全磷0.1131%，全钾3.0661%。

中国科学院庐山植物园

位于江西北部，地处北纬29°35'，东经115°59'，海拔1000~1360m的庐山东南部含鄱口侵蚀沟谷，地带性植被为中亚热带常绿阔叶林，属于亚热带北部山地湿润性季风气候，春季潮湿，夏季凉爽，秋季干燥，冬季寒冷，年均气温11.4℃，极端最高气温32.8℃，极端最低气温-16.8℃；年均降水量1917.8mm，比同纬度丘陵地区多500mm左右，其中4~7月份的降水量约占全年降水量约占全年降水量的70 %，年均相对湿度80 %。土壤为砂岩或石英砂岩发育而成的山地黄壤和黄棕壤为主，有机质6.3%~12.6%，碱解氮261.8~431.3mg/kg，速效磷1.1~4.9mg/kg，pH 3.8~5.1。

中国科学院武汉植物园

位于武汉东部东湖湖畔，地处北纬30°32'，东经114°24'，海拔22m的平原，地带性植被为中亚热带常绿阔叶林，属北亚热带季风性湿润气候，雨量充沛，日照充足，夏季酷热，冬季寒冷，年均气温15.8～17.5℃，极端最高气温44.5℃，极端最低气温-18.1℃，1月平均气温3.1～3.9℃，7月平均气温28.7℃，冬季有霜冻。活动积温5000～5300℃，年降水量1050～1200mm，年蒸发量1500mm，雨量集中于4～6月，夏季酷热少雨，年平均相对湿度75%。枯枝落叶层较厚，土壤为湖滨沉积物上发育的中性黏土，含氮量0.053%，速效磷0.58mg/100g，速效钾6.1～10mg/100g，pH 4.3～5.0。

江苏省中国科学院植物研究所南京中山植物园

位于南京东郊风景区，地处北纬30°07'，东经118°48'，海拔40～76m的低丘，地带性植被为北亚热带常绿、落叶阔叶混交林，属亚热带季风气候，夏季炎热而潮湿，冬季寒冷，常有春旱和秋旱发生，冬季也常有低温危害。年均气温15.3℃，极端最高气温41℃，极端最低气温-15℃，冬季有冰冻。年均降水量1010mm，雨量集中于6～8月。枯枝落叶层较薄，土壤为黄棕壤，pH 5.8～6.5。

中文名索引

A

阿萨姆算盘子 …………………… 252
矮巴豆 …………………………… 184
矮子郎 …………………………… 264
艾胶树 …………………………… 260
艾胶算盘子 ……………………… 260
艾桐 ……………………………… 194
安达曼血桐 ……………………… 316
安达树 …………………………… 301
澳洲五月茶 ……………………… 086

B

巴巴叶 …………………………… 445
巴豆 ……………………………… 186
巴仁 ……………………………… 186
巴菽 ……………………………… 186
巴霜刚子 ………………………… 186
巴西橡树 ………………………… 278
白背算盘子 ……………………… 272
白背桐 …………………………… 332
白背叶 …………………………… 332
白倍子 …………………………… 243
白茶树 …………………………… 304
白饭树 …………………………… 243
白几木 …………………………… 241
白梨 ……………………………… 200
白楸 ……………………………… 340
白桐树 …………………………… 142
白雪公主 ………………………… 225
白雪木 …………………………… 225
白雪树 …………………………… 123
白叶桐 …………………………… 445
白叶子 …………………………… 340
白仔 ……………………………… 398
百家桔 …………………………… 264
柏启木 …………………………… 118
斑鸠窝 …………………………… 219
斑雀草 …………………………… 219
斑叶木薯 ………………………… 350
棒柄花 …………………………… 150
保聋抱龙羊奶 …………………… 180
逼迫子 …………………………… 136
闭花木 …………………………… 158

蓖麻 ……………………………… 417
蓖萁草 …………………………… 404
变叶木 …………………………… 164
变叶珊瑚花 ……………………… 296

C

彩叶山漆茎 ……………………… 123
草麻 ……………………………… 417
草一品红 ………………………… 215
长梗三宝木 ……………………… 467
长梗守宫木 ……………………… 423
陈氏铁苋菜 ……………………… 045
橙栏 ……………………………… 326
橙桐 ……………………………… 326
齿叶乌桕 ………………………… 433
赤木 ……………………………… 112
赤血仔 …………………………… 258
垂枝闭花木 ……………………… 154
重阳木 …………………………… 114
刺杜密 …………………………… 132
刺果血桐 ………………………… 322
粗齿野桐 ………………………… 346
粗喙黑面神 ……………………… 129
粗糠柴 …………………………… 342
粗毛野桐 ………………………… 336

D

大萼喜光花 ……………………… 054
大戟合欢 ………………………… 225
大连果 …………………………… 105
大麻叶巴豆 ……………………… 172
大麻子 …………………………… 417
大沙叶 …………………………… 099
大叶逼迫子 ……………………… 132
大叶算盘子 ……………………… 260
大叶土蜜树 ……………………… 134
大云药 …………………………… 258
丹药良 …………………………… 258
单花水油甘 ……………………… 392
地锦 ……………………………… 219
地石榴 …………………………… 127
滇藏叶下珠 ……………………… 378
滇橄榄 …………………………… 382

滇南叶下珠 ……………………… 396
滇野桐 …………………………… 346
滇银茶 …………………………… 101
滇银柴 …………………………… 101
滇越五月茶 ……………………… 082
滇芷叶下珠 ……………………… 378
吊粟 ……………………………… 332
鼎湖血桐 ………………………… 324
丢了棒 …………………………… 142
东方闭花木 ……………………… 156
东京桐 …………………………… 190
毒箭木 …………………………… 236
短尖守宫木 ……………………… 427
断肠草 …………………………… 312
椴叶山麻杆 ……………………… 068
盾叶木 …………………………… 320
钝叶核果木 ……………………… 202
钝叶黑面神 ……………………… 127
多花油柑 ………………………… 398

E

二列黑面神 ……………………… 123
二蕊五月茶 ……………………… 078
二药五月茶 ……………………… 078

F

方叶五月茶 ……………………… 086
飞檫木 …………………………… 398
非洲红 …………………………… 213
菲岛馒头果 ……………………… 262
菲岛算盘子 ……………………… 262
菲岛桐 …………………………… 342
肥牛木 …………………………… 139
肥牛树 …………………………… 139
风轮桐 …………………………… 210
佛肚树 …………………………… 298

G

嘎西木 …………………………… 246
橄树 ……………………………… 101
刚子 ……………………………… 186
膏桐 ……………………………… 290
狗梢条 …………………………… 241

狗尾红·····················047
关门草·····················404
光棍树·····················229
光叶巴豆·················180
广东地构叶·············437
广东叶下珠·············386
广西核果木·············202
广西三宝木·············459
广西血桐·················316
鬼画符·····················125

H

海南巴豆·················182
海南闭花木·············156
海南大戟·················217
海南核果木·············200
海南留萼木·············120
海南山麻杆·············066
海南五月茶·············088
海南野桐·················346
海南余甘子·············388
禾串果·····················090
禾串树·····················132
禾串土蜜树·············132
禾姑·························338
禾叶大戟·················221
黑钩叶·····················312
黑面神·····················125
红背桂·····················234
红背桂花·················234
红背山麻杆·············070
红背叶·····················070
红背叶·····················448
红蓖麻·····················417
红果果·····················342
红绢苋·····················049
红毛馒头果·············264
红毛苋·····················049
红毛叶下珠·············402
红雀珊瑚·················368
红丝草·····················219
红算盘子·················250
红穗铁苋菜·············047
红穗铁苋菜·············047
红桐·························114
红尾铁苋·················049
红叶乌桕·················213
红叶下珠·················402
红运铁苋·················049
红珍珠草·················404
红紫木·····················234
后生叶下珠·············156
厚皮稳·····················099
厚叶算盘子·············258

胡拉木·····················286
胡桃叶叶下珠·········408
胡羞羞·····················404
湖北算盘子·············270
湖南山麻杆·············062
蝴蝶果·····················146
花叶木薯·················350
华南逼迫子·············134
华中五月茶·············078
滑桃树·····················448
黄背桐·····················340
黄虫树·····················206
黄果树·····················105
黄花三宝木·············465
黄毛五月茶·············084
黄桐·························206
黄肿树·····················290
灰岩血桐·················316
喙果黑面神·············129
火炭木·····················158

J

鸡骨香·····················170
鸡尾木·····················238
鲫鱼草·····················404
加冬·························112
夹骨木·····················136
假肥牛树·················162
假轮叶水柳·············308
假尾包叶·················194
剑叶三宝木·············471
渐光五月茶·············092
箭毒木·····················234
浆果乌桕·················109
浆叶白声花·············180
金柑藤·····················243
金龟树·····················274
金锁玉·····················234
茎花算盘子·············266
九巴公·····················200
酒药子树·················332
桕子树·····················455

K

枯里珍·····················094
枯里珍五月茶·········094
苦皮树·····················448

L

腊子树·····················455
蓝子木·····················357
烂头钵·····················398
劳莫·························266
牟麻·························318

老虎麻·····················194
老来娇·····················227
老麻子·····················417
老阳子·····················186
肋巴木·····················308
篱笆菜·····················421
力树·························340
栗叶算盘子·············268
裂叶珊瑚花·············294
菱叶铁苋菜·············051
流血桐·····················326
留萼木·····················118
瘤果地构叶·············437
瘤果三宝木·············469
瘤腺叶下珠·············390
柳叶核果木·············204
龙腘叶·····················429
龙舌叶·····················429
龙味叶·····················429
龙眼睛·····················398
绿背桂·····················236
绿背桂花·················236
绿珊瑚·····················229
绿玉树·····················229
卵苞血桐·················316
轮苞血桐·················316
轮叶戟·····················308
罗定野桐·················334

M

麻风树·····················290
马尿子·····················448
马屎子·····················448
唛别·························146
唛毅怀·····················084
馒头闭花木·············160
馒头果·····················160
猫尾红·····················049
毛茶·························338
毛丹麻杆·················194
毛果巴豆·················178
毛果算盘子·············254
美丽叶下珠·············400
勐仑三宝木·············459
猛子仁·····················186
密花叶底珠·············243
棉叶羔桐·················292
棉叶麻疯树·············292
棉叶珊瑚花·············292
缅桐·························445
磨子果·····················254
木花生·····················290
木来果·····················105
木荔枝·····················105

木梁木 …… 112
木奶果 …… 105
木薯 …… 352
木薯胶 …… 354
木薯橡胶树 …… 354
木味水 …… 084
木油桐 …… 479
木子树 …… 455

N
奶疬草 …… 219
南美油藤 …… 411
南五月茶 …… 092
南洋菜 …… 421
南洋樱 …… 296
牛甘果 …… 373
牛甘果 …… 382
扭曲草 …… 368

P
泡果算盘子 …… 260
普柔树 …… 467
普黍树 …… 467

Q
漆大姑 …… 254
千金子 …… 223
千年桐 …… 479
茄冬 …… 112
茄冬树 …… 114
琴叶珊瑚 …… 296
琴叶樱 …… 296
青灰叶下珠 …… 384
青珊瑚 …… 229
青丸木 …… 125
青枣核果木 …… 198
青紫木 …… 234
秋风子 …… 112
秋枫 …… 112
雀儿舌头 …… 312

R
荏桐 …… 477
日本五月茶 …… 090
日日樱 …… 296
绒毛算盘子 …… 256

S
洒金榕 …… 164
萨拉橡胶树 …… 354
三宝木 …… 461
三叶胶树橡胶 …… 278
三叶橡胶 …… 278
三籽桐 …… 414

沙潦木 …… 096
山板栗 …… 146
山地五月茶 …… 092
山豆 …… 105
山柑树 …… 268
山柑算盘子 …… 268
山咖啡 …… 099
山苦茶 …… 338
山萝葡 …… 105
山麻杆 …… 060
山嵩树 …… 241
山乌桕 …… 451
山五月茶 …… 092
山杨桃 …… 402
珊瑚花 …… 294
珊瑚油桐 …… 298
圣诞初雪 …… 225
圣诞花 …… 227
石栗 …… 074
石山巴豆 …… 174
柿子椒 …… 264
守宫木 …… 421
树葛 …… 352
树葡萄 …… 105
树仔菜 …… 421
双眼龙 …… 186
水柳 …… 282
水柳子 …… 282
水麻 …… 282
水杨梅 …… 096
水杨梅 …… 282
水油甘 …… 394
丝梗三宝木 …… 459
思茅叶下珠 …… 378
四果野桐 …… 344
四裂算盘子 …… 252
四眼叶 …… 125
四籽野桐 …… 344
四子野桐 …… 344
宿萼木 …… 440
酸味树 …… 080
酸味子 …… 090
酸叶树 …… 078
算盘子 …… 264
穗穗红 …… 049

T
泰国枸杞 …… 421
天青地红 …… 234
田边木 …… 086
甜菜 …… 421
甜糖木 …… 099
甜叶木 …… 262
甜叶算盘子 …… 262

跳八丈 …… 127
桐油树 …… 477
桐子树 …… 477
土蜜树 …… 136
拖鞋花 …… 368
椭圆叶野桐 …… 338

W
万年青树 …… 112
网脉守宫木 …… 425
望果 …… 382
维安比木 …… 483
尾叶黑面神 …… 129
尾叶木 …… 158
乌桕 …… 455
乌杨 …… 114
五蕊五巴豆 …… 094
五味叶 …… 080
五月茶 …… 080

X
希陶木 …… 474
锡兰桃金娘 …… 390
锡兰叶下珠 …… 390
喜光花 …… 056
细枝叶下珠 …… 388
西南五月茶 …… 078
西印度醋栗 …… 373
虾公木 …… 134
狭瓣木 …… 445
咸鱼头 …… 142
香港算盘子 …… 274
香桂树 …… 342
香楸藤 …… 342
香檀 …… 342
响盒子 …… 286
象牙红 …… 227
橡胶木薯 …… 354
小坝王 …… 236
小果叶下珠 …… 398
小喉甘 …… 378
小面瓜 …… 129
小柿子 …… 127
小桐子 …… 290
小杨柳 …… 096
小叶黑面神 …… 127
小叶五月茶 …… 096
肖黄栌 …… 213
斜基算盘子 …… 250
心叶宿萼木 …… 442
星油藤 …… 411
猩猩草 …… 215
猩猩木 …… 227
锈毛野桐 …… 330

续随子·······223
雪花木·······123
血桐·······326

Y

洋红·······286
洋珊瑚·······368
野茶叶·······160
野黄皮树·······105
野南瓜·······264
野生麻·······068
野桐·······332
叶背红·······234
叶底珠·······241
叶下白·······168
叶下白·······176
叶下珠·······404
一品红·······227
一穗红·······049
一叶萩·······241
异叶三宝木·······463
异叶银柴·······099
银背巴豆·······176
银柴·······099
银叶巴豆·······168

隐脉叶下珠·······386
印度血桐·······320
印加果·······411
印加花生·······411
罂子桐·······477
油甘果·······373
油甘子·······382
油桐·······477
幼枝叶下珠·······388
余甘子·······382
羽脉山麻杆·······064
玉树珊瑚·······298
圆果算盘子·······268
圆叶乌桕·······453
圆叶早禾子·······086
越北巴豆·······176
越南巴豆·······176
越南菜·······421
越南五月茶·······082
越南叶下珠·······380
云桂叶下珠·······396
云南白桐·······346
云南大沙叶·······101
云南大柱藤·······360
云南沙地叶下珠·······375

云南沙生叶下珠·······375
云南土沉香·······232
云南野桐·······346
云南叶轮木·······364
云南银柴·······101
云泰叶下珠·······400

Z

早禾仔树·······084
占米赤树·······099
帐篷树·······326
胀膨果·······260
浙江叶下珠·······376
鹧鸪茶·······338
枝花木奶果·······105
中华三宝木·······461
中平树·······318
皱果桐·······479
朱口沙·······258
猪牙木·······136
柱状叶下珠·······406
锥花三宝木·······467
紫背桂·······234
紫锦木·······213

拉丁名索引

A

Acalypha chuniana ············ 045
Acalypha hispida ············ 047
Acalypha pendula ············ 049
Acalypha siamensis ············ 051
Actephila collinsiae ············ 054
Actephila merrilliana ············ 056
Alchornea davidii ············ 060
Alchornea hunanensis ············ 062
Alchornea rugosa ············ 064
Alchornea rugosa var. *pubescens*
············ 066
Alchornea tiliifolia ············ 068
Alchornea trewioides ············ 070
Aleurites moluccana ············ 074
Antidesma acidum ············ 078
Antidesma bunius ············ 080
Antidesma chonmon ············ 082
Antidesma fordii ············ 084
Antidesma ghaesembilla ············ 086
Antidesma hainanense ············ 088
Antidesma japonicum ············ 090
Antidesma montanum ············ 092
Antidesma pentandrum var. *barbatum*
············ 094
Antidesma montanum var.
microphyllum ············ 096
Aporosa dioica ············ 099
Aporosa yunnanensis ············ 101

B

Baccaurea ramiflora ············ 105
Balakata baccata ············ 109
Bischofia javanica ············ 112
Bischofia polycarpa ············ 114
Blachia pentzii ············ 118
Blachia siamensis ············ 120

Breynia disticha ············ 123
Breynia fruticosa ············ 125
Breynia retusa ············ 127
Breynia rostrata ············ 129
Bridelia balansae ············ 132
Bridelia retusa ············ 134
Bridelia tomentosa ············ 136

C

Cephalomappa sinensis ············ 139
Claoxylon indicum ············ 142
Cleidiocarpon cavaleriei ············ 146
Cleidion brevipetiolatum ············ 150
Cleistanthus apodus ············ 154
Cleistanthus concinnus ············ 156
Cleistanthus sumatranus ············ 158
Cleistanthus tonkinensis ············ 160
Cleistanthus petelotii ············ 162
Codiaeum variegatum ············ 164
Croton cascarilloides ············ 168
Croton crassifolius ············ 170
Croton damayeshu ············ 172
Croton euryphyllus ············ 174
Croton kongensis ············ 176
Croton lachnocarpus ············ 178
Croton laevigatus ············ 180
Croton laui ············ 182
Croton sublyratus ············ 184
Croton tiglium ············ 186

D

Deutzianthus tonkinensis ············ 190
Discocleidion rufescens ············ 194
Drypetes cumingii ············ 198
Drypetes hainanensis ············ 200
Drypetes obtusa ············ 202
Drypetes salicifolia ············ 204

E

Endospermum chinense ············ 206
Epiprinus siletianus ············ 210
Euphorbia cotinifolia ············ 213
Euphorbia cyathophora ············ 215
Euphorbia hainanensis ············ 217
Euphorbia humifusa ············ 219
Euphorbia graminea ············ 221
Euphorbia lathyris ············ 223
Euphorbia leucocephala ············ 225
Euphorbia pulcherrima ············ 227
Euphorbia tirucalli ············ 229
Excoecaria acerifolia ············ 232
Excoecaria cochinchinensis ············ 234
Excoecaria cochinchinensis var.
viridis ············ 236
Excoecaria venenata ············ 238

F

Flueggea suffruticosa ············ 241
Flueggea virosa ············ 243

G

Garcia nutans ············ 246
Glochidion coccineum ············ 250
Glochidion ellipticum ············ 252
Glochidion eriocarpum ············ 254
Glochidion heyneanum ············ 256
Glochidion hirsutum ············ 258
Glochidion lanceolarium ············ 260
Glochidion philippicum ············ 262
Glochidion puberum ············ 264
Glochidion ramiflorum ············ 266
Glochidion sphaerogynum ············ 268
Glochidion wilsonii ············ 270
Glochidion wrightii ············ 272
Glochidion zeylanicum ············ 274

H

Hevea brasiliensis ············· 278

Homonoia riparia ············ 282

Hura crepitans ············· 286

J

Jatropha curcas ············· 290

Jatropha gossypiifolia ········· 292

Jatropha multifida ············ 294

Jatropha integerrima ········· 296

Jatropha podagrica ············ 298

Joannesia princeps ··········· 301

K

Koilodepas hainanense ······ 304

L

Lasiococca comberi var.

    pseudoverticillata ········ 308

Leptopus chinensis ··········· 312

M

Macaranga andamanica ······ 316

Macaranga denticulata ······ 318

Macaranga indica ············ 320

Macaranga lowii ············· 322

Macaranga sampsonii ········· 324

Macaranga tanarius ········· 326

Mallotus anomalus ············ 330

Mallotus apelta ············· 332

Mallotus lotingensis ········· 334

Mallotus hookerianus ········ 336

Mallotus peltatus ············ 338

Mallotus paniculatus ········· 340

Mallotus philippensis ········· 342

Mallotus tetracoccus ········· 344

Mallotus yunnanensis ········· 346

Manihot esculenta 'Variegata' ··· 350

Manihot esculenta ············ 352

Manihot glaziovii ··········· 354

Margaritaria indica ········· 357

Megistostigma yunnanense ··· 360

O

Ostodes katharinae ··········· 364

P

Pedilanthus tithymaloides ··· 368

Phyllanthus acidus ············ 373

Phyllanthus arenarius var.

    yunnanensis ············· 375

Phyllanthus chekiangensis ··· 376

Phyllanthus clarkei ············ 378

Phyllanthus cochinchinensis 380

Phyllanthus emblica ·········· 382

Phyllanthus glaucus ·········· 384

Phyllanthus guangdongensis 388

Phyllanthus myrtifolius ······· 390

Phyllanthus nanellus ········· 392

Phyllanthus rheophyticus ··· 394

Phyllanthus pulcher ········· 396

Phyllanthus reticulatus ······· 398

Phyllanthus sootepensis ····· 400

Phyllanthus tsiangii ········· 402

Phyllanthus urinaria ········· 404

Phyllanthus columnaris ······· 406

Phyllanthus juglandifolius ··· 408

Plukenetia volubilis ········· 411

R

Reutealis trisperma ············ 414

Ricinus communis ············ 417

S

Sauropus androgynus ········· 421

Sauropus macranthus ········· 423

Sauropus reticulatus ········· 425

Sauropus similis ············· 427

Sauropus spatulifolius ········· 429

Shirakiopsis indica ··········· 433

Speranskia cantonensis ······ 437

Strophioblachia fimbricalyx ··· 440

Strophioblachia glandulosa var.

    cordifolia ·············· 442

Sumbaviopsis albicans ····· 445

T

Trevia nudiflora ············· 448

Triadica cochinchinensis ··· 451

Triadica rotundifolia ········· 453

Triadica sebifera ············· 455

Trigonostemon bonianus ····· 459

Trigonostemon chinensis ····· 461

Trigonostemon flavidus ····· 463

Trigonostemon fragilis ········· 465

Trigonostemon thyrsoideus ··· 467

Trigonostemon tuberculatus 469

Trigonostemon xyphophylloides

    ························ 471

Tsaiodendron dioicum ········· 474

V

Vernicia fordii ············· 477

Vernicia montana ············ 479

W

Whyanbeelia terrae-reginae ··· 483